集落営農と農業生産法人

農の協同を紡ぐ

田代 洋一

筑波書房

はしがき

本書は、高齢化が極まるなかで、協業による地域農業再編に取り組む地域リーダーをここ一年ほど訪ね歩いた報告書である。

時あたかも農政「改革」論議の最中にあり、経営所得安定対策のバスに乗り遅れまいとする集落営農フィーバーの渦中にあったが、そういう時宜的なものを狙ったわけではない。また本書が明らかにしたいのは、集落営農や農業生産法人のノウハウでもなければマニュアルでもない。「農の協同を紡ぐ」というその初心である。

これからの集落営農は政策対応を強く意識せざるを得ない。政策対応を優先させれば初心は歪む。今はその初心を確認するラストチャンスである。

協業は、個別の規模拡大と並ぶ、否、より有効な農業構造問題への対応である。そのような協業の、分散錯綜耕圃形態の農業に最もふさわしいあり方が集落営農であり、その賃貸借段階への移行を担うのが「地域に根ざした農業者の共同体」としての農業生産法人である。その地域個性に即した多様で具体的な有り様を描きたい。本書を読む上での約束事は序章の末尾に記しておいた。また目次の次に調査組織の一覧表と位置図を示した。

地域農業の主体形成、地域農業支援システムの構築は今日の日本農業のメインテーマである。地域農業のあり方について日夜模索している方々にとって、本書が何ほどかお役に立てれば幸いである。

二〇〇六年六月

目次

第1章　東北の農業ネットワークと農業法人……39

目　次

調査組織の一覧　―2005、2006年―

名前	形態	設立	地域	範囲	構成員（オペレーター）	経営面積（ha）	販売額（万円）	備考
ひまわり農場	任	1994	真室川町	概ね旧村	5	―	1,000	作業受託
中津川FF	有 特 J	2002	飯豊町	旧村	6	30.8	8,000	
アグリメントなか	有 J	2003	飯豊町	旧村	4	96.0	6,750	
歌丸の里	有	2001	長井市	大字	12	―	30,000	
峰岸ファーム	有	1999	平泉町	集落	3	10.0	3,700	建設業
アグリロード美和		1998	静岡市美和	旧村	160	―	7,400	
舞岡や		1990	横浜市戸塚区	大字	30	―	4,500	
かあちゃんの店		1999	小田原市小竹	大字	7	―	3,000	
じばさんず		2002	秦野市	市域	385	―	36,000	農協直営
グリーンひばり野	任 特	1998	宇奈月町	集落	34（5）	20.9	2,770	法人化予定
寺坪生産組合	任 特	1989	黒部市	集落	21（11）	15.6	1,935	法人化予定
ＮＡセンター	農 特	2005	魚津市	大字	73（5）	82.0	10,000	
ファームふたくち	農 特 J	2003	大門町	旧村	233	150.0	16,700	営農組合連合
朝日農研	有	1990	越路町	集落	3	40.0	4,350	朝日酒造
新田後営農組合	任 特	2003	平田市	集落	22（4）	28.0	2,400	
グリーンファーム西代	農	2003	平田市	大字	30（全員）	30.0	2,600	
グリーンワーク	有	2002	佐田町	5集落	24（3～6）	12.0	3,300	
みつば農産	農 特 J	2005	神栖町	同左	3	21.5	1,600	
海渡	農 特	2003	三次市	集落～大字	60（15）	37.0	3,200	
神杉農産	農 特	1992	三次市	旧村	5（5）	40.0	6,480	
さわやか田打	農 特	1999	世羅町	大字	52（20）	43.0	3,000	
世羅菜園	株	2000（03）	世羅町		5	8.5（ハウス）	31,000	物流機器
日本農園	株	2003	世羅町		4	1.6（ハウス）	15,000	建設業
大畑麓機械利用組合	任	2000（03）	人吉市	集落	33（3）	―	460	作業受託
中林集落	任		人吉市	集落	26	―		直売所など
アグリセンター都城	有 J	2001	都城市	農協管内	3	150.0	63,500	農協子会社
夢ファームたろぼう	農 特 J	2003	都城市	大字	183（12）	63.0	3,500	転作中心
細野ファーム大地	有 特 J	2005	小林市	大字	9	―	420	作業受託
花堂集落営農組合	任 特	2005	小林市	集落	64（8）	22.0	330	法人化予定
イシハラフーズ	株	1980（03）	都城市		5	48.0	100,000	野菜加工
新福青果	有	1987（95）	都城市		21	70.0	155,000	野菜集荷
霧島農事振興	株	2004（04）	霧島市		17（企業3）	64.0	16,000	焼酎原料生産
エコスマイル	株	2001（01）	霧島市		3	3.9	3,000	建設業

注：形態　任‥任意団体　農‥農事組合法人　有‥有限会社　株‥株式会社　特‥特定農業法人（団体）
　　　　　Ｊ‥ＪＡ出資法人
　　設立　（　）内は農業生産法人化の年次
　　地域　平成合併前の名称も用いている
　　販売額　作業受託収入を含む（歌丸の里は取扱額）

グリーンひばり野
寺坪生産組合
ＮＡセンター
朝日農研
新田後営農組合
グリーンファーム西代
グリーンワーク
みつば農産
ファームふたくち
峰岸ファーム
ひまわり農場
歌丸の里
中津川FF
アグリメントなか
海渡
神杉農産
舞岡や
じばさんず
さわやか田打
世羅菜園
日本農園
かあちゃんの店
アグリロード美和
細野ファーム大地
花堂集落営農組合
大畑麓機械利用組合
中林集落
霧島農事振興
エコスマイル
アグリセンター都城
夢ファームたろぼう
イシハラフーズ
新福青果

序章　集落営農と農業生産法人

1　新基本法農政における集落営農と農業生産法人

集落営農フィーバーのなかで

経営所得安定対策の品目横断的政策の支払対象（「担い手」）になることをめざしてここ二、三年、集落営農がフィーバーともいえる状況を呈している。政府が支払対象とする集落営農は法人化をめざすべきとされているから、法人化ブームともいえる。

二〇〇五年三月に決定された新しい食料・農業・農村基本計画の一環としての「農業構造の展望（二〇一五年）」では、「効率的かつ安定的経営」を家族農業経営三三～三七万、法人経営一万、集落営農経営二～四万とし、家族農業経営に農地利用の六割、法人や集落営農に一～二割を集積する、としているので、計画における主流はあくまで家族農業経営である。しかるに〇六年秋以降の品目横断的政策の支払対象の決定をめざして、地域で巻き起こっているのは、農政が本命とする個別の担い手の育成ではなく、集落営農の方だった。自治体や農協が、一部の個別経営ではなく兼業農家等を含む広範な農家を包摂する集落営農の方に力を入れるのは理解できることである。行政の公平性からいっても個別利害をサポートするより、より多数の利害に力点を置くのは当然だろう。その意味では、霞が関農政は最初からボタンを掛け違えていた。

しかし必ずしもそういえない点もある。品目横断的政策の交付対象をめぐるやりとりのなかで、政府は、面積要件とした都府県の四ヘクタール以上農家の田面積シェアがたった一八％（二〇〇〇年センサス）しかないなかで、「担い手」にどれだけ集積できるのかを執拗に質問され、「五割強」と答えている。もちろん五割強には個別の認定農業者の増大も含まれるが、それが思わしくないもとでは、政府も、暗黙のうちに五〇％と一八％の差の相当部分を「特定農業団体」等の集落営農に頼らざるをえないとしているのかも知れない。

集落営農や農業生産法人は農業における「協業」の一つの具体的な形である。私はそのような協業を促進することは今日たいへん必要なことだと考えている。しかし協業とは、ある集落営農のリーダーがいみじくも言ったように「人の心の問題」でもある。必要だからといって鉦や太鼓で無理強いすべきものではない。

その意味では、支払対象を「担い手」に限定し、支払を受けたかったら政府のいう「担い手」要件をクリアしろという「追い込み」政策、そしてそのバスに乗り遅れまいという集落営農フィーバーは、相変わらずの「カネで釣る」農政や、それへの依存の延長でしかなく、地域農業に無理や歪み、主体性の喪失をもたらすものといえる。

新基本法農政にとっての集落営農――集落営農経営

新基本法農政における集落営農や農業生産法人の位置づけは、協業一般ではない。協業とは、人びとが集まって共同意思のもとに協力して働くことだ。それに対して今日の農政が進めるそれは、農政のバイアスのかかった特定の協業の形、一口に言えば「経営体」としての協業、「協業経営」である。「経営」ということは、たんに作業し働くだけでなく、その成果を販売し、その収益を懐に収めることを意味する。

新基本法は農業の持続的発展に関する条項で、効率的かつ安定的経営を育成し、それらの農業経営が農業生産の相当部分を担う農業構造を確立するとしている。そのため、「専ら農業を営む者その他経営意欲のある農業者」を育成するために家族農業経営の活性化と農業経営の法人化を推進する。そして「地域における効率的な農業生産の確保に資するため、集落を基礎とした農業者の組織」等の活動の促進策を講ずる、としている。

ここで初めて「集落を基礎とした農業者の組織」が法律、しかも基本法に登場した点は画期的といえる。このような集落営農と先の「効率的かつ安定的経営」との関係（含まれるのか否か）は法律上は必ずしも明確ではないが、先の「農業構造の展望」では、「集落営農経営」としてカウントされている。

「集落営農」を「集落営農経営」として把握する。このような農政の原点は、新基本法農政それ自体の原点である一九九二年の新政策（「新しい食料・農業・農村政策の方向」）に始まる。新政策は、農業経営を家族を単位とする「農家」ではなく、個人を単位とする「経営体」として捉えるとする⑴。そして経営体を個別経営体と組織経営体に分け、後者も農家の集合体ではなく個人の集合体として捉えるのだとする。組織経営体も経営体としては個別経営なわけだから、それを個別経営体と分けるというのはいかにも非論理的であり、要するに家族経営と協業経営の違いだが、後者について「集落農場組織など実質的に法人格を有する経営体に準じた一体性及び独立性を有する組織を想定」していることにも注目しておこう。

ここでのポイントは、農業基本法以来の「協業」を「経営体」に限定して捉える点である。さらに新政策は、「経営形態の選択肢の拡大」、「経営体質の強化の一方策として経営体の法人化を明確に位置づけ」たとする。要するに協業を「経営体」として捉え、その法人化を促進する、かくして〈協業→組織経営体→法人〉という政策路線が敷かれることになる。

その上で、一九九三年の経営基盤強化促進法において、「特定農業法人」（集落地権者が構成する農用地利用改善団体の構成員から利用権設定等を受ける農業生産法人）が登場し、〇三年の同法改正において「特定農業団体」（利用改善団体から農作業受託する法人化が確実な団体）の制度が設けられるなど、集落営農の法人化に向けての施策が展開されるわけである(2)。

これが今日の集落営農フィーバーの政策的背景でもあるが、それは多様な集落営農、地域協業を「経営体」という一つの型に押し込むものでもある。そういうフィーバーを反省する意味でも、集落営農や農業生産法人の背景やいきさつを振り返る必要がある。

2 集落営農

「集落営農」の登場

農業集落等の地縁を基盤にした農業への集団的な取り組みは日本農業の歴史的特徴といってもよい。ただしそれは「生産組織」「地域営農集団」（農協）等と呼ばれ、必ずしも「集落営農」とは銘打たれてこなかった。とはいえ小池恒男氏によると(3)、既に一九七〇年代から「集落農業論」が様々に論じられてきたようである。また島根県のホームページの「しまね集落営農の歩み」をみると、一九七五年の「いわゆる新島根方式」にその出発点を置いており、広島県も一九七八年からの「地域農政」関連ソフト事業に今日の集落型法人の原点を求めている（直接には八九年の集落農場育成対策モデル事業だが）。秋田県の集落農場化事業はさらに古く七二年からである。

要するに遅くとも一九七〇年代なかば頃から、「集落営農」の問題意識は醸成されていたといえる。時代としては高度成長の破綻と低成長への移行期、農政としては地域農政期、学界では地域農業論や自治体農政論、集団的土地利用論が論じられた時期であり、生産調整と賃貸借の促進が農政課題とされた時代である。

七〇年代なかばの日本農業といえば、七〇～七五年はⅠ兼農家のⅡ兼化率がピークを画し、Ⅱ兼農家が絶対数でピークに達した時期だ。そして農家の労働時間、総所得に占める雇われ兼業や労賃・俸給収入も五割を超した。このような総兼業化、決定的な兼業傾斜を背景に、家族農業経営の自己完結性が広範に崩れ、その外部依存や協業補完が不可欠となった。しかもその下で生産調整をしなければならない。これが地域農政、地域農業論の背景である。そしてこの頃から、農業生産と農業経営の一体性が崩れ、農業生産の担い手が必ずしも農業経営の担い手ではなくなった。言い換えれば農業生産の多様な担い手、多様な農業生産の支え方が現れたわけである。

しかしその表現は前述のように生産組織や地域営農集団であり、集落営農ではなかった。

では固有の集落営農の登場はいつ頃、何を背景にしてか。一九八九年度の農業白書では「集落等を単位とした生産の組織化を図り、……集落営農的な事例が多くみられ」とされ、「講じようとする施策」でも「集落営農を行う生産組織の育成を図る」とされている。水田農業確立対策におけるとも補償や地域営農加算金との関係が強く意識されたものだが、なお正式の呼び方は生産組織であり、「集落営農」が農業白書の見出しに登場するのは一九九八年の「集落営農：集落ぐるみの取り組みによる農業の維持・発展」からで、新基本法ベースである。

農林統計では、一九六八年に農業生産組織調査が開始され、八五年まで続いた。その後も二〇〇〇年農林業センサスまでは、農家の生産組織への参加が調査された。同時に二〇〇〇年から農業集落調査において集落営農の取り組みが把握されるようになった。また集落営農に関する独自調査がなされるようになり、〇五年の集落営農実態調査につながっている。かくして農林統計上はほぼ一〇年遅れの二〇〇〇年が、生産組織から集落営農への最終的な転換年だった。

なお農林統計では、集落営農とは「『集落』を単位として農業生産過程における一部又は全部についての共同化・統一化に関する合意の下に実施される営農をいう」と定義されている。他方、生産組織調査では「『集落』を単位として」が「複数の農家が」となっているだけで、内容がさほど違うとも思えない。

また農協系統では、第二〇回農協全国大会（九四年）決議に「地域農場型営農づくり」として「地域営農集団や集落営農を一層推進」が出てくる。県レベルも含めてなお精査が必要だが、固有の集落営農はほぼ九〇年代用語といえる。

登場背景

九〇年代といえばグローバル化の時代である。いきなりグローバリゼーションと関連づけるのは飛躍かも知れないが、私は集落営農はグローバル化時代の産物でもあり、地域レベルでのグローバル化への対峙だと思う。

日本農業についていえば、グローバル化と高齢化が重なった。高齢化については**表序－1**をみられたい。農業就業人口のモードは、九五年には六〇歳代後半、二〇〇〇年には七〇歳代前半、そして〇五年にはなんと七〇歳代後半になってしまった。これらのモード世代はいうまでもなく、昭和六年以前に生まれた昭和一桁世代だ。

五歳きざみの年齢階層人口がそのまま五歳加齢したと仮定した人口と実人口を対比し、前者が多い分はリタイア等、後者が多い分は新規就農（定年農業Uターン等）と推測すると、農業就業人口は男女の合計では七〇歳代前半は減少になり、この辺でリタイアということになる。しかし男女別に動きが大きく異なっており、七〇歳代前半のリタイアは圧倒的に女性で、男性は少ない。すなわち男性が七〇歳代前半も農業にとどまることでかろうじて農業が維持されてきた。九〇年代以降の日本農業は、このような昭和一桁世代の男性の就業年齢の引き延ばしによって支えられてきたといえる。その彼らがリードしたのが集落営農である。

表をみると、〇五年もまだそういえる。しかし、二〇一〇年にはモードを支える年齢層自体が八〇歳を越えてしまうし、七〇歳代前半の人口が減少に向かっているから、これまでのように七五歳以上の農業就業人口が増えるわけにもいかない。このような危機のなかの日本農業であり、集落営農である。

表序-1　農業就業人口（販売農家、経営体のうち家族経営）の推移

単位：千人

	男					女				
	農業就業人口			コーホート増減		農業就業人口			コーホート増減	
	1995	2000	2005	95-00	00-05	1995	2000	2005	95-00	00-05
60～64歳	276	200	149		56	404	307	215		23
65～69	361	311	233	35	33	415	384	282	△20	△25
70～74	268	343	296	△18	△15	279	360	311	△55	△73
75歳以上	255	333	416	65	73	222	326	403	47	43

注：農業センサスによる。

表序-2　⑴都府県の経営耕地規模別の販売農家、経営体のうち家族経営

単位：戸、％

	3～5ha	5～10ha	10～15ha	15ha以上
1995年	101,383	30,311	5,360	35,671
2000	99,034	35,783	7,657	43,440
2005	93,357	39,393	10,789	50,182
95～00	△2.3	18.1	42.9	21.8
00～05	△5.7	9.2	40.9	15.5

⑵都府県の販売金額別農家数

単位：戸

	1千～1.5千万円	1.5～2.0	2.0～3.0	3.0～5.0	5.0～1億円	1億円以上
1995年	59,073	26,300	21,151	12,247	9,380	
2000	52,262	25,389	20,740	12,213	5,026	1,615
2005	53,123	23,074	20,391	12,203	5,605	1,959

注：農業センサスによる。

以上は時代にかかわりない世代論だが、もう一つはグローバル化だ。詳述はさけるが八〇年代後半以降のグローバル化は日本農業の総自由化段階であり、安い海外農産物が無・低関税でどんどん輸入されてきて、その供給圧力のもとで農産物価格は低迷する。このようななかで個別経営が土地利用型農業で規模拡大に励めば報われる状況は失せた。それが**表序－２**の都府県における規模別農家数と販売額別農家数の推移に如実に示される。

経営耕地規模別の農家数は五ヘクタール以上が増大している。とりわけ五～一〇ヘクタール層の増加が著しいが、二一世紀にはその増加率も鈍化した。他方で、販売金額別に見ると、二一世紀に五〇〇〇万円以上のメガファームの数は増えているが、九五年と比較すればこの層のみならず全上層階層が減り、代わりに増えたのは販売金額なしの農家である。

以上の二つの現象をつきあわせると、ファームサイズを拡大してもビジネスサイズは縮小してしまうのが、この間の日本農業の現実である。そのもとでは個

表序-3　認定農業者経営（稲作）の平均規模の推移

単位：a、%

	1999年	2000	2001	2002	2003	年増加率	経営体数
北海道・東北	514.4	530.5	514.8	531.4	532.6	0.8	71
関東・北信越	472.7	492.9	482.8	483.3	488.5	1.0	33
東海・近畿	890.8	782.9	772.3	744.5	752.2	2.1	6
中国・四国	420.0	402.2	405.8	384.9	381.0	−2.4	1
九州	540.5	557.2	544.4	541.9	503.7	3.5	7
平均	526.2	540.2	524.0	635.4	543.5	1.1	48

注：1）2003年時点の認定農業者で、1999〜2003年の農業経営動向統計の調査対象になっている農家の平均値。
2）『認定農業者の経営分析』全国農業会議所、2005年、101頁。

別の規模拡大のインセンティブが働きようがない。規模を大きくすれば機械もワンランク上に買い換えねばならないが、そのための借金返済の目途はたたない。ある程度以上に規模を拡げると圃場分散が強まり、水回りにバイクをとばせば背中が塩をふく。腰痛も強まる。

肝心の認定農業者はどうか。彼らは規模拡大して効率的かつ安定的経営に成り上がることを期待されているが、その規模拡大の実態は**表序－3**の如くである(4)。稲作のサンプルは全部で一一八と少ないが、北海道・東北は七一、関東・北信越は三三だから、少なくとも東日本についてはある程度の傾向は分かる。その結果は惨憺たるもので、要するに平均で見る限り、規模拡大の傾向には全くない。現状維持がせいぜいである。「平均では捉えられない」と言うなら、どうぞ実態を公開してください、といいたい。それが「認定農業者」への「追い込み」を図る農政の義務ではないか。

このようななかでビジネスサイズを大きくしようとしたら、その努力は規模拡大ではなく、収益作目の取り入れ、集約化、加工や自家販売等に向かうのは当然である。

高齢化が進み、個別経営での規模拡大によるカバーが十分ではないなかで、高齢化の受け皿、土地利用型農業なかんずく水田農業の担い手として集落営農が期待されざるを得ないのである。

ではその受け皿が、なぜ、従来からの生産組織ではなく、事新しく集落営農と呼ばれるのか。その点は後にみることとし、以下では農政における協業の位置づけを検討する。

3　農業基本法と協業

農業基本法（一九六一年）は、第一五条で家族農業経営の発展と自立経営の育成を定めるとともに、第一七章で協業の助長を掲げた。そこで自立経営の育成と協業の助長との関係が直ちに問題となる。

その点について政府は、「われわれは、要すれば、家族経営でやっていただいて、それだけで足りないときに協業という事を考えている」（池田首相）、「それらの小さい農業を共同経営に移して農業部門における効率化を図るということも私どもがやっていかなければならぬ問題であり、これは当然協業化の問題、共同化の問題で考えていきたい」（農林大臣）と答弁している(5)。

農業基本法の立案実務者も同じように考えていた。当時の中西一郎企画室長は「現在自立経営に近いといわれている農家は、全体の約一割程度といわれる。今後大いに自立経営の育成に努めるとしても、現在ある全農家を自立経営に育成することは無理であって、自立経営の育成と相並び相補う第二の方向が必要となる。それが第一七条に規定する協業の助長である」。「両者は相並び相補いながら家族経営の改善・助長・発展という点で統一されている」とする(6)。

このように協業を自立経営と並列させながら、前者は兼業農家向けであり、あくまで自立経営の育成を補完し、自立経営に帰一するものとして捉えるのが、自民党および政府実務者の考えだったといえる。

それに対して次のような異なる見解もあった。「自立経営と協業という二本立ての構想は、法文のうえでは必ずしもはっきり関連づけられていない」が、「そのどちらに重点をおくというふうには考えていない。また自立経営になる見込みがあるものについては自立経営の育成で行き、なりがたいものについては協業の促進でいくというようにも考えていない」(7)。これは前述の補完関係論とは明らかに異なる位置づけである。

この文章の前には、トラクター一台につき水田四〇ヘクタール、二台の方が効率的だとすれば八〇ヘクタールが最低限になるが、そのような自立経営は「せいぜいモデル的なものとして、指折り数えるほどにしか成立」しない。「したがってはじめから『協業』という形で実現される以外にはない」。「自立経営はいわば協業をその一部にとりいれつつ、場合によっては協業の細胞となることもあるものとして期待されている」としていた。この結論に至っては、どちらに思い入れとしているか明らかだろう。

立案事務局のなかば公式見解ともいえる『農業の基本問題と基本対策・解説版』(農林統計協会、一九六〇年)では、「生産の協業化の構造改善に寄与すべき役割は重視されなければならない」としつつ、全面協業経営では「多かれ少なかれその成員が従来の独立小生産者としての地位を失い、土地所有者、労働者、経営参加者ないし資本の提供者として機能的にその資格が分化」していくので、そこに「自作農主義の原則が機械的に適用される」のは望ましくなく、農地法の「必要限度の制度の改正措置」を取るべきとしている。同書は、近代的家族経営の育成をめざしているが、近代的家族経営は「その本質的性格において資本家経営と通ずるものがある」ともしている。全面協業経営も近代的家族経営も超長期的には資本家経営に帰一するものとイメージしていたのかも知れない。

他方、同書および「農業の基本問題と基本対策」答申本文は、このような協業の具体的なかたちとして「協業経営は主として協同組合によって担当されるべきもの」と考えていた。このように将来の農業経営像のイメージは必ずしも一つにピントが絞られないが、協業と協業経営を重視していたことは確かである。

その根はもっと深い。戦後の農協法の制定に際して、その三次案までは、農協を農業実行組合、市町村農協、都道府県、全国の四段階制とし、「字の区域」や「字に準ずる区域」に農業実行組合を作り、農作業の共同化その他の農業労働の効率増進に関する施設、農業経営の事業等を行うとしていた(8)。農業経営を行う農業実行組合とは集落協業経営に他ならない。この発想は、戦前の農村経済更生運動において、農家小組合に法人格を与えて農事実行組合とし、産業組合の構成員たらしめた時点（一九三二年）までさかのぼる。「むら」の組合化、法人化という農政のＤＮＡの根は深いのである。この原案は、そこにファシズムの温床あるいは共産主義の匂いをかぎとったＧＨＱの容れるところとはならなかったが、農業基本法制定の総指揮者であった小倉武一は、後に「協同組合的土地保有」を提起している(9)。

以上要するに、農業基本法は自立経営の育成を主たる経路と考えていたとする受けとめ方は必ずしも正確ではない。個別自立経営の育成と協業は少なくとも同列であり、立案者たちの思いはむしろ協業の方に傾いていた。そのめざす方向は全面協業経営にあったかもしれないが、農業基本法以降の構造政策は自立経営の育成と協業の助長を二本柱とすべきだったし、すべきである、と考えたい。

農水省はほんらい産業省であり、経済官庁だが、その歴史的経緯からしてエコノミストは育たず、統制派官僚が強かった。今日の市場メカニズム万能、規制緩和主流の世の中にあっては、後者の真骨頂もまた示されるべきだが、こと協業という点については、統制派農政は冷たかった。なぜなら作業をめぐる協業や受委託、任意組合等は農地の権利関係にかかわらないからである。権利関係にかかわらない分野は統制派農政のらち外になり、農協等が面倒見る領域にならざるをえない。それが今日の集落営農の育成に引き継がれている。そして権利主体となるには経営体である必要があり、そこからも農政が経営体に固執する傾向がでてくる。市場メカニズム万能派も経営体重視であって、ここで両極が結びついて経営体重視になった。

本章が重視する協業は、そういう名詞としての協業ではなく、動詞としての協業、動態としての協業である。

4 農業生産法人制度の成立

農業における法人問題が、徳島県等のみかん農家の税金問題として提起されたことは周知の通りである。すなわち農業所得のうち自家労賃部分を経費扱いすることで所得課税を引き下げようとする要求である。いってみれば雇用経営ではない家族経営に雇用経営の論理や範疇を擬制しようとするもので、その擬制を制度化するための農業法人の設立である(10)。

日本社会党もいち早く問題をとりあげ「農民の創意を生かし農業経営の合理化、生産の共同化を進めるため、農業における特殊法人(仮称農業生産組合)を法制化」すべきとした。その二カ月後には「農業生産組合法案」を用意し、そこでは「将来、社会主義的な政策の発展にともない、農協が農業生産組合のみを組織単位とする農協に発展するよう指導し、両者の一体化をはかるものとする」と舞い上がった。生産協同組合を基礎単位とする協同組合(ソホーズ)による社会主義化という路線である。保守の農村地盤としての農協に依拠した社会主義化という路線のリアリティあるいはアナクロニズムは問わないが、折からの冷戦体制激化のなかで、法人化がイデオロギー的なイッシューに躍り出たわけである(11)。

政府としても、これらの提起を受けて立ち、法人化はたんなる税対策だけでなく農業経営の「近代的合理化」に資するという点から前向きに検討することにした。しかし所有と経営の分離を促す法人化は、所有と経営の一体化を大前提とする農地法の自作農主義の趣旨に反するため、根本的な検討を要し、単独法による特殊な農業法人形態の創設が必要と考えた。しかるに他方では、前述のように農業基本法が検討されている状況下では、制度の新設はその検討に委ねるべきとされ、当面は一定の要件を備えるものについて現行法下での賃貸借・使用貸借を認めるべきとし、一定の要件（資格）を満たす法人を「適格法人」とした。適格法人には株式会社も含まれるが、取得できる権利は所有権を除き、賃借権のみとされた。

さらに農業基本法の検討と制定を踏まえて、一九五九年からの数度の国会上程を経て、六二年の農地法改正でやっと現在の農業生産法人制度が発足をみたわけである。ここに前述の協業の問題が関連してくる。すなわち協業を経営化し、いいかえれば法制化するものとしての農業法人制度の検討である。こうして農業法人問題は、税金問題という発端を越える農政上の意義をもつことになったのである。

法案は当初は、農協が農業経営を行うことは認めない代わりに農業経営を行う農業生産協同組合の制度を新設し、また株式会社を除く法人に賃貸借による権利取得を認めることにしたが、後に、農業生産協同組合は農事組合法人に改められ、また適格法人も農業生産法人に改められ、そこには株式会社も一応含めるが、実際には株式会社はなるべく避けることとした。

この間の農林省の考え方は「農地法の一部を改正する法律案想定問答集」（一九六〇年が当初でその後改訂）に詳しい[12]。その思想を一口で言えば、「農地法の基本原則を堅持しつつ自作農が集まり自作農の延長としての法人を作る」ということに尽きる。株式会社については「株式の自由譲渡性は定款をもってもこれを排除できませんので」（この点は後に商法改正の同二〇四条で譲渡制限が認められた）「なるべくこれを避け、やむをえない場合も議決権の著しい不平等が生じないよう指導に努める等、行政指導を行っていく」としている。

しかるに成立した農地法改正では、株式会社は外され、所有権の取得は含められた。その経緯は想定問答集からは分からないが、推測するに、「行政指導」で「なるべくこれを避け」るのは実際には難しいので、法制上きちんと排除するしかない、株式会社を排除すれば所有権を与えても大きな障害はない、と判断されたのだろう。株式会社については、農地法改正の際の農林次官依命通達で「株式会社は株式の自由譲渡性を本旨とするため、共同経営的色彩の濃い農業生産法人制度になじまず、かつ、農業生産法人の要件を欠くことになる危険に不断にさらされていることにかんがみ、農業生産法人に含めないこととした」。

かくして株式会社を入れないなら所有権も、入れるなら賃貸借どまりという法人に関する農政の相場観が形成されたと言える。

5　農業生産法人制度の変遷

自作農主義から農地耕作者主義へ

農業生産法人制度は、従来からの自然人（生身の人間）としての農家に加えて法人にも農地の権利取得の道を開くものだが、それはあくまで「農地法の基本原則」に基づくものとされた。ここで基本原則とは、農地を農地として耕作する者のみが農地に関する権利を取得できる（農業経営ができる）とするものである。従って法人といってもあくまで「自然人（自作農）の延長としての法人」ということになる。このような趣旨に基づいて法人の要件が厳しく定められた。法人形態は、前述のように株式会社を除く。事業は農業と農業に付帯する事業に限定する。構成員は農地等を提供した者で法人の事業に常時従事する者に限定する。その他、議決権、構成員の面積・労働力要件、原則として従事分量配当などが決められた。

しかし一九七〇年の農地法改正により法人の性格は変化あるいは純化した。七〇年農地法改正は、その目的に「土地の農業上の効率的な利用を図ること」を加えるなど、賃貸借規制の緩和に踏み切るとともに、それにともなって農地の権利取得者の要件を厳格化・純化させた。それが農地の権利取得者は取得後の農業に必要な農作業に常時従事する者に限るという農地耕作者主義である。農業あるいは農業経営をするということはマネジメント機能も含むが、本当に農地を有効利用しているという証は、身自らをもって農作業することによって初めて担保されるという、「所有」や「占有」の本質に迫る規定である。「農地法の最も重要な機能がここで明確に規定され、後世に伝えられることになった」(13)。

これに伴って農業生産法人においても、先の議決権以下の規定が廃止され、代わって新たに業務執行役員が設けられ、農地を提供し、かつ農作業に主として従事する構成員が執行役員の過半を占めることとされた。農地耕作者主義の貫徹である。そして八〇年には「農地を提供」も外された。こうして「農業生産法人の制度は、創設当初の自作農的性格を失い、農業従事者の協同組織という性格に純化した」(14)。

農外者も構成員に

その後、「農業生産法人を含む農業経営の法人化は政策上正面から取りあげられてこなかった」(15)。小康期である。しかるに一九九〇年代に入り、にわかに株式会社も農業生産法人として認めろという声が巻き起こった。その背景は、これまたグローバル化である。社会主義体制の崩壊、冷戦体制の終焉、市場経済への一元化、規制緩和という一連の流れのなかで、市場メカニズム万能、株式会社万能の考えが席巻しだした。

このようななかで問題の口火を切ったのが、実は先の農水省の一九九二年の新政策だった。農家から経営体へ、家族農業経営から法人経営へ軸足を移した同政策が、株式会社を視野に入れるのは当然である。市場経済における最も効率的な企業形態は株式会社だとされているからである。こうして新政策は「株式会社一般に農地取得を認めることは投機及び資産保有目的での農地取得を行うおそれがあることから適当でないが、農業生産法人の一形態としての株式会社については、農業・農村に及ぼす影響を見極めつつ更に検討を行う必要がある」とした。

この手のポリシーメーキングは研究会や審議会の「慎重な」検討（根回し）を経て成されるのが常套であり、それを省いて農水省がストレートに新方針を打ち出したことは極めて異常だが、それが禍根を残したといえる。すなわちこれを起点としてとめどない規制緩和、農地耕作者主義からの逸脱が始まる(16)。

この新政策に基づいて、九三年の農地法改正で、農業生産法人の事業要件に「関連事業（生産した農畜産物を原材料とする製造加工等）」が加わり、構成員要件に農地保有合理化法人、農協とならんで、法人から農畜産物の供給を受ける個人等、事業の円滑化に寄与する者（ライセンス契約する種苗会社が含まれる）が加えられる。ただし農外者の出資は一人十分の一以下、合計で四分の一以下、とされた。

個人の資格ではあれ、農外者が農業生産法人の構成員になれるようになったことが、農作業常時従事者のみに農地取得を認めた農地耕作者主義に基づく農業生産法人制度が、しからざるものに変質し、株式会社を容認していく決定的な転換点になった。

株式会社も農業生産法人に

これが突破口になり九〇年代なかばにかけて財界の農業生産法人の規制緩和論、株式会社の農地取得要求が火を噴くことになる。そして一九九五年には、経団連が法人の構成員要件を食品産業会社等に拡大すべきとし、また行革委員会規制緩和小委員会が「株式会社の農業経営へのかかわり方」の「幅広い検討」を行うべきとし、さらに九七年に経団連が、法人要件の緩和論と併せて、株式会社の農地借入、購入を段階的に認めるべきとした。以降、財界はこの段階的容認論を着実に実現していくことになる。

これらを背景に九七年からの食料・農業・農村基本問題調査会の場で株式会社論が検討されることになった。九八年のその結論は「投機的な農地の取得や地域社会のつながりを乱す懸念が少ないと考えられる形態、すなわち、地縁的な関係をベースにし、耕作者が主体である農業生産法人の一形態」としての「株式会社が土地利用型農業の経営形態の一つとなる途を開くこととすることが考えられる」。そして同年の農政改革大綱は「地域に根ざした農業者の共同体である農業生産法人の一形態としての株式会社」を認めることとした。

これを受けて二〇〇一年の農地法改正で、農業生産法人の抜本的な要件緩和、すなわち法人要件（株式譲渡を取締役会の承認制にした株式会社）、事業要件（関連産業を含む農業が売上高の過半であれば可）、構成員要件（法人との継続的取引関係にある個人・法人）、役員要件（農作業従事者は過半の過半すなわち四分の一以上）の緩和がなされた。

株式会社形態の農業生産法人としての容認は衝撃的だが、実質的により影響が大きいのは次の二点である。すなわち第一は、これまで個人に限られていた農外者が法人も含めて農業生産法人の構成員になれるようになったことである。第二は、前述のように農地耕作者主義の精神は業務執行役員の要件に凝縮されていたが、それが農作業従事者が四分の一以上であればよくなった。これは農作業常時従事者が過半という規制からの二重の緩和である。過半から四分の一へが第一。構成員の二分の一の出席で会議が成立、その二分の一で議決というのが一般的ルールとすれば、四分の一ということは農作業者が議決において過半を占め得る可能性だけを保証したものに過ぎない。第二に農作業常時従事から六〇日以上従事に。これなら家庭菜園の従事者でもクリアできる。

これをもって農地耕作者主義は、死んだとはいわないまでも、瀕死の重傷を負ったことは間違いない。本書の第5、第7、第8章でこの株式会社形態の農業生産法人を取り上げるので、そこで実態に即して検証することにしたい。

さらに〇二年の農業法人投資円滑化法で、農業投資育成会社が議決権の二分の一以下で農業生産法人の構成員になれることとなり、また〇三年に農業経営基盤強化促進法で、認定農業者である農業生産法人への出資を一般企業五割未満まで認めることとした（第5章の世羅農園の事例）。今日における最も農業者らしい農業者である認定農業者経営への五割未満出資は一般企業による支配可能性に大きく途を拓くものといえる。

なお、会社法の改正により、有限会社の株式会社への統合と、株式会社の設立時の最低資本金制度が廃止されることになり、今後は株式会社形態での農業生産法人が同法人の主流になると思われる。

株式会社の農地取得へ

以上はあくまで農業生産法人という枠内で、その衣を着た形での株式会社等の進出であり、農業生産法人の魂としての農地耕作者主義を突破することには限界があった。そこで農業生産法人の枠外での株式会社の農地取得に途を開く方途が追求される。それが特区方式である。

〇二年の構造改革特区法は、耕作放棄地等が相当程度存在する特区内において、業務執行役員のうち一人以上の者が耕作又は養畜の事業に常時従事する農業生産法人以外の法人が、地方公共団体等と事業の適正かつ円滑な実施を確保するための協定を結んだ場合に、農地法の特例として農地を借りることができるようにした。

これは、業務執行役員要件の農作業従事規定に体現された現在の農地耕作者主義との関連を断ち切ったところで、別の条件（耕作放棄がある区域への限定や市町村との協定）を付しつつ、株式会社の農地取得に途を拓いたものである。これにより農地耕作者主義それ自体は直接にとどめを刺されることはなかったが、そのらち外での農地取得を許すことになった。

そしてこの特区方式が、〇五年の基盤法改正により、特定法人貸付事業の創設として特区以外でも展開可能とされた。同時に一〇年以上の買い戻し特約が効かないことをもって農地購入は斥けられた。農政は皮（賃借権）を切らせて骨（所有権）を守ったともいえるが、そこまで追いつめられたとも見える。いずれにせよ本書ではこの特区方式・特定法人貸付事業による株式会社は扱わないので、他の紹介を参照されたい(17)。

かくして株式会社は、農業生産法人の構成員、農業生産法人の一形態、農業生産法人形態をとらない株式会社それ自体、という三つの経路で農業に進出できるようになった。

今後の攻防は、第一に耕作放棄地が相当程度存在するという地域条件を外し、さらには自治体との協定も外して無条件で一般化すること、第二に所有権まで拡げること、の二点である。これにより株式会社の農地取得は完結する。

耕作放棄地が相当程度存在するという地域要件があることが、農業生産法人（農地耕作者主義）とそれ以外の併存を許す唯一の根拠だった。すなわち耕作放棄の蔓延は農地耕作者主義に基づく耕作者だけでは耕作しきれないことを意味し、そこにそれ以外の者が立ち入ることを拒否できないからである。

所有権取得は最後のギリギリの攻防だが、先に農業生産法人制度の成立過程において、当初は賃貸借・使用貸借にとどめられていたものが、最終的には所有権までスルリと入ったことをみた。その後も、賃貸借にとどめられた農用地利用増進事業が、法に昇格したときには所有権まで含めるという形で、事態は再現した。農業生産法人に所有権取得を許したのは株式会社排除との見合だと推測したが、既に株式会社が解禁された今日、所有権まで含めるという農政の悪いクセが再発しないことを祈るのみである。

6　集落営農と農業生産法人の意義

先に集落営農の登場背景をみた際に、生産組織を集落営農と言い換える理由までは考えなかった。生産組織には、梶井功氏が規定したワンマンファームの生産者組織（18）と地域ぐるみ組織の二種類がある。これからの諸章でみるように、東北から関東にかけての東日本では生産者組織が多いが、その他の地域では地域ぐるみ組織が多い（19）。集落営農は主として後者に繋がるものといえるが、それだけではない。

生産組織は一時はドイツのマシーネンリングなどと比定されたように、抽象的一般的規定である。それに対して集落営農は「むら」（自然村、農業集落）という日本的個性をもっている。「むら」は水田農業の定住単位であり、水田農業の地力再生産に係る水利・入会共同体である。その「むら」のど真ん中の田んぼにペンペン草がはえるようになると「むら」に住めなくなる。そこで「むら」の定住条件を守るためには、「むら」に残された労働力を根こそぎかき集め、「むら」に帰ってきた人をそこに加えて、みんなで水田農業を守るしかない。

このような日本水田農業における定住条件が崩壊の危機に瀕したところで、その起死回生の試みとして発生したのが集落営農の実践であり、集落営農という表現であろう。だからそれが農業経営であるかどうかは二の次であり、ともかく農業が守られ、水田が青々と保たれ、人びとが安んじて「むら」に生きられることが目的である。「集落営農とは小さな寺を建てるようなもんだ」と安岐門徒衆の一人が私につぶやいたが、まさに「小さな寺」を建てることであって、ピカピカの農業経営をたてることではない。

グローバリゼーション時代の定住条件の危機に瀕した「むら」の生産組織――それが集落営農だと言いたい。そして多くが指摘するように、集落規模での農業は、分散錯綜耕圃をもって特徴とする水田農業にあって、水稲作や転作の集団的・合理的土地利用を最低の取引費用で追求できる形であり、日本にふさわしい形での農場制農業の実現形態ともいえる。

このように集落営農は水田農村共同体に根ざすものであって、その共同体の範囲は「むら」（自然村、農業集落）を原点とするが、それに限られることなく、藩政村、明治合併村、あるいはその中間的な範域に様々なバリエーションをもって成立しえ、集落営農というよりは「むら（村）営農」といった方が一般的かもしれない。

集落営農は、以下の諸章でみていくように、「むら」単位の協業編制である。「むら」びとの多くが高齢化等により最終的に協業編制に出役できなくなった時は、なお可能な人びとの集団に利用権の設定を行わねばならない。その時、任意団体は農地の権利主体にはなれないから、どうしても法人化が必要になる。「むら」びと全体ではなく、特定の者が農業を担うに当たっては、内外に対する権利関係の明確化も必要になる。このような要請に応えるのが、「地域に根ざした農業者の共同体」としての農業生産法人である。

要するに本質的には、作業受委託段階の任意組織としての集落営農と、賃貸借段階の法人組織としての農業生産法人である。

もちろん農業生産法人は協業経営として、それ自体の経営の論理をもって企業体化していく場合もあり、その全てが「地域に根ざした農業者の共同体」とはいえなくなる。前項でみたように、とくに株式会社形態は人的結合に基づく協同組合ではなく資本結合に基づく営利企業体である。そして今後は株式会社形態の農業生産法人が増えていくだろう。しかし現時点では「地域に根ざした」という点までは失われていないのではないか。それをどこまで言えるかを確認することも本書の課題の一つである。

7　本書について

以上のような位置づけに立ち、グローバリゼーション時代における地域農業再編に果たす集落営農、農業生産法人の位置と役割を明らかにしたいというのが、本来めざすべき課題だが、実際に本書で行うのは、集落営農や法人のヒアリング結果の報告に過ぎない。章末で各地域の簡単な特徴把握を行い、終章では比較も含めて少しまとまった解釈をした。

本書では取りあげた各地域について複数の事例を紹介することにした。従って複数のヒアリングができなかったり、また過去に報告した地域については割愛しており(20)、その点も含めて、北海道、東海、四国、北九州等には及んでいない。

対象の選定基準のようなものはない。選ぶだけの余裕などなかったのが実情だが、地道に特徴ある取り組みをしている事例の紹介を心がけた[21]。

叙述にあたっては、協業の場、支援態勢、リーダーの出自・性格、成立経過、構成員と働き手、土地の保有・利用、経営収支、地域との関わり、今後の展開等を共通項目としている。

本書では、協業の場を「農業集落」(「自然村」、「むら」)、藩政村(概ね大字だが、大字といわない地域も多い)、明治合併村(いわゆる旧村)、昭和合併村とした。また本書での自治体名は、平成合併前のものを用いる場合もある。

ほとんどの組織から損益計算書を含む総会資料等をいただいている。かつては公開を嫌う組織もあったが、今日では地域・社会に公開された組織たらんとしているのが通常である。とはいえそれを生のまま引用するのは控え、文章化させていただいた。

主なヒアリング対象者お一人は本名を記し、そのほかは記号化させていただいた。各項末にヒアリング年月を記した。文中での年齢等はその年月のものとする。

注

(1) 新農政推進研究会編『新政策　そこが知りたい』大成出版社、一九九二年、八七頁。

(2) インターネットで「集落営農」を検索すると、農水省の『集落営農・特定農業団体に関するQ&A』をみることができる。マニュアルとしては全国農業会議所『集落営農マニュアル』二〇〇六年。

(3) 小池恒男『集団的土地利用形成の条件』農林統計協会、一九八三年、第五章。

(4) 農水省は「認定農業者」を増やそうとしながら、その経営実態等についてのデータは『農業経営動向統計』の末尾の平均値以外に一切公表していない。そのなかで表序―3は組替集計等に基づく貴重なデータだが、同書全体は加工しすぎで基礎的なデータに欠ける。総じて認定農業者などの政策判断に係る統計はあまりに少ないというか、ほとんど無い。

（5）『日本農業年鑑一九六二年版』の「農業基本法とその成立背景」による。

（6）中西一郎「農業基本法の解説」『自治研究』三七巻七号、一九六一年。

（7）「（旧）農業基本法の解説」『逐条解説　食料・農業・農村基本法解説』大成出版社、二〇〇〇年、原文は一九六八年で執筆者は植木建雄氏（官房企画室）。

（8）土地所有者が土地の所有権を保有しながら土地用益を集団に提供し、属地的な土地の集団化を図るもので、一定の小作料を払う関係でも、ただでもなく、土地用益の提供者は経営成果の分配にあずかる。小倉武一『集団営農の展開』御茶の水書房、一九七六年。

（9）小倉武一他編『農協法の成立過程』一九六一年、協同組合経営研究所。なお同書の座談会では生産協同体への熱い思いが語られている。

（10）農地制度史編纂委員会『戦後農地制度資料　第一巻　昭和三七年農地法改正（上）』農政調査会、一九八四年に依る。「解題」は故細貝大次郎氏。

（11）冷戦体制や社会主義との関係での農業生産法人制度の制定過程の先駆的な考察としては、谷口信和『二十世紀社会主義農業の教訓』農山漁村文化協会、一九九九年、第一章。

（12）注（10）の文献に所収。

（13）関谷俊作『日本の農地制度　新版』農政調査会、二〇〇二年、一六七頁。

（14）同上、一六八頁。

（15）衆議院調査局農林水産調査室『農地法の一部を改正する法律案について』二〇〇〇年、一五頁。

（16）以降の経過については拙著『食料主権』日本経済評論社、一九九八年、『日本に農業は生き残れるか』大月書店、二〇〇一年、『農政「改革」の構図』筑波書房、二〇〇三年、『「戦後農政の総決算」の構図』筑波書房、二〇〇五年、を参照。

(17) 倉内宗一「法人農業経営と農業構造改革」東京農業大学農業経済学会『農と食の現段階と展望』東京農業大学出版会、二〇〇四年、農政ジャーナリストの会編『日本農業の動き一四八　構造改革特区は何をめざすか』農林統計協会、二〇〇四年。

なぜ本書で扱わないかについて一言すれば、特定農業法人に問題ありとすれば、それをクリアするために一層の規制緩和をしろとなるし、問題なしとすれば、ならば無条件に株式会社に賃借・購入を認めろとなり、いずれにしても規制緩和しか出てこないからである。研究者は何を研究してもよいというものでもないという思いもある。特定農業法人はあくまで数ある耕作放棄対策のなかの一策と考えればよい。

(18)『梶井功著作集　第三巻　小企業農の存立条件』筑波書房、一九八七年、原著は一九七三年。

(19) 生産組織に関する筆者の見解は拙著『農地政策と地域』日本経済評論社、一九九三年、第七章。

(20) 筆者の集落営農、農業生産法人への言及として次のものがある。

新潟県越路町、静岡県茶産地…『農政「改革」の構図』(前掲) 第四章

静岡県中遠地域…『「戦後農政の総決算」の構図』(前掲) 第四章

島根県等…『日本に農業は生き残れるか』(前掲) 第三章

広島県…編著『日本農業の主体形成』筑波書房、二〇〇四年、第四章第一節、第五章

(21) 各時期の典型例については、酒井富夫編著『集団営農の日本的展開　朝日農業賞三〇年の軌跡』朝日新聞社、二〇〇一年。

第1章　東北の農業ネットワークと農業法人

はじめに――山形おきたま農協

本章では山形県真室川町の農業ネットワーク組織・「ひまわり農場」と山形おきたま農協管内の三法人、そして岩手県一関市（平泉町）の建設業の農業進出としての峰岸ファームをとりあげる。地域も形態もバラバラであるが、やはりそこには東北という立地が反映している。その特徴は面的な集落営農というよりは、個の集合体・協業体という点である。そしていずれの組織も農協とさまざまな関係（出資、取引、競争）にたっている。関係農協の全てを紹介するわけにはいかないので、ここでは三事例が係わる山形おきたま農協をとりあげる(1)。というのも山形おきたま農協は、農業生産法人に対して鮮明な政策を打ち出しているからである。

同農協は、二郡三市五町にわたる一〇農協が一九九四年に合併してできた、正組合員二万三八八五人（うち法人五九）、准組合員八六四三人、計三万二五二八人（二〇〇五年総代会資料）の大規模農協で、単協レベルで経営管理委員会を採用した点でもユニークである（経営管理委員は五〇名、理事会は理事長、専務、常務三名の五人）。米の集荷目標は一〇〇万俵だが、〇三年産は異常気象等もあり八〇万俵、〇四年も九二万俵弱にとどまる。しかし山形はえぬきは食味ランキングで一一年連続して特Aに評価されている。農産物取扱額二五一億円（うち米一五〇億円、残りは米以外の農産物と畜産物が半々）、貯金額一二四五億円、長期共済保有額一〇六〇億円に達する。

農協出資法人　同農協は二〇〇一年から「ニューファーマーズ・プロジェクト」に取り組んでいる。「経済事業改革」の一環として、「農業生産法人及び大規模農家に対して、ＪＡの事業展開上発生している諸課題を解決し、総合的な支援策を構築することによりＪＡ利用の拡大を図る」（設置要綱）のがその目的である。具体的には農業法人を三つに分け、①「ＪＡ主導型法人」…ＪＡが五〇％以上出資し、二名以上の役員を派遣する（農協法上の協同会社）、②「ＪＡ参画法人」…四〇％を限度に出資し、参画度合いの高い法人には役員一名以上を派遣する（関連会社）、③「任意法人」…出資・役員派遣のないもので、「任意法人」というのはあくまで農協からみた位置づけである。

「出資の方針」では数集落をまとめた大字単位を基本に一二〇～一五〇の法人を設立することを目標に、一法人当たり出資額を一二〇万円として、一・八億円の出資を見込んでいる。今のところ、ＪＡ主導型法人が二つ、ＪＡ参画型法人が一八ある（〇四年一〇月）。

関連文書ではその意図を「法人が独自の経営戦略を強めると『ＪＡ離れ』現象が生じる。→法人に対し、安定した確実な経営をどう保証してやれるかが関係性保持のための大きな鍵（特に販売面におけるＪＡの実力が不可欠）」「法人設立当初からの関わりが重要（設立当初の厳しい時期こそ、ＪＡの支援が大きな信頼を生む）」としている。

農協　主導型の代表が「アグリサポートおきたま」（〇三年設立、高畠町）である。資本金は一・五億円。うち一億円を農協が出資し、残りをアグリビジネス投資育成会社、農協が出資している農業法人一〇社が各一〇万円、法人の常務・部長が各一〇万円である。農協は役員三名の派遣を行い、従業員は農協兼務も含め二二～二三名。要するに農業者の協業体ではなく、農業生産法人形態の農協子会社というのがその実態である。

また農協→農業生産法人→アグリサポートという出資関係は、「法人連合システム」の形成により法人との連携を強めようとするものかも知れないが、実際には農協は法人に対して経済事業の一〇〇％利用は求めず、七〇％でよいとしている。

法人の業務は、①肉用牛センター二カ所の経営、②大型施設二カ所でのトマト栽培、③人材派遣（〇四年度の開始で、農協ＯＢ等を雇用して後述する農協支店のグリーンセンターに派遣し、豊富な商品知識などで経験の浅い職員をサポートする）、④遊休農地等の借入等によるソバ等の栽培。その他園芸振興（トマトのほか、イチゴ、アスパラ、ブドウ、ヒメイワダレ草）、人材養成塾等も掲げられている。

①は農協業務のアウトソーシング、子会社化、②は周年雇用対策、③は農協本体でも可能な業務、④の本格的な取り組みは〇六年度からで、借入実績は二ヘクタール程度。

当初の方針は、経済事業改革の一環として、営農指導事業の分社化を通じて、「従来型営農指導から今日的営農指導へ」「旗振り役的な技術指導から販売・経営指導への転換」を果たすとされていたが、実際には、営農指導の力点が技術指導から担い手育成等にシフトしているものの、関係職員は農協本支店に配属されており、アグリサポートに分社化されたわけではない。

このアグリサポート以外の、主流を占めるＪＡ参画型法人の多くは、ライスセンター経営、共同防除や転作、水稲等の作業受託、農産物加工等を主としたもので、事業目的に「農業経営」を銘記したものは本章で取り上げる「中津川ＦＦ」「アグリメントなか」等に限られるようである。

山形おきたま農協が法人との連携に力を入れようとする背景には以下のような地域事情もあると思われる。後述するように同地域で集荷業者と農協が米集荷を二分しており、加えて「アグリセンターおきたま」が立地する高畠町には高名な「米沢郷牧場」や「赤とんぼ」等の地域法人経営があり(2)、また長井市には本章で取りあげる、小粒だが米の独自販売を行う「歌丸の里」などのユニークな法人がある。上杉鷹山以来のＤＮＡ、その延長での内陸部にあって米以外の商業作物への取り組みという、米単作の庄内等とは違った農業風土と農業者の動きが置賜にはある。

支店機能　集落営農や法人化という地域営農の指導を担うのは「アグリセンターおきたま」ではなく、合併前の農協としての支店である。農協には二〇支店があり、その下に取次店がある。飯豊（いいで）町については、飯豊支店と添川・豊川・中津川の三取次店があり、別に飯豊町役場店がある。支店は行政との関係や金融・共済・経済等の総合事業を行い、取次店は男女二人の職員を置き、ＡＴＭも設置されている。

支店は全体の支店と経済支店に分かれる。また市町村ごとに資材販売のグリーンセンターが置かれる。資材販売は二カ所の配送センター、市町村ごとのグリーンセンターの両立てで、前者は予約販売で配送、後者は店頭販売で自分で持ち帰りとなる。取引は前者の方が多い。アグリサポートおきたまが農協職員ＯＢを採用してグリーンセンターに派遣し、肥料の使用方法などの技術指導をしている（先の業務③）。

農協は〇二年から営農プランナー制度を設けた。（チーフ）営農プランナーは行政ごとに計八人置かれ、四〇～五〇代のベテランを配置して、行政とのパイプ役、新規作物導入などの地域農業振興、そして大規模農家、農業法人、集落型経営体、新規就農者等の育成支援、会計・税務相談等を行う。要するに営農プランナーが法人窓口になるわけである。

飯豊支店については、経済支店長がチーフ営農プランナーになり、取次店の男性職員が営農プランナーになる。取次店の三人は県中央会の営農相談員の講習を受けて相談員資格をとっている。実際には他業務との五割兼務になっている。行政とのワンフロア化等は行っていないが、町農業技術者会を媒介として連携は密である。普及体制は置賜・西置賜の普及センターが置賜総合支庁の技術普及課に一本化されたが、実際の体制は変わっていない。

このように見てくると行政・農協の双方の組織再編にもかかわらず、従来の市町村単位の指導体制が維持されていると言える。

そして飯豊町についていえば、法人化は本章で取り上げる中津川ＦＦとアグリメントなかにとどまり、その他については仕込み期間中である。営農プランナーから見ると、農家は、集落営農や法人化については、①まだ自家でやれる、農機具も五～六年は使える、Ⅱ兼農家だと自分の稼ぎで農機具を買える、②土地への執着（自作農の矜持）、③経理一元化で個人の収入があからさまになる、ということで積極的ではない。いちばん苦しいのは二～三ヘクタールのⅠ兼農家層だが、経営所得安定対策のメリットが大きくないと集落営農や法人化のメリットはない。また少数農家で法人立ちあげということも考えられ、必ずしも集落営農にはいかない。総じて対策を追いかけるだけでなく、対象から外れる作目の複合経営地帯としての所得増の追求も大切であるとする。

農協としては、集落営農や法人への対応、法人等と個別の規模拡大を志向する担い手経営、政府の「担い手」の対象から外れる中小複合経営農家の三面対応、さらには高齢・定年農業等への多面的対応を迫られるわけである。法人への農協出資は多分に農協サイドの論理によるものだが、農協が行政とともに法人を育成・支援しようとする姿勢は十分にうかがえる。

１　ひまわり農場――農業ネットワークの形成

塩根川

真室川町は山形県の最北端の町で、戦後「真室川音頭」で有名になった。ひまわり農場の拠点である塩根川は、そのまた最北端で、積雪は二メートルに達することもある県下有数の豪雪地帯である（経済圏は秋田県）。

一九九五年冬に同集落の農家、土地持ち非農家の全戸を調査した。「集落の担い手育成機能」と中山間地域問題がテーマだった。前者は集落に担い手育成機能があるのではないかという仮説に基づくものであり、また沢田筋に分散展開する同集落は渓谷型中山間地域の典型と思われた。

今回、十年ぶりに「ひまわり農場」の高橋清一、佐藤重雄、高橋秀則の三人に町の宿泊施設・梅里苑のコテージに集まってもらい、酒を酌み交わしながらこの間の変化をうかがった。塩根川は今日では一農業集落として扱われているが、真室川支流の沢の入り口から行き止まりの奥にむかって六キロにわたり展開する、四つの小集落の総称である。その他五つの集落と合わせて明治二〇年代に及位（のぞき）村に合併するが、恐らくその時から四集落が一つになって真ん中の集落名「塩根川」をとって名乗ったものと思われる。藩政村でもなければ明治合併村でもない、その中間あたりに位置する人為的な集落ではないか。

集落の戸数は昭和二〇年代が六二戸、八五年に四六戸、〇五年が四四戸。農家数は九〇年二六戸が現在は一八戸。だんだん非農家化しつつも地域にとどまるようになった。

今は行き止まりの塩根川の道も、大正から昭和にかけては炭焼き、山仕事、鉱山関係の人々の足音や馬ぞりの音が絶えなかったという。村の生活は、戦前は炭焼き、山菜採り、養蚕、山仕事、鉱山人夫、馬車引き等だった。湿潤な気候がもたらすなめこの味や形は日本一といわれた。

戦後は山菜が本格的に売れるようになり、高度成長期には伐採の仕事が出稼ぎに代わった。六〇年代後半に炭焼きとなめこ栽培がピークを越し、八〇年代後半からは冬季の林業就業が可能になり、タラの芽、ウド、わらびの栽培化がなされるようになった。集落でも特産組合が作られ、また及位村の規模で「わらび生産組合」が組織され、その一つは観光わらび園を開設し「真室川のアスパラわらび」と銘打って好評だった。ゼンマイ収入で子供三人を大学に行かせたという人もいる。

町はこの間、ニラ、タラの芽、ウルイ等の栽培化に力を入れている。同町の栗田氏が開発した「ワーコム米」などこだわり米の生産・販売にも熱心だ。酪農や繁殖牛にも取り組み、堆肥散布のコントラクター組合も作られている。

「ひまわり農場」への道

塩根川は長い協同の取り組みの歴史をもっている。戦前の「満蒙開拓」の八溝開拓の経験者が八名いて、その教訓を聞きながら、戦後のリーダー・佐藤亮一氏（七一歳）等が育っていった。

集落には二つの農事実行組合があるが、その一つは一九七四年の田植機導入に伴う稚苗の共同育苗組合である。佐藤さんは開拓時の「共同は難しい」を教訓に、全戸ではなく高橋清一、佐藤健郎さん等四名の若手農業者で作ろうとしたが、実行組合に呼びかけないわけにはいかず、呼びかけたら全戸参加になった。

また田植えの早期化に伴いトラクター導入が必要となり、亮一、清一、健郎さんの三人で七四年に機械利用組合を作り、作業受託を始めた。さらに七七年には清一、健郎さんがコンバインとミニライスセンターを導入、八一年には三名で田植組合を作り、受託の範囲を拡大した。

八八年に、これら機械の近代化資金を返し終わったことを期に、清一、健郎さんと、佐藤重雄さん、新及位集落の高橋信夫さんが呼びかけ人となり「及位を考える会」を作り、二〇名ほどが集まって「及位を日の当たる場所にしたい」と話し合った。

九一年には亮一さんが中心となって塩根川地区農用地利用改善団体が作られたが、その申し合わせは、売買貸借は離農・離村を促すのでやむを得ない場合にとどめ、主に作業受委託に取り組もうと言うことだった。とはいえ賃貸借も増えていったが、「三年に一回は冷害があるので大きくまとまりすぎると危険」とし、小集落ごとにまとめて借りるようにした。

「及位を考える会」では話し合いを繰り返して、結果的には会の呼びかけ人四人に若手の高橋秀則さんが加わり、ミニライスセンター、無人ヘリコプター、水路コンクリート化を軸とする構造改善事業に取り組むことになり、九四

表1-1　1995年のひまわり農場構成員の状況

	集落	年齢	冬季就業	妻の就業	自作地	小作地	農場の分担
高橋清一	塩根川	43歳	林業	農業	250 a	130 a	組合長、育苗
高橋信夫	新及位	48	林業	アパレル	82	270	会計、米産直
佐藤重雄	赤倉	46	林業	セラミック	180	100	副組合長
佐藤健郎	塩根川	42	林業	雑貨店	70	120	無人ヘリ
高橋秀則	赤倉	36	助教諭・運搬	スポーツウエア	105	170	無人ヘリ

年に五人で作業受託組織「ひまわり農場」を立ち上げた。「ひまわり」は先の「及位を日の当たる場所にしたい」の趣旨である。

五人のメンバーについては**表1－1**の通りである。冬季には清一・重雄・健郎さんは林業労働に従事し、秀則さんは分校の教師と農協までの米運搬を行っていた。また清一さんの奥さんは農業専業だが、他はみんな農外就労である。ある報告(3)は「ひまわり農場」を「ワンマンファームの連合体」と規定している。

集落内にはこのほか、初期に共同に取り組み、亮一さんが担い手として期待した二名の受託農家がいるが、彼らは「今の機械がある限り、農場には入らない。使えなくなったら委託する」ということだった。また旧及位集落にはTさん（現在五五歳）が息子さんと八ヘクタールほど経営しているが、集落が違うこともあり参加しなかったようだ。

農場づくりの根底には、前述のように「共同は必要だが難しい。慎重に」という教えがあった。だからはじめから「集落ぐるみ」はめざしていなかったと言える。逆に集落外の信夫さんにも同じ及位ということで開かれている。

では何で五人になったのか。推測だが、出自的には清一さんと信夫さんはそれぞれの集落の最古の本家筋、重夫さんも十数代に及ぶ本家だ。東北にはこのような本家筋あとつぎ層の少数共同が多い。「ワンマンファームの連合」をもう少し狭めれば、そういうことではないか。残り二人は分家の四代目だが、秀則さんの妹さんが清一さんの奥さん、健郎さんの奥さんはリーダーである亮一さんの娘で、清一さんは亮一さんの甥にあたる。また清一さんと健郎さんは同級生でもある。分家層も本家筋あとつぎ層とは婚縁、学校縁で繋がっている。

当初の「ひまわり農場」

まず農場としての受託は、収穫が五四戸から三七ヘクタール（うち集落内一三戸から八ヘクタール）、乾燥調整が五二戸から三六ヘクタール（同一二戸から七ヘクタール）、防除一〇〇戸から一七〇ヘクタール（同二〇戸から四〇ヘクタール）。無人ヘリコプターの操縦は秀則さんと健郎さんが行い、一〇〇戸から一七〇ヘクタール（同二〇戸から四〇ヘクタール）。仕事量からしても、塩根川にとどまらず、旧村の内外に広がっていた。

そのほか信夫さんが中心となり、本人のつてで伊豆方面の民宿を中心に米三〇〇俵を販売していた。メンバーの出荷は本人のほか清一さん、重夫さんで、各三〇～四〇俵なので、メンバー外からの集荷販売が主だ。

また個人として清一さんが育苗、健郎さんが耕耘、重夫・健郎さんが田植えの受託を行っていた。

このように農場は、航空防除と秋作業の部分作業受託組織にとどまるが、今後については機械の更新、新規購入は全て農場として行い、また九六年から育苗受託も行う予定であり、設立趣意文には堆肥施設、農産加工施設、グリーンツーリズム等も謳われていた。

趣意文は「部分的な生産組織でよいのか」、自然を相手に周年就業できる「新しいタイプの組織に育てていく」と熱っぽく語り、当面は秋作業受託を六〇ヘクタールまで拡大するとともに、有限会社形態による借地拡大、さらには加工や交流への事業拡大を志向していた。

ひまわり農場からひまわりグループへ

その構想は一〇年たってどうなったか。**表１－２**にメンバーの現況を示した。

家族は本人夫婦はあまり変わらなかったが、親は介護が多く、子供達は進学や就職で他出していた。本人の就業で

表 1-2　2005 年の構成員の状況

	自作地	小作地	妻の就業	農場外の活動
高橋清一	260 a	640 a	農業、まごころ工房	なめこ、ハウスとまと、タラの芽等
高橋信夫	82	330	山菜加工場	米販売（独立）
佐藤重雄	200	550	介護	転作（独立）
佐藤健郎	70	120	園芸店	転作、ヘリ防除、冬季林業
高橋秀則	105	270	スポーツウエア	ひまわり企画(ヘリ防除)(独立)

は、秀則さんがいよいよ冬季分教場がなくなり、その助教諭から冬季寮施設の舎監に転じていた。そのほか変わったのは、清一さんの奥さんが、町が作った直売施設「まごころ工房」の副組合長として、そちらに熱心になった点だ。

まごころ工房は町の宿泊施設・梅里苑の広大な敷地内にある、四年前に開かれた公設民営の直売施設。女性五〇名程度が参加し、まむしの乾燥や瓶詰めまで地域のあらゆる特産が置かれているが、売り上げは一六〇〇万円で少なめ。開店が梅里苑のチェックアウトとずれるのが難点だ。

さて「ひまわり農場」だが、この間の業務パターンは変わらず、育苗と秋作業受託のみで、両方とも面積にして三〇ヘクタール程度で、後者はピークで四六ヘクタールまでいっているので、むしろ縮小気味だ。農場の収入は秋作業受託八〇〇万円、育苗二〇〇万円の計一〇〇〇万円で、メンバーへの支払いは一万円の日給である。

新たな動きとしては、農場の蓄積から半分を負担して四〇〇万円で堆肥場を作り、反当五〇〇〇円で二〇ヘクタールほどの堆肥散布を事業として開始している。

では何も変わらなかったのかといえば、ある意味では大発展している。それは「ひまわり農場から「ひまわりグループ」への発展である。

①ヘリコプター防除…三年前から秀則さんを責任者とする「ひまわり企画」として独立した。健郎さんと二人で担当していたが、彼は雇われて働くようになった。きっかけは無人ヘリの更新で、補助金なしでの更新は農場としてはかなわず、秀則さんが農協から借金して一〇〇〇万円で購入するようにした。

防除面積は一五〇〇ヘクタールへと飛躍している。町内、郡内、県内（鶴岡市、長井市など）

各五〇〇ヘクタールだ。

オペレーターとして町内の若手一〇名を雇い、手伝い二名をおいての仕事である。日給は一万から一万六〇〇〇円、手伝いは七〇〇〇円。

飛躍の原因は秀則さんの弁では、「独立して自由にできるようになったから」。各地域の有力者にセールスするが、町外ではどちらかというと「反農協」の人がお客さんになるそうだ。彼らが二〇、三〇ヘクタールとまとめてくれる。若手スタッフは米の業者登録の農家の後継者が多い。秀則さんとしては町一円の若手の結集を図りたいようだ。

②大豆転作…九九年から農場として取り組んだ。きっかけは県、町が各三分の一を補助する機械リース事業が始められ、一定期間後は機械が自分たちの物になることだった。はじめ秀則さんが一人で取り組んだが、倒伏等で秋作業が大変なため、仲間でやろうということになった。

しかしこれも二〇〇一年から重雄さんが代表になり、健郎さんと秀則さんが加わって独立した。今年は四〇ヘクタールを町内一円から受託しているが、個人の申し込みが大部分だ。産地づくり交付金のうち基本助成の反当一万六〇〇〇円と団地化助成五〇〇〇円は地権者が受け取り、集積助成三万円は受託側が受け取る。大豆は受託側がもらい、農協を通じて山形市のこだわり豆腐で有名な店に販売し、「真室川ひまわり豆腐」の名前で売られている。前年の売り上げは一〇〇〇万円程度である。

③米販売…これも三年前から信夫さんの事業として独立させた。その理由は農場から給料をもらって縛られてやるより、個人でやった方が事業が伸びるということだが、「ひまわり農場」の名前は使っている。取扱い量も五〇〇俵ほどに増え、自宅にストックの場がないので農協から購入して、伊豆、東京方面に販売している。今は組合員からも質の良い米しか買わない。農場の仕事だと組合員の米は質が悪くても扱うことになるが、この方式だとメンバーとしても良い米を作ろうということになるという。

こうして農場は、事業が軌道に乗ると次々とメンバーの事業として独立させ、農場としてはやせ細っていくことになるが、グループとしてみれば大いに拡大したことになる。要するにひまわり農場は、統合度を高めて自ら経営体に収れんし法人化していく方向ではなく、インキュベーター機能を果たして次々と事業を独立させつつ、稲作秋作業受託だけは継続し、さらに堆肥事業をプラスして組織の紐帯は維持する、ネットワーク型の「ひまわりグループ」に成長したわけである。このような組織を今日の農政は「経営体にあらず」として「担い手」にカウントしないが、実はこのようなネットワーク組織が地域農業を支えている。

清一さんと健郎さんは独自の事業を持たないが、清一さんは次の借地のほか、なめこ、ハウストマト、タラの芽、畑作等を手広くやっており、なめこの仲買もしており、奥さんも「まごころ工房」で活躍している。健郎さんは独立事業に被雇用者として加わるとともに、冬は林業労働がある。

法人化はしなかった

秋作業受託組織としての農場は、作業受託から賃貸借への移行により事業量としては横ばい、転作面積の拡大により事業量は減るという関係にある。しかし個々のメンバーをとれば、この間に借地面積はトータルで一一ヘクタール、倍に伸ばしている。高齢化に伴い作業委託から賃貸借への転換が進んでいるからだ。従って農場が法人化して賃借すれば、事業規模は大きくなったはずだが、一〇年前に展望していた法人化は実現しなかった。

その理由は複雑だが、一口に言って法人として経営統合するメリットがなかったからだろう。第一に、圃場整備が依然として成されていない。前回調査でも農家の意向は、「積極的に圃場整備したい」は農場メンバーやリーダー層の八件にとどまり、「負担がゼロか補助率が高ければしても良い」という条件派が一〇件、「必要ない」が八件と分かれた。かくして四つの小集落ごとに固まった未整備の沢田を、小集落をまたいで集積することの効果はない。機械作業は集積できても管理作業のスケールメリットは出ないからだ。

第二に、地域農業の担い手がひまわり農場に絞られてくるなかで、農場として借りるとなれば、未整備の条件の悪い沢田を断るのは難しい。

そして作業受託にとどまる限り、農地の権利設定を受けないから、法的にも法人化する必要はない。

そこからが問題だが、役場の高橋課長補佐、県農業会議の中村次長も含め、侃々諤々の議論になった。全員が当面の法人化は無理という点では一致する。しかし一貫して組合長を務める清一さんは、自分の家にも農業の跡継ぎがいないが（実は男の子がいるのは清一さんだけで、それも仙台で営業マンになっている）、地域にもいないとなれば地域は崩壊する、法人化して借り入れることまでしないと地域はもたない、という。

重雄さんは、逆に集めておかしくなる可能性もある（先の理由の二）、自分でやるのが楽しい、他人に使われてやるのは楽しくない、圃場整備した田なら誰でもできる、逆に他人ができないものはひまわりでもできない、と本音をはく。

いちばん矛盾を抱えるのは彼らより一〇歳若い秀則さんだ。「ひまわりで飲み会をやると、『あと十年で塩根川は藪になる』という話になるが、自分はどうすればよい。自分は最後の一人になってしまう。家をたたんで新庄に逃げ出そうかとも思ったが、それもできない。塩根川で集落営農は無理になったので、先の防除の若いグループで法人を作ろうかとも思う。二〇年続けた農協の運送の仕事も辞めて農業専業化し、認定農業者になる」という。他方で、「よせばいいのに先輩達は条件の悪い田でも引き受ける。それも最後は自分のところに来る」とも言う。

秀則さんは、「山間部の人たちは耕作できなくなったら田を投げてもよいと思っている」とも言うが、確かに集落の人達は圃場整備の負担はしたくないが、田はひまわり農場に面倒見てもらいたいと思っているようだ。重雄さんは「ひまわりがやってくれるので、まだできると言うことで、圃場整備が進まない」と指摘する。要するに農家の腰が定まらないのである。

法的には個人の借入であっても、地域ではひまわり農場で借りていると思っている。要するにひまわりグループは事実上の「特定農業団体」である。

しかし特定農業団体が大前提としている、地権者集団として地域の意向をまとめるべき農用地利用改善団体は動いていない。かくして農場は裸で地域の潜在要求や矛盾に直面せざるをえない。

かつての亮一さんのようなリーダーがいない。それは彼らの力不足というよりは、独立心の旺盛な山の民をまとめるのは至難の業であり、かつ亮一さんにとってフォローアーだった若手が彼らの後ろにはいない。

関係機関等も個々には熱心だが、後章で他地域についてみるような打って一丸となって支援体制を構築する状況にない。

彼ら個人としても兼業の健郎さんはさておき、認定農業者になれば経営所得安定対策の要件はクリアできるだろうから、何が何でも法人化しなければという状況にはない。

かくして話題は、このような山里にも若い人のひきこもりがある、という話に移り、「十年後の再会はどうかな」ということでお開きになった。一〇年後は彼らも六〇代、私は七〇代、深酒は無理だ。翌朝早く目がさめ、あれこれ考えたが、農場メンバーは世代的にみても、もはや自らが地域農業のリーダーになる、「及位を考える会」の初心にたちもどって、あるいはそれを町の規模に拡げて、次の世代の地域農業の担い手の広い意味でのインキュベーターになっていく、しかないではないか。それをサポートする地域農業支援システムの構築も欠かせない。

残念なのは、塩根川は典型的な峡谷型の条件不利地域だが、傾斜地基準一点張りの中山間地域直接支払いの対象にはならなかった。もし塩根川が直接支払いを受けることができれば、その集落プール分を圃場整備のささやかなパン種にすることもできたのだが。

なお将来は混沌としているが、ひまわり農場のネットワークが維持され、それが地域から遊離せず、地域に開かれたものであれば、未来は開けるだろう（二〇〇五年七月）。

2　中津川ＦＦ——熊打ち仲間集合

中津川

山形県の飯豊（いいで）町の中山間地域の事例である。ＦＦはFuture Farmの頭文字（以下ＦＦとする）。訳せば「未来農場」か。注目したいのは、旧村（明治合併村）単位の組織化であること、地域の長い取り組みの前史があること、官民一体の協力のたまものであることだ。

中津川という地名は地図を探しても見あたらない。最上川に注ぎ込む白川の源流、飯豊山系の麓の村である。明治二二年に一郡一村の南置賜郡中津川村が誕生、一九五八年に飯豊村と合併し、その時から郵便も「飯豊村大字〇〇」となり、中津川は消えてしまった。昔は、小国町に抜け、また米沢と福島県の喜多方が同じ距離で、東京に行くには喜多方経由の方が近かったという。町村合併でもどこにつくか迷ったようだが、小国町や川西町に断られたこともあり、白川の流れに沿って飯豊村と合併することになった。冬は閉ざされ、飯豊との往還は不可能だった。

飯豊町の南端、飯豊山系を挟んで福島県、新潟県に接する県境の村で、中津川には小中学校、郵便局、農協（後に飯豊町農協、ついで山形おきたま農協の支店）がある。

中津川を際ただせるもう一つの特徴は、一万二〇〇〇ヘクタールという日本最大の財産区の山持ちだという点である（現在の植林率は四割程度）。塩根川と同じように昔は山の幸が豊富だったから、中津川は辺境の割にはそれなりに経済力をもった地域だったといえる。財産区は議会をもち、予算を自由に使い、町村合併に際して管理者は町長になったが、自治権はもっている。

中津川の歴史で大きかったのは、白川ダムの建設と、それに伴い一四集落のうち四集落が水没し、一三九戸が移転を余儀なくされたことだ（昭和四〇年代なかば）。中津川の農家戸数は一九六五年に三七四戸あったのが、一〇年後には二二三戸に減っている（ちなみに二〇〇〇年には八一戸、往時の二割）。その際、移転する者からは、「好きで移転するわけではないから、財産区の権利を分譲して欲しい」旨の要求が出されたが、区の規約では「住居している」ことが組合員の要件であり、分けたら区が崩壊してしまうということで断った。

同時に上流の生活権を守るため「白川上流再開発協議会」が結成され、その要求の一環には（財産区の権利分譲に代わる）補償要求もされていったようだ。その辺の歴史はつまびらかではないが、ポイントは、このような村ぐるみの取り組み、話し合いが、その後の村づくりの各種協議会の母体になっていった点である。飯豊町は役場のある椿地区を先頭に「住民参加のまちづくり」の運動や理論で昭和四〇年代後半から先駆的な取り組みをしてきたが、そういういう町全体の動きに呼応する、地域での動きだったともいえる。

道のり

前述のように中津川地区はことあるごとに組織を作り対応してきた伝統があり、農業についても農業振興協議会等がある。とくに生産調整に際して、減反したくない平場の農家が中津川に入ってきて、水田を借りて減反をこなす動きが出てきた。これでは地元の水田が使えなくなる、水管理もできなくなると言うことで、農業委員等と話し合い、全戸のハンコをもらって「農地利用組合」（正式名は忘れた）を作り、組合を通さないと貸借できないようにした。これにより、支流の沢田は地区外に流れたが、本流沿いの田は守られた。しかし全戸が転出してしまったある集落の水田六〇ヘクタールは平場集落の三戸の農事組合法人が借りて牧草転作の名目で荒らし作りしている。

二〇〇四年に農協はＪＡ山形おきたまに合併するが、その前に中津川にライスセンターを、という話が町の農林課職員と地元農家の間で持ちあがり、県の補助事業で実現した。現ＦＦの社長である鈴木文雄さんがライスセンター利用組合の組合長になった。鈴木さんは、実際はシーズンの一カ月、センターに泊まり込みになるが、そうすると夜にはいろんなことが頭に浮かんでくる。例えば一〇年内に中津川でも農業者年金との関係で農業できなくなる人が五～六人でてくる、これはまずいということになり、役場や普及センターにも相談に行くようになったという。

他方、一九八五年には県の「むらづくり地区」の指定を受け、八八年には普及サイドの指導で、「自然を生かす、自分で研究する、自立する」という「農自研」が組織された。当初のメンバーは四名、現在は一五名だが、専業的農家が自分の経営のあり方を話し合ったり、りんどう、タラの芽等の試作をしたりする会である。この「農自研」が一九九七年に農地利用マップを作り、農政面でも活用されるようになった。鈴木さんはこのメンバーではないが、問題意識は同じくしている。

一九九九年には先の農業振興協議会がアンケート調査を行った。今後どうすべきかという点については、「法人など新しい組織を作る」に賛成が二〇数％あり、関係者を勢いづけた。

二〇〇〇年には、斉藤恒助さんが普及センターを退職し、町の営農・地域アドバイザーにつき、中津川地区を任される。そこで中津川経営構造対策推進協議会が年末に結成され、一挙に話が進んだ。その設置要綱は第一条に、「平成一一年八月に実施した『中津川地域農業を考えるアンケート』の調査結果を踏まえ、地域農業の持続性に配慮した独自性ある法人等経営体の育成を図る地域営農の策定と実践」を目的に謳っている。農業振興協議会、水田農業活性化協議会、ＪＡ女性部、地区婦人会等からの三九名の委員と指導・支援機関で構成し、委員は「みらい部会」（粗収益一億円アップ構想）、「しくみ部会」（有限会社の法人組織構想）、「きばん部会」（農用地利用改善組合の設置）、「ひかり部会」（ハーブ、山菜の栽培加工の女性グループ化）の四つに分かれて構想を練り、同じ会議日に全体会に報告してもらう運営方式にした。

会長は農業振興協議会長の鈴木さんだが、彼らの思いを法人化の方向に具体化していったのは事務局を構成する普及センター等の行政サイドだったようだ。その筋書きは、法人と利用改善団体を並行して立ちあげることにより、法人を利用改善団体にバックアップされた「特定農業法人」にするという国の構造政策に沿ったものである。

法人の具体的な形としては、第一に全戸参加型の法人、第二に一〇名前後による五〇ヘクタール規模の有限会社、第三に数名による三〇ヘクタールの有限会社の三案が事務局から提起され、ほぼ、めざすは第一案、当面は第二案のような「できるところから」というのが大勢だったが、第三案におちついた。

こうして法人が二〇〇二年四月に立ち上げられた。

構成員のプロフィール

法人メンバーは公正を期すると言うことで公募方式にした。その間一カ月半ほど、なかなか決まらなくて水面下でいろんな動きがあったようだ。しかし衆目の一致するところは前述の鈴木さんを中心に、ということだ。

ここで地域のリーダーであり、結果的にFFの責任者となった鈴木さん（屋号「そうべえ」）の経歴をみておこう。鈴木さんは中卒後、冬場の仕事として、一年目は八丈島の港建設、二年目はトヨタの車運搬、三年目から一〇年ほど日本電気の製品の全国定期便の運転手をした。昭和四〇年代末、中津川地区の除雪の重機運転手がいないということで、役場に呼び戻され、それを一二、三年やり、一九八七年から森林組合に入り一〇トン車の運転や伐採の仕事を続けてきた。組合からは正規の職員になることを求められたが、日々雇用でやってきた。お父さんはヤマメなど淡水魚の釣り堀を経営し、奥さんは民宿ブームの時から飯豊山への登山道入り口で民宿をしている。森林組合は合併して西置賜森林組合となり、現在は「西置賜ふるさと森林組合」で二〇名程度が従事、財産区が主な仕事場だ。かつてはぶりが良かったが、公社公団が分収造林をしなくなってから仕事量が減っている。

本人は狩猟、熊打ちが趣味で、一一月一五日と四月二〇日からの春秋一カ月がシーズンだ。打った熊は一七〇頭まではカウントしたが、それ以降は数えていないという。もっぱら中津川内が猟場で、最近は月の輪熊の頭数が増えている。熊の居場所は分かっているので、犬も使わず、また一人の方が獲りやすい。昔の猟友会は厳しく、鉄砲もって三年は熊打ちができず、配分は、熊を見つけた人は二人分、打った人は頭をもらえ、そのほかは入札で落とされ、カネのない者は買えなかった。会に入って三年目に総会があり（当時は七〇人ほどいた）、事務局に推されたので、参加者全員で配分し、そのうえで売りたい者は売る仕組みに切り替えた。肝は分けられないので乾燥したものを売った。

新潟・長野境の秋山郷の猟師の話では(4)、昔から見つけた人が一割、ぶった人がぶち賃、あとは見つけた人、ぶった人も含めて全員平等割り。「これはいいことだとオレは思うな」。戦後生まれの鈴木さんは遅ればせながら「いいこと」をした革命者だといえる。

リーダーシップ、豊富な就業経験、経営感覚、そして熊打ちの度胸、誰が見ても頷けるが、本人は、森林組合勤めや年齢を理由にその気はさらさらなかった。地区の七名の認定農業者が彼のお目当てだった。しかし実は最初に降りたのが認定農業者だった。やはり自分の経営があることと、彼らで転作組合を作っており、その仕事があることが理由だ。

いろんな人が夜のライスセンターを訪ねて説得にあたったわけだが、なかでも鈴木さんが「今でも胸が熱くなる」と感激しているのは普及センターのH先生。吹雪の夜でもお願いすればいやな顔一つせず来てくれた。

協議会長として六〇回も夜の会合にみんなを集めた責任もあり、覚悟を決めたものの、残る懸念は読み書きが苦手という点だ。その点をカバーしてくれる人として思いついたのが、ライスセンターの立ち上げ事務をしてもらった時にその人柄・実力を知ったSさんである。彼女は、福島県出身、仙台の大学で夫と知り合い、産休教員を経てこちら

表1-3　中津川FFの構成員

構成員	年齢	集落	農地保有	役割	関係性	職歴
鈴木さん	58歳	白川	500a	代表、釣り堀	熊打ち	運搬、森林組合
N	51	遅谷	110	林産	熊打ち	車修理工、森林組合
T	50	岩倉	120	林産	親戚	川崎製鉄、森林組合
M	47	小屋	300	農産	熊打ち	専業農家（肥育）
I	40		120	農産	親戚	専業農家（花）
S	不問	上原		総務		産休教員、ふるさと公社

に嫁ぎ、当時は町が中津川に建てた宿泊施設の管理等を行う「緑のふるさと公社」の事務を一手に引き受けていた。夫は普及センター職員で、本人は山村留学の委員長で地元で英語塾もしている。

以下、メンバーについては**表1－3**をみられたい。まずNさんは、クルマの修理工だったが、熊打ちが好きで、シーズン一カ月会社に出なかったら首になってしまった。そこで鈴木さんが森林組合の伐採の仕事をあっ旋し、鈴木さんが会社を作るならついていくということになった。

Tさんも鈴木さんの従兄弟で、林業の仕事をともにしていた。

Mさんは水田三ヘクタールと肥育牛にとりくむメンバー唯一の認定農業者。当時、地区と町の生産組合の会長をやっており、鈴木さんを説得するためにライスセンターを訪れて、「認定農業者が一人ぐらい入っていないとまずいのではないか」と逆にメンバーになることを説得された人。お父さんが鈴木さんの熊打ち仲間で、本人も熊打ち。

Iさんも鈴木さんの従兄弟の子供で、花卉栽培等にチャレンジしたがおもわしくなく、法人に参加した。

要するに、女性のSさんを除き、半分は熊打ち仲間、半分は親戚関係である。「法人の事業に保険金一億円付き熊打ち観光を入れたら」という私の冷やかしに社長は苦笑い。

法人の業務内容と収支

農業関係は、**表1－4**の通りである。借地三〇・八ヘクタール、うち一〇ヘクタール強はメンバーからのものである。農業者年金がらみの借入は三人にとどまった。作業受託が七ヘクタ

表1-4　中津川FFの事業内容

単位：㎡

作業区分	2002年度	2003	2004
1　借地（水田）	89,457	99,096	307,640
2　作業受託（稲作）（耕起・代かき・収穫乾燥）	98,040	98,040	70,745
3　栽培　①水稲	6,920	6,920	178,070
②大豆（転作）	178,610	178,610	3,110
③アスパラ（転作）	—	9,639	9,639
④いちご（施設：転作）	330（パイプハウス・四季成りの試作）	6,230（鉄骨ハウス・一季成り）	6,230（鉄骨ハウス・一季成り）
⑤葉菜（ほうれんそう、サンチュ）	330（パイプハウス）	330（パイプハウス）	1,320（パイプハウス4棟）
⑥ソバ（転作）	—	—	90,090
4　請負（林産業）	実施	継続	継続
5　土木作業受託（除雪）	町道（地区内）	継続	継続
6　RC運営受託（収穫～乾燥調製）	—	JAより委託（40ha規模）	継続
7　淡水魚（釣堀）	—	実施（釣り、やまめ販売）	継続
8　ラジコンヘリ派遣	—	オペ2名	オペ2名

ール（耕耘、収穫乾燥）。転作が一一ヘクタールで、大豆をやっていたが、山地で排水不良ということでソバに切り替えた。しかし現在は翌年の種子を採る程度。そのほかアスパラ一ヘクタール。ハウス栽培がいちごとほうれんそう、サンチュで合わせて七五五〇平方メートル（一部は転作）。ハウスは冬場が主で、青果センターや道の駅の物産館に出荷している。

これ以外に森林組合の仕事を請負で継続している。また冬場の就業に悩んでいたが、その点は町が除雪作業を回してくれた。そのほか、ライスセンターの運営、釣り堀経営、ラジコンヘリ防除が加わる。森林組合と釣り堀は鈴木さんの仕事をFFに持ち込み継続させたものである。

分担関係は**表1－3**の通りで、林産は専業的に行い、他のメンバーがその他を担当、釣り堀は委託している。社員は二名で、女性一名はハウス担当、もう一名はイスラエル出身の三二歳の青年。結婚して妻の実家に来たが、農業したいということでFFに雇ってもらった。失礼ながらこんな山奥でイスラエルの人に会うとは驚いた。

FFの出資金は五〇〇万円で、社長が二三〇万、その他のメンバーが各三〇万円、JA山形おきたまが一二〇万円。それに伴い監事を派遣している。FFとしては後々、出荷先を農協に限定されることを恐れ、「カネは出しても口は出すな」を条件にした(5)。

給与は社長が月給制で四一万円（町の所得目標は四〇〇万円）、その他は日給月給で一万五〇〇円。平均して二三日出勤で、月二〇万円程度。ボーナスは年一回がせいぜい、退職金積み立てはしていない。社員は日給で七～八〇〇〇円台。

会社の収支は、収入八〇〇〇万円（農産物三三％、林業請負一八％、除雪四〇％、釣り堀八％）に対して支出は一〇〇〇〇万円ほど多い。その赤字を転作助成等八五〇万円の特別利益等でカバーして、七万円の黒字にしている。農業だけだと完全に赤字で、ＦＦとしては農業以外も手広くやっていることでかろうじて成り立つわけだが、それも転作助成がなくなったら極めて厳しい。

一番の悩みは運転資金だが、農協からは資産証明書、所得証明書、抵当等の提出を求められ、アウトだ。とはいえ、後述する「アグリメントなか」と同様に、農協の当座貸し越しで対応しているものと思われる。

米は農協出荷で昨年は一万一〇〇〇円（精算前か）、おととしより六〇〇〇円下がった。自家販売も考えているが、減農薬米までこだわる必要があるのか、販売の手段になっていないか、それよりも中津川のきれいな水で作った米の方が良いという思いもある。

農用地利用改善組合との関係など

もう一つの農用地利用改善組合は、農政の意向が強い組織だが、中津川については前述の農地利用組合の経験があるから、素地はあったというべきだろう。現在の組合員は一八一名で、組織率は七〇・五％。法律の要件である三分の二をクリアしている。

組合長は鈴木氏が社長になるということで農業委員氏に交代した。役員会は二六名で構成し、農地の受け手となる認定農業者、法人代表、組織・女性農業者・地権者の代表、生産組合長、有識者から構成される。

組合の主な役割は、貸付け希望の農地の受け手への配分、貸借の条件等について相対でのトラブルをさけるための調整、加えて補助金をもらう要件クリアである。組合は年三回の農地相談日を設けている。二月には春作業の委託受付、八月には秋作業のそれ、一一月には貸借の受付である。役員、地区の農業委員、役場職員で九時三〇分～十一時三〇分に受け付け、その日のうちに受け手を決め、困る場合は役員会に諮る。

相談に来る人はほとんど相手を決めずに来るという。初めは相談がなかったものの、今では、法人という最後の受け皿もあり、「今度はオレの番だ」と相談に来るという話だ。

役員の方で、田んぼの位置などから受け手を決めるわけだが、認定農業者は手一杯の人が多く、ＦＦに決まる例が多いようだ。

全国的にみても、利用改善団体は流動化推進の助成金がなくなったら開店休業が多いが、中津川ではこのように実質的に活動している。そして地域がやる気になれば、前述の農政の構造政策の仕組みは有効だといえる(6)。

地域農業とＦＦのこれから

今のところ、ＦＦの農地集積は三〇ヘクタール程度にとどまっている。また現在の作業体制からいっても急激な拡大は無理だ。ＦＦは特定農業法人だから、頼まれた以上は、農地の条件が悪いからといって断れない。未整備の圃場等については利用改善団体が貸借の条件で勘案する必要がある。また米価が下がっているもとで、現在の一万五〇〇〇円の小作料は厳しく、一万円程度にして欲しいところだが、年金と小作料とそこそこの雑収入で生活しているお年寄りのことも考えてしまう。

ＦＦとしては、水回りや畦草刈りは地権者が引き受けてくれるとありがたいが、それではＦＦの立ち上げの時と話が違うと言うことで、一度貸してしまうと自分の田ではなくなってしまうようだ。

中津川の水田は二〇〇ヘクタール、うち転作が一二〇ヘクタールだが、そのうち六〇ヘクタールは前述の地域外の農事組合法人が荒らし作りしており、ここ一年で返したいということである。既に堰がなくなっており水田としての利用は不可能だが、分散しているために畑地化の事業も難しい面がある。FFとしてはその利用も検討しなければならない。

転作を差し引いた水稲用の水田が八〇ヘクタール。それを法人、認定農業者、高齢でも米を作りたい人で担っていくわけだが、地域農業におけるFFの役割は、何といっても将来の受け皿ができたという安心感の提供であろう。「地区を守るためにできた会社」という自覚がFFにはある。今のところFFとしてのイベントはしていない。夏、秋の祭りはあるが春の「さなぶり」がないということで、それをやろうとしたが、会社の収支からは無理だった。いろんな作目を取り入れ、各種事業を兼営し、賃金も低く抑えて、メンバーの雇用を確保し、農業経営の赤字を補てんしているのが現状である。ゆくゆく農地の借入が増えれば域内雇用を増やして対応することになるだろう。「地域内でカネが回っていくようにしたい」というのが鈴木さんの希望だ。

問題は米価と生産調整の行方である。法人としても米作りの工夫をして飯豊山系のきれいな水で作った米の付加価値を高め、自家販売していく手を考えねばならないかも知れない。また中津川の豊かな自然を求めてくる人達との提携も欠かせない。FF（未来農場）の「未来」は文字どおりこれからだ（二〇〇五年七月）。

3　アグリメントなか——開田転作を軸に

中（なか）

中地区は飯豊町の北端、長井市に接する地区で、町の中心部からも近く、平坦部と丘陵地の間に位置する農村であり、明治合併村・豊原村に属する藩政村である。豊原村は添川・豊川村と一九五四年に合併して飯豊町となり、さらに前項の中津川村が五八年に合併して今日の飯豊町となる。中の下に五集落あるが、「西」とか「北」とか呼んでおり、古い集落ではなさそうである。

中地区大豆会から法人化へ

ことの起こりは山王原開拓である。散居村を見下ろす山王原は江戸時代から開拓が試みられてきたが、一九六九～七三年にかけての県営総合パイロット事業でようやく開田された地域で一六〇ヘクタール程度である。時あたかも生産調整政策の開始期にあたり、水稲の作付けはかなわず、「カボチャ、加工トマトなど慣れない作物を礫だらけの土地に苦労して栽培してきました。その後、これらの転作では、牧草を主体とする飼料作物が作付けされましたが、労働力不足から管理が不十分、地区住民の悩みの種となっていました」(法人パンフレットより)。要するに開田開拓地は地元増反による中地区等からの入作地となり、所有農家は、平坦部水田は全面的に水稲を作り、この地区に転作を集中させたわけである。

しかしそれぞれ平坦部での複合経営や兼業に忙しく、山王原の土地条件の悪さも相まって、牧草のバラ転は荒らし作りを免れなかった。飯豊町は第一回「美しい日本の村景観コンテスト」で大臣賞をとった美しい散居村だが、それを見下ろす山王原の耕作放棄化は景観上からも由々しい事態だった。そこで普及センターや農協もアドバイスするなかで、五集落の八生産組合長および各集落一名が集まり「中地区農業を考える会　人・物・土地の有機的結合を考える会」が作られ、そこでの討議を経て二〇〇〇年に中地区大豆会が結成された。とも補償を行いながら大豆の集団転作に取り組むことにし、実際には生産組合長六名、認定農業者三名、その他の専業的農家五名の計一四名程度による転作作業が行われた。

表 1-5　アグリメントなかの役員構成

	集落	年齢	役割	妻の年齢・就業	後継者の年齢・就業	法人化前の農業など
Ka	中西	56	代表	53　法人パート	30　福祉	5.5　(うち借地 1.0) ha　水稲
Ws	中西	50	総務	50　法人パート	25　法人従業員	10.0　(5.0)　水稲
Ks	中西	51	事業	49　法人パート	28　会社員	3.5　(1.0)　和牛 3 頭
Wy	中北	55	経理	55　会社員	(女の子のみ)	2.6　(—)　鉄工所勤務

しかし大豆の集団転作への転換は労力的に厳しいものがあり、七のつく日に集まって次の手を模索するなかで、二〇〇三年に有限会社「アグリメントなか」の立ち上げとなった。農業専従者による効率化を狙ったのである。問題は誰が役員（経営者・オペレーター）になるかで、前述のように中津川ＦＦは立候補制をとったが、中地区の場合は話し合いを通じるふるい落としとなった。法人化は構成員の保有水田の法人への利用権設定を前提としたが、とくに親が健在の農家では自作できる農地を「貸す」ことに抵抗が大きく、その点を最終的にクリアできた四人が残ったという説明である。可能性としては一四名で出発することもありえたといい、現在、残りの者は自作を継続している。

四人の役員の構成は**表１－５**の通りである。ほぼ五〇代前半の「年頃」の者によって構成されたと言える。

法人化にあたっては、先の一四名および山形おきたま農協が出資者となり計九五〇万円、うち農協が二〇〇万円である。代表者の話では、農協は当初、半分の五〇〇万円出すと言ったが、地元が断ったそうである。五〇〇万円となると、取締役、それも専務派遣ということになり、農協に支配されることになるのを恐れたからである。結果的に農協飯豊支店の経済支店長・チーフ営農プランナーのＳ氏が監査役で入っている。Ｓ氏も「農協が前に出すぎれば地域ががんばることにならない」という。

法人としては、大型機械は購入せず、県農業公社のリース事業や役員の所有機械の無償借入で対処し、年間リース料を八〇〇～一〇〇〇万円支払っている。立ち上げに当たって特段の補助金はない。特定農業法人ではないので利用集積関係の助成等もない。九五〇万円の出資金では三カ

表1-6　アグリメントなかの栽培面積（ha）

	水稲	大豆	小麦	ソバ	アスパラ	おうとう	その他	延べ面積
2001年		60	3	3				66
02		54	10	10	0.6			75
03	25	32	20	20	11	1		109
04	30	30	14	14	11	1	1	103
05	35	20	14	14	11	1	2	97
06	40	20	14	14	11	1	3	103

注：アグリメントなか「限りなき挑戦」による。

月ももたず、施設、雨よけハウス等の建設にはスーパーL資金を借り、運転資金は農協の貸し越し三〇〇〇万円（利子一・三％）でつないでいる。

法人の経営

経営面積（利用権設定面積）は九六ヘクタール、地権者は一一二戸である。うち山王原が六〇ヘクタールで、残りは萩生、椿等の豊原村内からである。作業受託は春一〇ヘクタール、秋一五ヘクタール程度で、椿地区や長井市からも受けている。

大豆会時代からの作付けの変化は表１－６の通りである。大豆会時代は水稲は行わず、文字通り大豆転作が六〇ヘクタール程度と主だった。法人化の年から水稲にも取り組むようになり、大豆転作が減って小麦、ソバ、アスパラ等の転作が拡大している。転作面積は六四ヘクタールと変わらないが、山王原は礫が多く水田には向かないので、ここを専ら転作に充てている。

土地利用型の転作は、連作回避と所得向上をめざして〈大豆―小麦―ソバ〉の二年三作の輪作体系をとっている。

飯豊町はアスパラの産地で、県内でも羽黒町について二位だが、その半分は同法人によるものであり、一経営体としては県内トップの面積である。アスパラは、山王原は前述のように礫が多いため排水はよく、また灌水施設も整っているためアスパラ栽培には適していること、そして転作助成金に頼らない経営をめざして、収益性が高く、高度の技術を必要としない作物ということで選ばれた。一〇ヘクタールを超える大規模面積をこなすため、春どり・

夏秋どり栽培で、五・六月に収穫、その後放任して秋に収穫する。促成栽培も検討している（以上、法人資料「アスパラガスの導入経過」）。

農協出荷のほか、オーナー制度を設けており、「昨年は消費者約四〇〇組で、オーナーを対象に開いた『新そばを腹いっぱい食べる会』は多くの参加者でにぎわった」（農業共済新聞、〇六年一月三一日付け）。

変わり種としては、正月に枝を「早い春」として出荷する啓翁桜一ヘクタールがあり、また地域特産のサクランボ一ヘクタール（〇六年から収穫予定）にも取り組む。

「冬場の収入確保と後継者養成、周年雇用の確保対策として」五〇〇坪ハウスを建設し、高床式のイチゴの養液栽培に取り組むが、担当はWｓさんの長男である。

以上に対して地元からのパート雇用は年間一三〇〇～一五〇〇人にのぼり、常時四～五人が働いている。時給は七〇〇～九五〇円である。

販売は、米は農協と業者（この地域はマルハチ米穀が集荷業者として営業）が各四五％、自家販売が一割である。アスパラは農協・直販（オーナー制度）、大豆は農協、その他の出荷はこれからである。アスパラは商標登録「アグリのアスパラ」をめざしている。

農業資材は農協から七割、三割は競争入札で仕入れている。農協は大口購入に対して七％引いているが、競争入札になると価格もさることながら高品質の物が得られるという。同席した農協の営農プランナーとしても痛いところである。

損益計算書は交付金等を売上額に算入している（すなわち収支計算書レベル）との理由で見せてもらえなかったが、聞き取りでは収入一億一〇〇〇万円。うち各種補助金（産地づくり交付金、大豆奨励金等）四〇〇〇万円、中山間地域直接支払い二五〇万円。補助金等の絶対額は大きいが、前述のようにアスパラなど助成金依存からの脱却が目標に掲げられている。

小作料は転作田反当二万一〇〇〇円、水稲田二万四〇〇〇～二万六〇〇〇円。法人の給与は地方公務員並みということで、社長で年五五〇万円、他のメンバーも大差ないという。農地は全て利用権設定したわけだから、これと奥さんの法人からのパート賃金で生活することになる。

収支は一年目が赤字、二年目以降は黒字で、累積赤字八〇〇万円ということである。

法人と地域農業

地域には、最大八ヘクタール規模の農家が四～五戸おり、前述のように法人の出資者にはなったが、経営には参加しなかった主業的農家もいる。さらに任意組織としての中（なか）北部機械利用組合がある。中北集落の組織で、トラクターでは三〇戸、乾燥機では一〇戸とメンバーが異なる機械ごとの共同利用組織で、実面積は一〇ヘクタール、一〇名弱ということだが、ここが集落営農→法人化という道を追求すると、「アグリメントなか」に貸していた転作田の返還を求める「貸しはがし」の可能性がある。現状では「アグリメントなか」の言では、「ウチは山王原を中心にし、椿地区や豊川地区の小さい田は機械利用組合に作業委託している」と連携関係を強調する。

むしろ貸しはがしは、個別農家が有機米生産等で米の作付面積を拡大できるようになったことから、利用権の期間終了前に返してくれと言ってくるケースが複数あるという。そこまでいかなくても代替地のあっ旋をもとめてくる農家もいる。要するに中途解約して他に貸すというより自作のためであるが、法人としては、ある大学教授の講演でも言われたとして違約金をもらうつもりと言う。それに対して農協は「三反、五反返しても、一町、二町と新たにくるではないか」となだめている。

いずれにしても、この地域は米集荷が農協と業者に分かれて同じ地域内で競合しているため、農家がバラバラでまとまらない怨みがある。「アグリメントなか」はその生い立ちからして農用地利用改善団体に支えられた特定農業法人ではなく、中という地区の土地利用調整を誰がどのように担うかの課題、いいかえれば「アグリメントなか」を地域農業にどう位置づけるのかという課題が残されている。商売を行う農協が調整役になるのはリスクが大きい。

「アグリメントなか」としては、規模拡大の目標はたてず、自ずと集まるのを待つ姿勢である。高齢化で作れなくなる人が次々と出てきて、隣近所に頼むよりは法人に頼んだ方が将来まで面倒みてもらえると安心である。今のところ従業員はパートだが、仮に一〇名に増やしたとして現在の倍、二〇〇ヘクタールは必要になるとする。出資者が家の実権を握り法人に利用権を設定できるようになったらメンバーとして迎え入れるかという問に対しては、むしろ若い人に入って欲しい、出資者ではなくその子弟ということなら優先的に従業員として採用するとしている（二〇〇六年四月）。

4 「歌丸の里」――ミニ農協の展開

道のり

「歌丸」というのは優雅な名前で、「歌麿」のイメージを思い浮かべるが、実はれっきとした大字名。旧豊田村（明治合併村）のうちの四集落からなる大字（藩政村）で、隣の今泉地区と併せて旧農協支所が置かれていた。前項の飯豊町中地区とはＪＲ米坂線と町市境を挟んで目と鼻の先にある。

高石孝悦社長は五四歳。高校を出てから、一年半は農業試験場で働き、その後、東京に出て勤め、二二歳で帰郷してからは農業。冬場は一〇年ほど農水省の水利関係でアルバイトをした。現在は一〇ヘクタール耕作、うち借地が四ヘクタールで、市内では最も早く一〇ヘクタール農業に達した。奥さんは看護士で、結婚した時から仕事は別と決めていた。子供さん達は独立している。

初めからのワンマンファームだが、独りでやれることには限界があると感じ、一九九五年に、四人のメンバーで「歌丸の里生産組合」を設立し、転作大豆の受託三〇ヘクタールと肥料・農薬の共同購入を始めた。動機は、「はえぬき」「どまんなか」という山形県を代表する米が評価されない、売れない、流通過程で名前が消えてしまう、消費者の声を聞けないことに対するくやしさだという。

そこで農業改良普及センターの指導のもと、九七年から特Ａ食味米の栽培に取り組み、全農に山形のはえぬきを単品で売ってくれるよう申し入れ、九九年から自分たちで販路を見つけては全農ルートにのせる方法を採った。世の中の志向が「おいしい」から「安全」にシフトするなかで、畜産が盛んな地域の特性を活かして土作りに力を入れ、九九年には山形おきたま農協のベストライス最優秀賞、二〇〇〇年には県ベストアグリ賞、ＪＡ山形おきたま優秀生産組織、そして二年連続のベストライス最優秀賞を受賞している。

二〇〇一年が転機だった。第一に、生産組合のメンバーは九九年八名、二〇〇〇年一二名と増えたが、この年から正・准組合員制を採った。現在は総勢一〇〇名、一五〇ヘクタールになっている。第二に、正組合員一二名の出資（総額五五〇万円）による有限会社「歌丸の里」を立ちあげ農業生産法人になった。第三に、「まごころ栽培米・歌丸の里米」の商標登録をし、農協出荷から三井系の東邦物産との取引主体に切り替えた。

以上のメンバーの確定、法人化、東邦物産との取引の三つは一体である。いうまでもなく、任意の生産組合では米を販売しようにも相手にされない。法人化が必要だ。かといって一〇〇名での法人では運営が大変になる。そこで任意の生産組合として引き続き統一して米生産に当たりつつ、その販売部門として法人を立ちあげる、というわけである。組合と法人のトップは社長が兼ねる。

法人は、生産組合の販売・購買・指導・窓口（仲介）機能部門である。米の販売については後述するが、法人の事業としては、米販売が二億円、肥料農薬の購買が一億円の計三億円。肥料は農協からも四割は購入するが、農薬は全量が商系である。米の栽培方法を統一し、トレーサビリティに対応するにも、同じ肥料・農薬を使う必要がある。

窓口機能としては、地域の牧草・大豆転作一八〇ヘクタールを受託組合を組織して引き受け、生産組合の有志に請負わせ、交付金は彼らが受け取るようにしている。

作業受託は田植えと収穫が各五〇ヘクタール程度。「途中で作業できなくなっても、ここに電話すれば大丈夫」ということで飛び込みも結構あり、面積は年々変動する。

生産組合の組合員は個別に規模拡大をするわけだが、かなり早いペースで伸びており、一〇ヘクタールを超えると家族経営では限界になる。他方、高齢化などで作れない人が出てくるわけだから、今後は法人として作業受託だけでなく借地も考えざるをえないとしている。その場合には単なる窓口機能ではなく、若い人を雇用して法人の経営受託部門を立ちあげ直営することも考えている。かつて県の研修生制度で地元から一人を入れたが、修了後は法人として引き続き雇用し、米作りなど農業生産の指導者作りをめざしている。法人はライスセンター等はもたず、全て個人で調整したものを、ここで検査して買い入れる。

法人の役員は三名、東邦物産からは販売上のアドバイザーが二名名前をつらねているが、役員ではない。出資金は九二〇万円に増額したが、これもメンバー限りである。このほかに東邦物産と共同出資で倉庫を建設している。

東邦物産との取引が「歌丸の里」の土台といえるが、きっかけは「いろいろありまして……」。どうも農協を産地指定していた業者の一人のようだ。同物産は外米輸入ではトップクラスだが、国産米は扱っておらず、そこで特別の米を作りたい、売りたいという双方の意向が一致したようだ（東邦物産についてはは同社のホームページを参照。農産部門では「歌丸の里」との取引が正面に掲げられている）。

法人経営は立ちあげから一貫して黒字と言うことだ。マージン主体な訳だから、恐らく赤字にならない程度のマージンを設定していると思われる。

米作りと米販売

米の小売りは沖縄のトンカツ屋を除き、やっていない。小売りするとなれば営業マンをおく必要があり、法人としてはあくまで米作りに力を入れたい意向だ。

現在の組合員は前述のように一〇〇名。大字内が九割を占め、隣の今泉、川西町、飯豊町から合わせて十名程度が参加している。組合員は農協にも出荷する。

米作りでは、前述のように次々と賞を受けているが、その基本は土作りで、堆肥を入れることを基本にしている。〇四年から耕畜連携事業で畜産農家と協力して全水田に堆肥が入るようにしている。長井市は循環型社会をめざすレインボープランで有名だが、生ゴミから作った堆肥は塩分の残効があるため使っていない。

生産組合として栽培マニュアルを作成し、栽培管理のポイント時期ごとに生産組合座談会を開催してマニュアルを説明し、良食味生産圃場を穂揃期、成熟期の二回予備審査して選定し、食味計にかけて最終審査する。技術面ではもっぱら普及センターの指導をあおいでいる。

米作りは、おいしい米、安全な米、低コスト米の三本を柱にしている。

「おいしい米」の点では、年齢別の米作りをめざしている。若い層（三五歳未満）は固い米が好き、高齢者（六〇歳以上）は柔らかい米が好き、中間層は一般米といった違いがある。また香りは中高年層は好むが、若い層は敬遠、ねばりは高齢者が好き、と言った違いがある。

「安全な米」については、今は国の方針にそって肥料農薬を減らした特別栽培米を作っているが、そもそも適量の肥料等で健康に育ったものが安全なのではないのか、政府のいうように腹を減らさせて育てるか、腹八分目、九分目で健康に育てるか、消費者の反応もみながら生産したいとしている。

この二つのアイデアを販売にどう活かすかは今後のことだが、低コスト米については、米、中米、屑米と分類されるなかで、同じ品種の米について中米をブレンドすることによって量を増やし、単価を下げる工夫をしている。異なる品種の米をまぜる「混米」とは異なり、DNA鑑定では同じ品質の米になる。

米全体の農家からの買い取り価格は、農協と比較して五〇〇～二〇〇〇円高、平均一〇〇〇円高だという。良い米で一万六〇〇〇～一万八〇〇〇円、安い米で一万三五〇〇〇円。一般の安い米は一万二〇〇〇円だが、それでは農家は生活できないという。

農協との取引は二割程度で、県の「トップブランド米」を出荷し、全農を通じてイトーヨーカ堂に卸されている。

ミニ農協と総合農協

歌丸の里は、かつては全面的に農協出荷であり、現在でも出荷と資材購入の両面で農協と縁を切ったわけではなく、つかず離れずの関係にあるが、冒頭に触れた山形おきたま農協の出資は受け入れていない。あくまで商社系企業との連携が主である。また組合員も歌丸の里と農協の両面対応である。

歌丸の里は、自らが生産者を組織し、米の集荷と資材販売を行い、正組合員・准組合員など農協と同じ組織形態をとり、普及センターの指導を受けつつ、米づくりのコンセプトを浸透させるなど営農指導的なことも行っている。まさに「ミニ農協」ともいうべき存在である。ただし農家の委託販売ではなく、法人の買取販売である点が異なる。

「歌丸の里」としては、JA傘下にとどまっていたのでは、米を高く売れない、自分たちの米の行方を最後までみとどけ、消費サイドの反応を聞くことができない、営農指導に期待できない、肥料農薬を安く仕入れられないという不満があった。そこで農協から「自立」したわけだが、いまのところ農家が乾燥調整した米を集荷しており、それでどこまで均質性を保てるかは不明である。また現在は倉庫を除き大きな設備投資はなく、農協に比べて「身軽」だが、いずれ設備投資等が避けられなくなると、農協と同じ道を歩まざるをえなくなる。借地して農業経営することに踏み切るかどうかも大きな課題である。東邦物産サイドとしては、大規模農協よりも「歌丸の里」の方が扱いやすいし、良食味の米を均質に一定ロット取りそろえてくれる「歌丸の里」の魅力があったのだろう。そこには大産地と大卸の結びつきとは異なるニッチの論理が働いているかも知れない。

このような歌丸の里の「ミニ農協」としてのあり方は、二〇〇五年に規制改革・民間開放推進会議や一部研究者が、農協攻撃の際に「第二農協」として持ち上げたものに他ならない。

他方、山形おきたま農協は、一〇年連続して「はえぬき特Aランク」を維持してきたが、兼業農家も含め多様な農家から均質・高品質の米を集荷することには困難があろう。米価の面でも主業的農家の要求を満足させるのは大変だが、かといって「歌丸の里」のような一定水準の農家だけピックアップすることは組織の性格からして許されない。「歌丸の里」が一部農家の要求に応える一つの道であるとすれば、農協は多数農家の要求に応えつつ、このような法人の要求にも応えなければならない。

確かにミニ農協と既成農協は事業競合する。要は米をより高く売れるか、肥料農薬をより安く仕入れられるかの競争である。ライバルとしての競争は必要だが、その面だけを強調すると財界の思う壺で、彼らの農協潰しに荷担することになりかねない。競合面は競合面として、それぞれの組織特性とそこからくる固有の任務を強く自覚したうえで、最大限に補完関係を追及することが必要だろう（二〇〇五年二月）。

5 峰岸ファーム——建設会社のりんどう栽培進出

岩手みなみ農協の調査にお邪魔した際に(7)、花卉部会副会長として紹介されたのが同ファームである。認定農業者でもある。

同ファームは地元の丸正建設株式会社が立ち上げた農業生産法人である。丸正建設は資本金七〇〇〇万円で一九八八年に設立された公共事業主体の建設会社である。正社員三五名、臨時二〇名程度で、他に建設業一式と産廃を扱う従業員五名程度の子会社を有する。受注量はピークで一二億円程度だったが、最近は七億円水準に落ちている。公共事業は冬場が主で、春から秋にかけては仕事がなくなるが、従業員はおさえておかないといざというときに対応できない。このような受注量減のなかで、夏場仕事の確保、それに伴う雇用確保を主目的として建設業のりんどう栽培への進出がなされたといえる。

りんどう栽培は、合併前の農協の指導を受けて九六年に開始し、九九年に農業生産法人(有限会社)化した。法人として立ち上げるに当たっては県農業会議等の指導を仰いだが、丸正建設の社長(五五歳)が農家のあとつぎであり、要件をクリアするうえで問題はなかった。しかし社長が代表を務めるのはまずいという判断で、妻(四五歳)が社長になり、丸正建設の従業員一名に出資者に加わってもらい、資本金三〇〇万円でスタートした。実際の指図は建設会社社長が「丸正グループ」会長として行い、社長(妻)は事務部門を統括している。

法人名は、字名と自宅の屋号の両方が「峰岸」であることに由来する。

経営面積は一〇ヘクタール。うちりんどうの露地栽培が三ヘクタールで、内訳は会長の所有田一ヘクタール、借地二ヘクタールである。水稲が七ヘクタールで、内訳は法人自体の所有が〇・五ヘクタール、会長所有が一ヘクタール、借地が四・五ヘクタールである。借地は近隣の水田が多い。小作料は反当三万五〇〇〇円だが、ただもある。

りんどうは農協の花き生産部会に属し、前述のように妻がその副部長を務める。部会員は一一二名だが、一関市が多く、平泉町は一〇名弱と少ない。役員研修では東日本花卉市場を視察し、消費動向を見極めている。ただし県内でも西和賀農協がとりくんでいるような独自の品種開発までは至っていない。農協共販は個選のプール計算である。技術指導は普及センターが第一、先輩農家が第二、農協は三番手で業者のそれはない。品質向上と病害対策がポイントである。

水稲はりんどうより後からの取り組みだが、宮城県古川市の農業生産法人「ヒーロー」の無農薬・無化学肥料の有機栽培グループに加入し一ヘクタールほど追求している。収穫は一割減（六・五～七俵）で、価格は二万二〇〇〇円である。

従業員は、五八歳（元農協職員、丸正の作業員、専務から子会社社長を経て、現在は峰岸ファームの営農部長）、五〇歳（中途採用）、一八～二〇歳の若手三名の計五名である。当初に会長とともにりんどうを始めた者はその後りんどうで独立しており、今の若手には将来の自立を考えさせている。

夏に丸正建設から出向いてくるのは、運転手、土工、技術者で平均一〇名程度である。

従業員のうち家で農業している人は夏場も食べていけるので、そうでない人を優先的に回すようにしている。草取りが主である。その他にシルバー銀行から五名程度を入れている。技術者は丸正建設が給与を支払い、丸正からファームに日単価での請求が来る。普通の作業員はファームが支払い、日給六〇〇〇～八〇〇〇円である。

販売額はりんどう三〇〇〇万円、水稲七〇〇万円である。経営的にはやっと単年度黒字に転じたが、累積赤字が若干残る。グループ全体としては、夏場にかかるであろう建設部門の経費五〇〇万円がカバーできることがポイントだとしている。

今後については、建設業は減ることはあっても増えることはないとして、農業部門へのシフトを狙い、二〇ヘクタール、一億円経営を当面の目標にしている。経営の方向としてはりんどうの多品種化を図る。通年雇用できるように越冬野菜の試作も試みたが成功していない。九九年に農協の勧めで、山林一ヘクタールを開墾してキャベツ栽培を試みたが失敗し、山に戻している。

当社は、りんどうは量的に個人でさばききれないと言うことで農協出荷しているが、農協については注文が多い。まず農協の営農指導員がよく替わり相談相手にならない。ホームセンターからの売り込みもあり、業者はPRに何回も足を運んでくるが、農協にはこちらから聞きに行かなければならない。農協からの資材購入は二〇％程度だが、農協は大量仕入れの割には値引率が低く、とくに段ボール箱が高い。米にしても「買ってやっている」という意識のようだ、という。

峰岸ファームは、農家出自の建設会社（経営者）が、公共事業の夏期閑期対策と受注減対策として、農業経営に回帰してきたケースともいえる。建設会社の従業員の夏期におけるファームでの就農を通じる通年雇用化により雇用確保が図られており、その効果は大きい。逆に峰岸ファームの冬季就業確保の問題もある。建設部門の受注減もあり、そちらに労働力を回すことはしていないようであるが、農業部門を拡大するほど、冬季就業問題が強まろう。建設部門で得た原価管理意識等は農業の企業的経営にも活かされていくことになろう。それに農協が対応できるかという問題が、農協サイドにも跳ね返ってくる。

建設会社等が仕事がなくなったので、兼業農家従業員の特性を活かしつつ、事業・雇用確保のために農業部門に進出してきた事例はいくつか報告されている。それが構造改革特区や特定法人貸付事業の口実になったことも周知の通りである（序章）。同じような事例が中山間地域や北海道等ではなく、平場の米地帯のど真ん中に現れたという点で興味深い事例である（二〇〇五年九月）。

まとめ

東北における協業の組織化は、藩政村（歌丸の里、アグリメントなか）、明治合併村（中津川ＦＦ）、あるいはその中間（ひまわり農場）を範域として踏まえており、地域ぐるみの取り組みを通じる地域合意に基づくものもある（中津川ＦＦ、アグリメントなか）。その意味では広義の集落営農といえる。しかし後に北陸（富山）や山陰（出雲）にみるような、地域ぐるみの協・分業としての集落営農は一般的ではなさそうである(8)。

代わりにあるのは、いみじくも「ワンマンファームの連合」と表現された少数者連合であり、典型的には本家筋少数あとつぎ連合である。峰岸ファームを除く三つの事例はかなり性格を異にするが、その一点では共通している。

そのなかでひまわり農場は唯一、法人化してないが、各自が中心となって各作業受託等を展開しつつ、ゆるやかなひまわりグループを作っている点では、連合体の原点がより鮮明である。このような農業ネットワークあるいはネットワーク農業のあり方にもっと注目すべきだろう。

このような少数者連合は、それ自体が集落営農というよりは、集落営農と並ぶもう一つの生産（者）組織の型だろう。その位置づけは第8章で行うことにしたい。

少数者連合が地域農業を再編し切れたかといえば、それにはほど遠い。東北の農家は少数者連合とそれへの貸し手に分解しつくしたわけではなく、その中間になお多様な農家層がいる。そのなかでとくに中規模複合経営志向農家は、個別経営としては経営所得安定対策等の対象からは漏れる可能性があり、かといってより下層を巻き込んで協業化を果たそうとしても自らの複合部門との競合を起こしうる。

地域農業の再編に主体的にたちむかうべき地域農業支援システムの形成が相対的に遅れているのも東北の特徴であ

り、課題だと思われる。

注

（1）村山元展「ＪＡ山形おきたまにおけるＪＡ出資法人の実態」『平成一六年度アグリビジネス経営実態調査報告』に二〇〇四年度までの報告がある。

（2）『日本農業二二四　自立を目指す農民たち』農政調査委員会、二〇〇三年、金子弘道編著『トップが語るアグリビジネス最前線』家の光協会、二〇〇三年、等にその紹介がある。同時期に出された二書が取り上げている事例はほぼ同じだ。

（3）八鍬重一「中山間地域における地域資源掘り起こし――山形県真室川町「ひまわり」農場」農政調査委員会『農』二一七号、一九九六年

（4）山田亀太郎・ハルエ述、志村俊司編『山と猟師と焼畑の谷』白日社、一九八三年、亀太郎氏は大正元年生まれ。

（5）他の農協出資法人からも「当方としてはＪＡに出資してもらう必要はなかったが、頼まれて出資を受けた」という発言がある（村山・前掲報告）。

（6）楠本雅弘『集落営農』農山漁村文化協会、二〇〇六年、は同団体に対して「活動費をみてもあまり活発とはいえない」という評価を下している（七五頁）。活動費が貧弱なのは確かだが、利用改善団体は経済事業を行うわけではないから、政策的に助成をきちんと位置づけないと財政的保障がない。そのなかで中津川が活発でないとしたら、活発な事例を示して欲しい。

（7）その全体については、北原克宣「岩手県における農協経済事業『改革』の実態と課題――岩手南農協の事例」『農業・農協問題研究』第三五号、二〇〇六年。

（8）法人にあたっても、「『（転作生産組合）→組織担い手→充実した任意組合→農業生産法人』というコースが想定されており、政策当局が想定する特定農業団体ではなく任意組合を通じた法人化がめざされている」（渡辺岳陽「東北における集落営農組織化の動向――花巻地域の事例」『農業と経済』二〇〇五年五月号）のも同様の事情によるだろう。

第2章　静岡・神奈川の直売所

はじめに

直売所を取りあげるのはいささか唐突かも知れないが、「農の協同を紡ぐ」点では、直売所はいま、最も元気な「紡ぎ手」といってよかろう。本章では直売所と「ファーマーズマーケット」を同義ととる(1)。要するに生産者農民による消費者への直接販売の場である。直売所という言葉自体は売る主体が明示的でないが、ファーマーズマーケットはその点がはっきりしている。また直売といっても個別の引き売りや庭先販売と異なるのは、そこに複数生産者が同じ場所で売るという「協同」があるからである。また「マーケット」は街路や公園の青空の下での「市」が原点だが、それが屋根付きの「所」になった背景には、公園や街路が人びとが自由に利用できる公共空間になっていない日本の現実があろう。

農産物販売総体が減少するなかで、直売所は隆盛である。農政も、「地産地消」の一貫として直売所を高くもちあげ、二〇〇六年度からは市町村の推進計画によるものや既存施設の拡充に対して国が半額助成するところまできた。しかしながら、その出荷者等を経営所得安定対策等の「担い手」からは断固として排除する。政策の目的・趣旨が違うといいたいのだろうが、逆に言えば担い手像に整合性がない。

農協陣営も何らかの形で直売所に取り組んでおり（〇五年四月現在で五八％の農協）、数億円の売り上げを誇る直売所もうまれている(2)。そういう規模拡大の延長での、量販店（生協店舗を含む）等におけるインショップ展開等をもって直売所の「新たな展開」とする位置づけもある(3)。

このような傾向や議論をみていると、直売所が旬（いいかえれば転換点）の今こそ、その成功体験におぼれることなく、「なぜ直売所が元気なのか」、「そもそも直売所は地域の農家や消費者にとって何なのか」という原点を見つめる必要があるように思われる。

顧みると、一九六〇年代（高度成長期）の農協大型共販、七〇年代（低成長期）以降の生協産直に対して、今日の直売所ブームは農産物流通の第三の波と位置づけられる。それは、農協に対する無条件委託販売という農協共販、消費者・生協主導の「産直」に対して、あくまで生産農民が主体性をもって消費者に直接販売するところに特徴がある。

なぜそのような形態が一九八〇年代後半以降、なかんずく九〇年代以降に現れたのか。農家の高齢化、安全安心志向、自給率低下の下での地産地消運動、生協の大型化・量販店など様々な要因が指摘されている。その一つ一つはうなずける。しかし根本のところは直売所もまたグローバリゼーションという時代の一つの産物ではないか。グローバリゼーション（市場経済の普遍化）は人びとを「ばらけさせる」。しかし人は一人では生きられない。かといって昔日の協同にも戻れない。新たな協同が必要だ。「生産者が、共同の場で、しかし一人一人の責任とリスクで消費者に直接に販売する」形態がその一つの回答である。それが消費者の変化にもフィットした。要するにグローバリゼーション時代の農業・農村の主体形成の一環としての直売所であり、そのような出自は集落営農にかようものがある。

そのように見れば、規模拡大の結果、生産者がたんなる出荷者になってしまった直売所、量販店が事実上、販売する直売所は、直売所という「場」が残っているだけで、本来のファーマーズマーケットからは異質なものになっているのではないか。その意味で原点を確かめたいのである。直売所は全国普遍的に展開しているが、本章では都市化地域における「農の協同を紡ぐ」一つの試みとして静岡、神奈川の例を取りあげたい。

1 アグリロード美和——農協女性部の活動から

加工所から直売所へ

静岡市農協美和支所の「アグリロード美和」（以下「アグリ」）は、農協女性部活動の延長での直売所である(4)。まず女性部美和支部とアグリの代表をしている海野フミ子さんや農協の生活指導員からの、二〇〇四年の春と夏のヒアリング結果を紹介する。

美和は江戸時代の藩政村（大字）で、四つの農業集落（むら）からなる。静岡市の市街からクルマで北上すること三〇分、安倍川を越えたところにある。静岡市農協は一万八〇〇〇人の組合員で正准半々。女性部は二〇〇〇人、二〇支部で、うち美和支部は二五〇人、最大の支部である。海野さんが入った一九六五年頃は四〇〇人だったのが、折からのパート化などで減りはじめ、海野さんが部長になった九五年頃は二〇〇人を切ってしまった。

そこで「元気が出るにはどうしたらよいか」を考えるプロジェクト委員会を立ちあげた。メンバーは女性部だけでなく非農家、若い女性も含め二四〜五人。まず「美和の女性にとって何が必要か」のアンケートをとった。その結果や、朝市が元気という『家の光』情報から、自分たちも直売所で行こうということになった。当時は輸入野菜がスーパーに並ぶようになり、茶どころの静岡も輸入茶に押される有様で、「輸入物に打ち勝ちたい」という思いもあった。

折から農協が敷地隣接のコンビニ店舗を買収する計画が持ち上がり、女性部にも施設利用について相談があった。女性部としてはお茶等の農作業が忙しいということもあり、三分の一だけ借り、九六年から農産加工を行うことにした（残りはAコープ施設に）。味噌、総菜各二五平方メートル、菓子八・四平方メートルの小さな加工場である。

同時に、加工センターの前で土日曜の午前中だけの青空市を始め、農家が順番に売り子をした。しかしお客もどんどん増え、屋外での販売は衛生面でも心配ということで、九八年からAコープ薬局店跡の四〇平方メートルを借りて毎日営業に切り替えた。これが「アグリロード美和」である。

女性部は「事業をやる」ということで一挙にメンバーが五〇名も増えて、現在は二八〇名に盛り返している。農家女性は、従来型の女性部活動もさることながら、何よりも自分たちの「事業」を待ち望んでいたといえる。会員は、加工センターに加入する者が正会員で九七名、アグリへの出荷のみは準会員で六三名、他にレジのみの人が三名。加工センターの品はアグリで売るが、手数料は会員一〇%、準会員一五%。

加工場の運営は、ウイークデーは会員から毎日一〇名（一人当たり週二回程度）がパート（時給七〇〇円）で出ることにし、土日は地域の活動もあるということから、一〇地区が順番に二万五〇〇〇円で運営を請け負うことにしている。一人が多く稼ぐより、たくさんの人が出られるようにすることを方針にしている。

加工品は、米が過剰なことを意識して、米を原料にした赤飯、ちらし寿司、炊き込みご飯等に力を入れ、その他大福、きんつば、味噌といったところで併せて二〇〇〇万円。原料は大豆・野菜の八割、米の五割が自家産、平均六割が自家産であり、豚肉も県内産である。

直売所の売り子は会員からパートを募る。出荷者の年齢は五〇代が三一%、六〇代が三五%を占める。出荷者は小規模農家が主で、大規模農家は農協共販になるが、二級品を直売所に持ち込める点は彼（彼女）らにとっても大きなメリットだ。多い人だと年三〇〇万円以上の出荷になるが、アンケートでは二〇万円未満が四八%、二〇～五〇万円が二二%、五〇万円以上は二〇%である。

直売所には加工所の産品、メンバーの出荷野菜・花・お茶・果物、そして趣味の工芸品が並び、また美和はお飾りの産地でもある。客は一日三〇〇～四〇〇人、客単価は五〇〇～六〇〇円で、近所の人、分譲団地の人が主だが、静岡駅近くから来る人もいる。直売所の隣はＡコープだが、こちらも黒字である。店長には「競合するのでは」というとまどいもあったようだが、アグリの方からいつ何が出るかを店長に話すようにして結果的に調整できるようにし、また魚、肉はＡコープで買ってくれるように話している。

トータルの売り上げは、九八年二七六〇万円が翌年は五二〇〇万円、〇三年は七四四三万円に達している。

また〇一年から「生消菜言娯楽部イン美和」を行政のバックアップで立ちあげている（地元に縁のある清少納言のもじり）。アグリのリピーターを育てるために生産者と消費者の交流を図る組織で、毎月、作業や研修会が行われており、とくに「生消菜言弁当」が好評だ。

直売所が女性や地域を変える

海野さんは、この事業活動を通じて、女性がびっくりするほど元気になったとしている。お茶の栽培は男性が女性とペアを組まないと作業できない。そこで「女性は夫や姑の言うことをきいて農作業するアシスタント」というのが地域での位置づけだった。それが女性が加工所で働く、農産物をアグリに出荷する、そこで話がはずむ、女性の口座が開設される、一カ月たてば売り上げが振り込まれる、自分のお金をもてば家庭での発言力も強まり、姑にもモノがいえるようになる、地域の会合にも女性が出て行くことになる。あれよあれよという間に地域の空気まで変わったという。

初めは「女達の遊び場を作った」と見ていたご主人達も、奥さん達がアグリに出て行ってしまうので、昼飯は自分でつくる、洗濯物も自分で取り込む、防除も一人でこなす、というように変わらざるをえなかった。お茶栽培は労働がきつく、夫婦ペアでないとこなせないが、男が先に体力が衰える。するとその農家はお茶はできなくなるので、奥さんが野菜栽培に切り替え、アグリに出荷して生計を支えるというケースもでている。

直売所や加工所からの収入の使途は、アンケートによると、本人のこづかいが二五％、家計費が三八％。農業経営に参加して良かったことを多い順にあげると、八一名の回答のうち、「仲間が増えた」五一件、「自家用農産物の販売ができる」三九件、「少量多品目の販売ができる」三一件、「やりがいを感じる」、「どんな品物が売れるか分かる」、「消費者の立場に立って安全・安心な農産物を作るようになった」が各二〇件強である。

農協としても、女性が元気になって貯金、共済、生活用品販売も伸び、「女性をお客にしておけば農協は大丈夫」と言うことで、その分は営農指導でお返しをしているという。

将来的にはどうか。地域の人口はこれ以上増えないので、販売額の多い期間を延ばす、弁当を増やす、そのため年一品目は商品開発することを追求している。法人化については、仲間の横のつながりが目的なので、今しばらくは任意組織のままでいきたい意向である。静岡市農協も女性の参画を追求しており、〇二年から総代の二割は女性を選出するようにしている。参与制度はあるが、女性部は理事をよこせと要求している。

アグリの女性達

タイプの違う三人を紹介する。

アグリで生活するAさん（六五歳）　父は五歳で戦死し、本人は若いときから農業従事し、二十歳で婿取り。夫は七〇歳、農業専業できたが、十年前から患っている。お母さん（八八歳）は元気に家事を手伝い、公務員と看護士の長男夫婦との八人家族だが、長男夫婦とは棟・家計・食事・風呂を別にしている。

一五年前にみかんをお茶に切り替えたが、そのお茶も夫の病気で一カ所だけ残して山に戻した。今は畑三〇アールでの花栽培が主である。花は菊、孔雀草、霞草、鶏頭などの仏花、講花を中心に順番に咲くように栽培している。

アグリにはこの花のほか、切り干し大根、きんぴら、ジャガイモ煮付け、わかめの酢の物などのお総菜も出荷し、金額的にはそちらの方が多い。内牧集落はお飾りの里でもあり、その出荷もある。

また高校総体をきっかけに、一五年ほど前から市営総合グラウンドのところに一〇名の仲間で直売所「茶のみ」を経営している。朝の七〜一一時まで、売り子は二人づつ当番でやる。Aさんは弁当、総菜、花などを出している。大会参加者などアグリとは違ったお客さんに接することができ、とくに日曜日は大会が多く客も多い。

以上の販売額（トップクラス）からの所得と、母、夫の年金での生活だが、自由な時間がなくなった代わりに金銭的なゆとりができ、孫がテストで百点とったら三百円あげるようにしているそうだ。初めは五百円だったが、結構とってくるので三百円にまけてもらったという。

女性部の活動としては、「趣味的なものに力を入れるのも良いが、若い人のなかに入るのは大変」、「お金がとれるのが魅力」、「こういう花が将来性があるといったお金につながる勉強会が良い」としている。直売所の活動でよかったのは、「範囲が広いのでいろんな人との出会いがある。参加していなければ街ですれ違っても素通りだ。思いがけなく消費者から『おいしかった』と電話がかかってきたりする。わざわざ番号を聞いてかけてくれたのだろう」と言う。課題は「若い人に入って欲しい。『茶のみ』の仲間も七〇代にさしかかり、このままではつぶれてしまう」。また直売所の拡大を援助して欲しい。自分の場合は生活費に消えるが、そうでなければアグリの収入は自分のヘソクリになり、「ヘソクリは女性の心の支えだ」。

ご本人の趣味は多彩で、昔は女性部でカラオケ教室、生け花、料理教室もやったが、個人では短歌をやり、かつては佐藤佐太郎の「歩道」に属し、今は別の結社で詠んでいる。茶畑をつぶした時は悲しい歌を詠んだという。美術館巡りも好きだ。心配はお母さんや夫の介護問題である。

専業農家のBさん（五〇歳）　夫も同い年。父母、長男、次男の六人家族。集落唯一の専業農家で、水田八〇アール（野菜畑に転換）、茶園二五〇アール、畑一〇アール。長男二五歳も就農した。茶園は三分の二が平坦というから、静岡では恵まれた方だ。お茶で特徴的なのは有限会社「クリーンティー松野」を一〇名の仲間で作り、生葉会員九〇名、仕上げ加工までやり、自分たちの直売所でお茶を売っている点である。

野菜は転換畑を中心にスイートコーン、サツマイモ、ダイコン、葉物を栽培し、市場出荷九割、アグリ一割の販売。アグリには市場に出せない物、荷がまとまらない物を出している。自分の都合で振り分けて出せるのが有り難い。

女性部での活動は長く、まずパソコン教室で先の海野さんとも知り合い、それから例のプロジェクトの立ち上げにも関わり、青空市から加工所へと進み、〇三年までは加工所の代表をしていたが、〇四年は、ご主人がクリーンティー松野の代表になったため、役を降りている。ただし加工所の当番には参加している。

直売所からの収入は自分の口座に振り込まれるが、営農口座にふりかえている。加工所からの年二〇万円程度の収入は自分で自由に使うようにしている。青色申告で専従者控除をしているが、義父母、長男、手伝いの叔父夫婦に支払うと本人に支払う分は残らない。

アグリをやって良かったのは二点。第一は、「人と知り合うことができたこと。ここに行くとこの人がいるということが分かる。美和以外の人とも知り合いになれた。農業だけをしていたらこうはならなかった」。第二は、あくまでご本人の弁だが、「自分のイメージは暗くて、おとなしかったが、明るくなった。よく仲間が見捨てなかったものだ」。

今後については、お茶は短期集中なので、野菜畑の方を拡大したい、お茶は長男、野菜は自分たちと担当を分けたい。叔父夫婦が高齢でも農業を手伝ってくれるが、さらに七〇代の元気老人達に手伝ってもらって拡大したい。ただしアグリへの出荷は一割程度か。アグリよりクリーンティー松野の直売所の方が近く、そこに野菜も出しているからである。アグリもクリーンティーなど他の直売所と連携して荷を出し合ったらいいのにと考えている。

アグリについては、狭いのでもっと広くしたい、また駐車場が離れていてお年寄りが気の毒なので、駐車場付きの施設にしたいと考えている。

レジ係のCさん（四一歳）　Cさんはサラリーマンの奥さん。子育てを経て七年前からアグリのレジ係をしている。義父母と長女の五人家族。朝市の時にケーキの試作に参加したのがつきあいの始まりで、今もケーキ作りのグループに入っている。アグリの目玉商品であるカボチャのケーキ作りである。現在レジ係は五人で、うち四人までが非農家、週三回、午前と午後の交代制だが、家事との関係で午前のみ出ている。ご本人はあまり「農協の……」という意識はない。

はじめは出荷者の名前も分からなかったが、今は誰がいつ、どんな物を出してくるか把握している。出荷者は自分で値を付けるので、「売値をいくら位にしたらいいか」聞かれたり、「どうやったらここに出せるの」という質問もある。消費者からは品物がいつ入るかと聞かれたり、注文を受けて農家につないだりもしている。エプロンや袋などの注文、みかんや甘夏など宅配で送りたいので作って欲しいという注文も農家につなぐ。

一日たつとしおれるので、値引きし（値下げの権限をもっている）、残れば引き取ってもらうよう連絡する。良い物から売れていく。値を下げても売れた方がよいが、なかには絶対に値を下げない人もいる。

細かなことまで客に聞かれるので、スーパーのレジ係のようにただ打っているだけではすまない。注文とクレームも受付け、品物が痛んでいたりすれば返金し、場合によっては海野さんや衛生担当の役員につなぐ。品質は農家個人の責任で、月一回のミーティングをしているようだが、レジ係は出席しない。客はお年寄りが多いので、頼んだことはやってくれて当たり前の考えが強く、どこまで客の要望に応えて良いのか迷うこともある。

客は駅前の方からも「こっちにきたついでに」に寄る人もおり、そういう人はいっぱい買っていく。固定客が増え、物も言いやすくなった。お客はクルマ利用は少なく、歩きか自転車が主で、五〇代以上が多いが、幼稚園の送り迎えに寄る若い人もいる。

客はＡコープとはうまく使い分けており、先にアグリにきて旬のもの、安いものを確保し、足りない物をＡコープで確保するようだ。アグリはお茶の農繁期には荷が少なくなり、午前中でほぼ終わってしまうので、Ａコープとは補完的だとみている。

時給は七〇〇円だし、夫は遊びでやっているとしか思わず、長女は「ママの趣味ね」、義父母はノーコメント。パート代は自分の口座に入るが、家計が大変な時は回す。もう少し収入になればとも思うが、アグリの内情も知っているし、皆さんと知り合いになれてコミュニケーションが楽しい、野菜の勉強もできたし、料理の仕方も分かるようになった、ほかの仕事を探すのも大変だし、今はこの仕事を続けるつもりということだ。

これから

従来型の女性部活動は料理、健康、文化が領域だったが、今やそれだけでは物足りない。家で働く農家女性の関心は「自分の収入をもつこと。お金が欲しい」である。自立の基だからだ。それを、パートに出るのではなく、自分たちの事業で実現したい。それが加工所であり、直売所だった。だから加工も直売もそれ自体が目的ではなく、手段である。加工、直売からの収入が全て女性の自由になったわけではないが、少なくとも自由に使える部分ができた。それが本人を変え、夫や「いえ」を変え、地域を変えた。一言で言えば明るくなった。元気になった。そこが一家で共販に取り組んだり、一人一人でパートにでるのと、女性みんなで事業に取り組むこととの違いでもある。それだけでなく、子供夫婦と敷地内同居していても所帯は別になりつつある本人夫婦の生活を、年金とともに支える大きな経済力になった。輸入物に打ち勝ちたいという志も高かった。

アグリの場合、農協の理解やサポート、行政の所を得た支援も支えになった。農家だけで固まらず、非農家の女性もいれて活動している点も特徴だ。農家、非農家に限らず、女性の関心や活動でつながることが本音で生産と消費を結びつけることになろう。

これからどうするか。活動参加者やマーケットの規模から言って無理な拡大は禁物だろう。女性の目線で内容や使い勝手をよくしていくのが当面の課題ではないか。もう一つは若い世代の参加だ。海野さんは、昔は二十歳過ぎで結婚したが、最近は三〇歳前後で結婚し、子育ての目途がついたら四〇歳。このように変わってきた女性のライフサイクルに女性部活動をどうフィットさせるかが課題だとする（二〇〇四年六月）。

2　横浜・舞岡ふるさと村——都市農業の直売所

都市農業とは

新基本法は「都市周辺」の農業について、「消費地に近い特性を活かし、都市住民の需要に即した農業生産の振興を図るために必要な施策を講ずる」としているが、新基本計画では、都市住民も参加した都市農業振興ビジョンづくり、直売所・市民農園の整備、緑地空間のための修景施設整備、防災協力農地等の推進を掲げるだけで、本格的な農業振興策はみあたらない。また取り上げられた施策は自治体や農協等がとっくの昔から取り組んでいることであり、目新しいものが全くない。

都市農業は都市からの様々な圧力を受ける点では条件不利地域農業の一つだが、直接支払い制度が手当てされた中山間地域とは大違いで、日本農業にしめるウエイトや最前線農業の位置づけにふさわしい扱いは全くされていない。資産価値で存続を担保されているからというのが、決して語られることのない理由だろう。

そもそも都市農業とは何か。まず、大都市近郊の農業が都市近郊農業と呼ばれるようになった。それは江戸の昔からの存在だ。それに対して「都市農業」は、高度成長期に都市が急膨張し、その大波の中に島状に取り残された農業が生まれるようになってから使われ出した言葉である。その最も典型的な例は市街化区域内農業だが、それに限らず「都市に囲まれた農業」「都市のなかの農業」というのが実態である。従って、都市農業問題とは本質的にはそのような土地利用の混乱に伴う問題であり、都市農業政策とは何よりもまず土地利用計画政策である必要がある。

そういう根本問題を抜きにして、都市の農地を市民とともに守ろう式のソフトムードに流れがちであり、その典型が新基本法農政だが、ここで取りあげた横浜市は比較的オーソドックスに問題を追及してきた自治体といえる(5)。

農専地区からふるさと村へ

戸塚区といえば何回かの分区後も人口二〇万を超える、横浜市でも有数の人口稠密な区である。その中心であるJR戸塚駅から地下鉄で横浜方面に向かって一つ目の駅・舞岡で降りて階段をのぼると、右手はもう「ふるさと村」だ。道路を挟んで正面には直売所「舞岡や」や養豚農家のハム工房、その前の小川に沿って歩けば、「虹の家」を経て、住宅街や谷戸の田んぼを通って舞岡公園の森に続く。直売所の裏手の方は、舞岡八幡宮やふるさとの森(市民の森)を通って尾根道が続き、市街地のなかの緑のオアシスのような「ふるさと村」を一望できる。

「ふるさと村」は、横浜市緑政の一つの成果である。横浜市は一九七一年から農政担当を「農政局」から「緑政局」に切り替えた(二〇〇五年からは「環境創造局」)。都市のなかで先細りする農政への対応という消極的な理由と、農地、緑地、山林、公園を一体で整備確保しようという積極的な姿勢によるものである。

前述のように、都市農業というと市街化区域内農業を指すことが多いが、横浜市は市街化調整区域の農業を都市農業として位置づけ、振興している点でユニークである。

すなわち横浜市は、高度成長期に港北ニュータウンの建設に際して、ニュータウンと農業の共存を図るため、ニュータウンに隣接して「農業専用地区」を設け、ニュータウン内の農業継続意思のある農家はタウン外に出て、土地を交換して農業専用地区で農業を継続できるようにした。そして農業専用地区については土地改良事業等の補助率もほぼ百パーセントにした。高度成長期で税収が豊かだった時代の話だ。

こうして設けられた農専地区制度は、その後ニュータウン周辺だけでなく市内全域に適用されるようになった。農専地区制度は、都市と共存する農業を農専地区として土地利用計画的に位置づける「計画的都市農業」の考え方にたつものである（地区内の農地は、その後、農振制度に基づく農用地区域に指定）。

図2-1　横浜市の市街化区域・市街化調整区域・農業専用地区

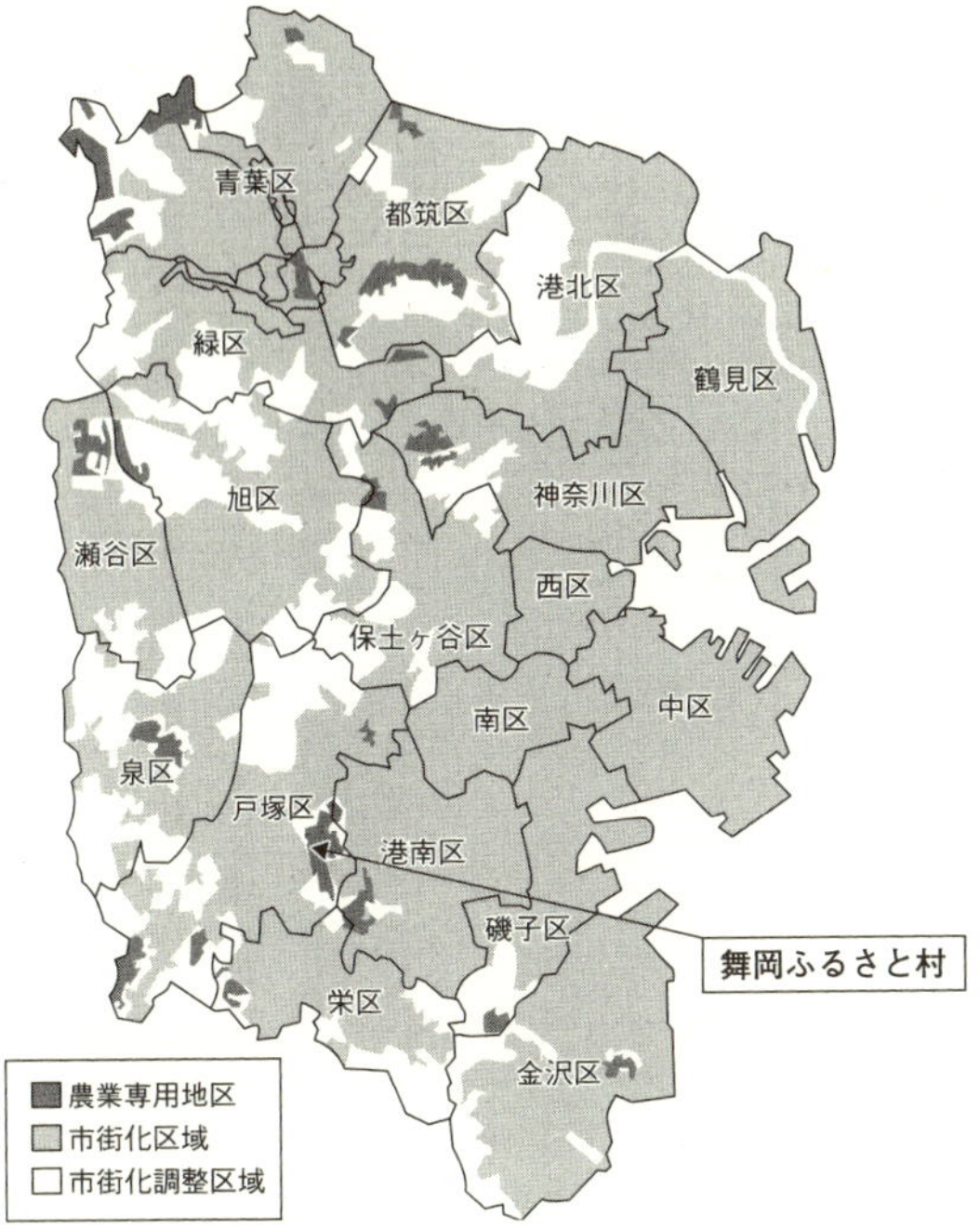

注：横浜市による。

横浜市は、新都市計画法に基づく一九七〇年代はじめの市街化区域と市街化調整区域への「線引き」に当たっても、このような経過を踏まえ、まとまった農地はなるべく市街化調整区域に出すようにして市街化区域を狭くとった。首都圏では東京都や川崎市がべた一面の市街化区域を作ってしまったのと対照的な行き方である。その結果、横浜市では、**図2―1**にみるように、市街化区域のなかに市街化調整区域がある、都市のなかに農村がある、といった逆転現象が生じた。まさに「都市のなかの農業」になったわけである。

しかし市街化調整区域内の農地で農振地域に入らない農地、農振地域には入ったが転用が厳しい農用地区域に入らない農地という、いわゆる「白地」農地がたくさんできてしまった。そこで横浜市は、補助率の高い先の農専地区事業をテコにし、「白地」の農地の農専地区・農用地区域への取り込みを図ろうとした。現在、農専地区は二五地区、地区面積の合計は一〇一一ヘクタール、うち農地六一三・六ヘクタール、農用地区域農地の五九％にのぼる。農専地区はどちらかといえば市の外縁部に展開している。

この事業は当初は順調に進んだが、八〇年代に入ると地区指定の伸びが落ちていった。都市化や開発が進み、他方で農家の兼業化や高齢化や進むなかで、農家としても将来の土地利用を縛られる農専地区や農用地区域入りを避けるようになった。

「農業者だけのための地区」という色彩の強い農専地区というネーミングも時代遅れになった。そこで、市民が農業に親しむ自然空間を積極的に提供し、農業者との交流を通じて、農業の振興と保全を図るという目的で取り組みだしたのが、一九八〇年代からの「横浜ふるさと村設置事業」である。仕組みは農専地区事業と変わらないが、概ね一〇〇ヘクタールと広く取り、交流に向けた施設の整備に力がいれられるのが特徴である。

その第一号が一九八三年に指定された町田市との境の寺家（じげ）ふるさと村で、体験農園等を主体にしたものだが、第二号がこの舞岡ふるさと村で、指定は一九九〇年。舞岡が農専地区に指定されたのは七九年だから、それから一〇年後のことだ。じっくりと時間をかけて村づくりが進められたとも言える。農専地区としての土地改良にプラスしていろんな交流施設等が手当されるのが「ふるさと村」事業の特徴である。

舞岡ふるさと村

舞岡は「大字」、藩政村、農協支所、農協生産班の範囲にあたる。南北四キロ、東西一キロの細長い谷戸の村である。国道からは五〇〇メートルほど入った不便な地で、一九五二年に切り通しが拓かれ、後にアメリカ軍が市内を通らずに横須賀から厚木に行ける六メートル道路が通るようになった。

自然湧水に頼る谷戸田（「水穴谷戸」）と「鍬も入らないような」畑からなり、畑の下は山砂である（さらさらしているので地元では「砂糖砂」と呼んでいる）。都市開発も遅れ、一九六二年頃からやっと住宅団地が建設されるようになった。戦後八七戸だった村は、今では五六〇〇戸、一万五〇〇〇人の町になり、自治会も三つできた。この団地の人たちが後に直売所の良いお客さんになるわけである。農地も昔は一〇〇ヘクタールあったが、今は三分の一に減った。

農業集落としてのまとまりはよく、戦後も若手二〇名ほどで「農業研究会」を作り、引き売りや市場出荷をしていた。個々に引き売りしていたのをまとめてやろうということで、八六年頃から農家六戸と南区の睦町婦人部との産直が始まった。この直売は七～八年続いた。また同年、農協の舞岡支店の玄関先に無人の販売コーナーが設けられ、翌年にはスーパーの地元店の地場野菜コーナーへの出荷が始まった。

とくにトマトは九一年から温室栽培が始まり、出荷の中心になった。当時はバラ出荷で痛みが激しかったが、舞岡の農家は袋詰めでスーパーの手間を省いて好評だった。しかしその方式が拡がるにつれ、スーパーも良品しか引き取らなくなり、それならB級品を自分たちで売ろうということで直売所を始めたわけである。八八年には舞岡出荷組合が組織され、いろいろなイベントが企画され、九〇年には「ふるさと村」に指定され、前述のB級品とタケノコの直売を直接のきっかけに直売所「舞岡や」の設立となった(6)。

ふるさと村の拠点施設は、直売所・舞岡やと交流施設・虹の家である。

組織的には舞岡ふるさと村推進委員会が農家五五戸により構成され、その下に出荷組合、堆肥組合、ＦＭ21（後継者の組織）、四季の会（農産物の加工・販売の女性組織）など八つの組織がある。出荷組合は三〇名から構成され、タケノコ（七戸）、じゃがいも（十戸）、サツマイモ（同）、なし（七戸）、うめ（二戸）、トマト（十戸）の六部会がある。

「虹の家」は市が地元に管理委託している交流施設で、市から職員二名が出向し、あとはパートで運営している。年間二〇〇〇万円ほどの予算だが、減額気味だ。展示や手作りウインナー・そば打ち体験・梅ジュース・梅干し等の農産加工、クラフト等の各種教室が開かれ、来館者は年三万六〇〇〇人、ふるさと村全体では二〇万人。

そのほか組織としては、この虹の家の管理委託を受ける委員会、ふるさとの森愛護会、土地改良区がある。このように直売、交流、ふるさとの森管理が一体となって、田園風景のなかで活発に営まれているわけである。

舞岡の農家

先の推進協議会や出荷組合の現在の役職を一手に引き受けているのが増田昭二さん、六三歳。農業資材の会社に勤めて県内をまんべんなく回り、五〇歳で退職、家に入った。ちょうどふるさと村の指定の頃だ。この辺では、一定の歳になると勤め先での責任がでて辞めずらくなるので、所帯をもつと家に入るのが一般的だと言う。

ほとんどの農家は市街化区域にアパートや駐車場をもっている自営兼業農家で、その意味で経済面では安定している。寺家のふるさと村の場合は、農地は市街化調整区域だけが多く不動産収入のある農家が少なく、苦労している。

都市地域だと、分割相続で農地名義が地区外に出てしまうケースが増えているが、舞岡の場合は山林やお金で対応しているようで、あまりそういうケースはないそうだ。ほとんどの農家が相続税の納税猶予を受けており、それがないと農業の維持はできなかった。

増田さんのお宅は、奥さんとコンピュータ・ソフトの会社を辞めて家に入った息子さん（三〇歳）との三人の農業だ。舞岡にはこういうUターン組の三〇、四〇代の後継者がいる農家がほぼ二〇戸、これらの農家が出荷の核で、さらに定年退職等して多少出荷する農家も含めて二五戸程度が活動している。

舞岡の農家の販売形態は、庭先販売、引き売り、直売所、一括販売（農家が集荷場に搬入した農産物を農協が量販店等に直売するシステムで注６を参照）だが、庭先や引き売りは人手がいるので、増田さんの場合は一括販売に六割、直売所が四分の一程度という。

直売所については後に紹介するが、隣には養豚農家のハム工房がある。これもふるさと村事業の一環で、舞岡やと経営は別だが、定休日は合わせており、お客さんは野菜とハム等の両方を買うことができる。そのほか村内には酪農家が一戸おり、豚糞、牛糞等は農協を介して堆肥として販売される。増田さんは加えて漢方薬の煎じ粕を購入・利用しており、それで作った野菜は、味がよい、日持ちがよいと好評だ。

前述のように組合には作目別部会が六つあるが、それぞれもぎ取りイベントをやっている。トマトだといちばん旬の時期に一日二戸が各五〇人ぐらいを受け入れている。

また先のＦＭ21の後継者グループは、深耕用トラクター、カッター、マルチャー等を備えて作業受託するとともに、作れなくなった人の畑三〇アールを借りてサツマイモを栽培し、幼稚園など二〇団体の芋掘りを受け入れている。四季の会は最初は三〇数名いたが、高齢化等で現在は平均して五〇代なかばの女性九名が取り組んでいる。

問題としては竹林整備がある。孟宗竹が多いところだが、雑木山が荒れて竹がはびこりだし、竹林化している。山林のままだと相続税対策が大変なので、竹林に整備して農地扱いにし、相続税の納税猶予を受けたいわけだが、手間が大変である。そこで若手六名が、野毛山動物園のレッサーパンダ用の笹を出荷することにして、その代金と引き替えに竹林整備を引き受けている。ボランティアも手伝ってくれている。

直売所・舞岡や

直売所は店長（六三歳、農家）のほか、出荷組合員が一班二名（レジ担当と伝票担当）の六班体制で一週間交代で出役する。そのほか、売り子として女性を雇っている。店は朝七時オープン、平日は十二時、土日は一四時までだが、ピークは七時半から八時。戸塚駅に夫をクルマで送り迎えする団地の奥さん達がその帰りに寄るケースが多いからで、九時になれば一段落である。共稼ぎのため、クルマのなかに野菜を一日置いておいても大丈夫かといった質問もあるそうだ。横浜スタジアムのイベントにも出荷するので、遠くは港北区の方からトマトを買いに来る人もいる。

特徴は直売所の買い取り制にしている点である。一週間の出荷の調整を行い、出荷割り当てしたものを買い取る。値段は協議して決めることになっているが、店長が新聞、スーパーのチラシ等から判断して付けることが多い。買い取りにした理由は、「売れ残った荷を持ちかえると、いやになるから」。売れ残りが生じたら組合の損になるが、ロスは少ないと言う。売れた分はマージン一八%をとり、個人ごとに分けて農協口座に振り込む。

果物やキュウリは地元でとれないので、品揃えのため市場から入れている。ほぼ一三〇品目が売られており、地元の田んぼでとれたお米も売られている。

一日平均三〇万円の売り上げで、年間四五〇〇万円。いちおう五〇〇〇万円を目標にしている。お客は平日のお天気の日は一五〇〜二〇〇人、雨が降ったりすると三〇〜五〇人に減ることもある。土日曜は三〇〇〜三五〇人。

都市農業振興を考える

ヒアリングの際にふるさと村から舞岡公園まで三〇分近く歩いてみた。田んぼを耕す人、友人と散策する人、田んぼの畦を直す人（おそらく都市住民）、それぞれに楽しんでおり、「市民が農業、自然に親しむ」というコンセプトは実現している。地域のよさは、「ふるさと村」だけでなく、「市民の森」「舞岡公園」と隣接し、田園、森、公園が一体となってふるさと景観を保全できている点だ。そこに「緑政」の強みが活かされている。

その成功の背景には、地元農家、自治体、農協の息が合っている点があげられる。半分の農家では後継者が脱サラしてもどってきているが、いくら資産があっても労働の場がなければこうはならない。合併した横浜農協は貯金額一・一兆円という大都市農協だが、営農面の力も抜かず、舞岡支所も一五人体制を維持し、ふるさと村を会計面でサポートしている。そして横浜市はおそらく「ふるさと村」に十億円程度はつぎ込んでいるのではないかと推測される。とはいえ箱物で大きいのは市の虹の家だけで、直売所やハム工房は簡易なものだ。道の駅とか大規模直売所とか立派な箱物を作り、維持管理に苦労しているのとは異なる。増田会長は返済計画をきちんと立て、赤字の時には引取先をきちんと想定し（直売所なら農協、虹の家は？）、「分相応」「身の丈にあった」ものであることを強調する。営業時間を延長すれば売り上げは伸びるが、拡大には慎重である。

市がこれだけの行政投資に踏みきったのは、何といっても舞岡が農専地区の指定を受けた調整区域、農用地区域であり、今後とも農業的な土地利用が制度的に担保されているからである。もし市街化区域なら農地転用は届け出ですむから、その農業継続は制度的に保障されず、行政としても税金をつぎ込むわけにはいかない。

冒頭に農政の無策を指摘したが、実はその最大の欠陥、そして無策の原因は、都市農業が土地利用計画制度上にきちんと位置づけられていないために、本格的な農業振興策を講じられない点にある。「都市と農村の共存」を言葉でいうだけではだめで、土地利用計画上の位置付けをきちんとすることが都市計画と農政の大前提である。

横浜市の農専地区事業はその点を一応クリアするものだったが、そこには今日、大きな限界がある。第一は、農専地区の農業も、舞岡のように後継者が帰ってくればいいが、そうでないと農業的土地利用に縛られているだけに、自家耕作が困難になると行き詰まる点だ。資産価値が高いので流動化も難しい。第二は、市街化区域内の農業については前述の理由で本格的な行政投資ができない。

横浜市も財政が厳しくなるなかで、昔のようなハードの補助事業に取り組むのは次第に困難になり、これからはソフトな交流事業等に力を入れることになる。市街化区域、調整区域を問わず、住民参加型で都市の農地、自然を守る新たな工夫が必要だ。市民農園がその接点の一つとして浮かび上がるが、貸し農園型だと「隣は何をする人ぞ」のアパート方式になりかねない。農家が作り方を丁寧に教える体験農園型の方が、手間はかかるが、深い交流ができる。舞岡は農家主体の都市農業だが、これからは市民参加型へのチャレンジが課題である（二〇〇五年五月）。

3 小田原・かあちゃんの店――開発に抗して

道のり

小田原市小竹の「かあちゃんの店」は、一九九九年にメンバー七人でスタートした年販売額三千万円程度の小さな直売所である。

小竹は、下中村→橘町→小田原市と変遷してきた下中村に属し、その下に打越、坂呂、下小竹、脇の四集落があるので、藩政村とみてよかろう。

この地域は元々はみかん作地帯だった。みかんの過剰、オレンジ自由化から、一九八八年に温州みかん園地再編対策が始まった。みかんの木を伐採すれば相当の補助金がもらえるという後ろ向きの政策である。そこで折からのバブル経済のなかで、県住宅供給公社がみかん山五三ヘクタールを買収して市街化調整区域から市街化区域に変更して研究開発のための企業団地等を作ろうという計画がたてられた(7)。

このようなバブル型開発計画に対して、地元の農家五名が「小竹地区農地を守る会」を作って農業継続したい人の農地は調整区域内に残し、宅地開発と併せて圃場整備する要求を出した。幸いこの要求は認められたが、その際に関係農家は、たんなる農家、土地所有者のエゴととられないためには、地域のなかにこの農地をきちんと位置づけ、農業があることの意義をアピールする必要があると考えた。そして何回も話し合い、直売所と、兼業農家等の農地を活用した市民農園の立ち上げを計画した。かっこよく言えば「食と農の連帯の場を作ろう」、ありていに言えば「かあちゃんの店」を作ろうというわけである。

ところで開発計画そのものは、バブルの崩壊とともにはじけてしまった。計画面積のうち公団が買収したのは三〇ヘクタールにとどまり、五〇ヘクタールのみかん山が伐採されたにとどまった。抱き合わせの圃場整備も頓挫で、結局残ったのは「かあちゃんの店」だけ。といっても、そんな次第なので、高齢化、跡継ぎがいない、奥さんの協力が得られない等から全戸が参加というわけにはいかず、結局は七名の出資と県市の若干の補助金による小さな直売所作りになった。駐車場も一〇台で、交通渋滞を引き起こすのでイベントもままならない。

メンバー達

会長・小沢和義さんは五六歳、奥さん、長男の三人で農業に取り組む。経営耕地は二ヘクタール、タマネギと野菜が主で、タマネギの八割は「ちばコープ」への出荷。野菜は直売所と、仲間がやっている農産物供給センターが各四割、その他が二割だから、ほとんどが直売である。

Bさんは五五歳で農業経営士会の会長、奥さん、長男と三人の農業で、長男のお嫁さんは農業改良普及員。面積は一〇〇アール弱だが、ハウスキュウリを七〇〇坪、トマトも始めている。

Cさんは六三歳で定年帰農組、息子さんはサラリーマンで、奥さんと二人で一〇〇アール弱に野菜とブドウを栽培している。

Dさんは七二歳で、奥さんと一〇〇アールの農業で細く長く直売に取り組む農家。体力も衰えてきたが、農業団体に勤務する息子さんが定年後は引き継ぐ予定。

Eさんは小竹地区外の開発には関係のない農家で、四〇半ばの夫婦農業。三〇〇アールと大きく、バラ、キウイ、梅、みかん等に取り組み、野菜はやっていない。

Fさん五七歳は、脱サラ農家で六〇アール経営。はじめは収入もとれなかったものの、今では「百姓の日当は取れるようになった」。

Gさん四〇歳は介護施設に勤務する兼業農家で、花に取り組んでいるが、規模は三〇アールと小さい。

そのほか協力農家として地域トップクラスの茶農家Hさん（四五歳）がお茶の出荷で協力してくれている。

直売額は、小沢さんからCさんまでが四〇〇万円以上、D・Eさんが三〇〇万円台、あとの二人が一〇〇万円台といったところである。

運営

店は週五日の開店、月・木は休む。盆正月以外は通年営業。夏場は午後の二〜六時、冬は一〜五時。五〇〜六〇代のレジ係と七〇〜八〇代の売り子の二人を頼む。当初はメンバーのかあちゃんが立ったが、それだとお客さんが他人の品物を買いづらいとか、熱心なあまり押し売りになってしまうという問題が出て、他人に頼むことにした。年配の売り子なら「どうやって食べるか」などもお客さんも聞きやすいという思わざるメリットもあり、メンバーは「かあちゃんの店」から「ばあちゃんの店」になりつつあると苦笑している。

メンバーが当番を決めて店の開け閉めや会計の締めを行い、農協に売り上げを渡す。週一回のミーティングと理事四人による月一回の理事会を行い、それぞれ司会は順番制で行うようにしている。売価はミーティングで決め、プラス・マイナス二〇％の幅が認められている。〇四年秋の台風による野菜高騰時は倍まで認めた。

売れなかったものは夕方の六時に引き取る。コンサルタントは余るくらいに置けというが、値引き販売はしないことにしている。ダイコン、キュウリ等は女性が漬け物に加工したりしており、その他の加工品としてはこんにゃくや

図2-2　かあちゃんの店の2005年6月の出荷予定

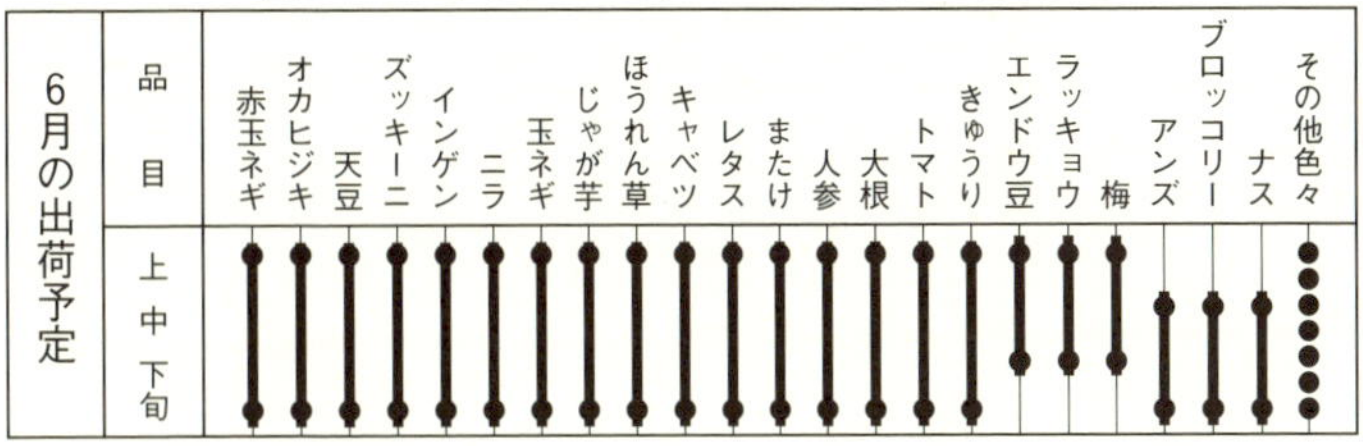

注：「たけのこ」No.15による。

味噌があり、全体の一割弱。

六月の出品を図2－2に示した。小さなお店の割には品揃えは豊富といえる。お客は一日一〇〇～一五〇人、トマトのシーズンは二〇〇人にもなる。一〇〇名を切ると残量が出始める。お客は小田原市街から近隣の町が中心で、休みには横浜、東京からも来る。クルマで来るのが八割、後は自転車や歩きだ。

前述のように駐車場も狭く、売るためのイベントはしないが、小さな学習会、見学会、芋掘り会、ネギ、トウモロコシの収穫、ラッキョウ漬けなどを庭先でやっている。「たけのこ会」というボランティアグループが三年前からできていて、七～八人で月一回ミニコミ誌「たけのこ」五〇〇部をレジ前に置いている。またこのグループが小さなレシピカードを作って同じくレジ前に置いている。

これから

全体の販売額は発足当時が二五〇〇万円、現在は三〇〇〇万円程度。確かに小さな直売所であり、拡大するかどうかは思案中だ。彼らの眼目は、仲間同士の「競争と平等」による農業の活性化であり、「直売所が農業の負担になっては困る。産直おじさん、産直おばさんになる気はない。最低限、レジ係と売り子のパート代が出せればOKだ」といっている。また「売ることにエネルギーを注ぐ気はない。農産物が主張してくれる。ダイコンではなく自分を売っている」と胸を張る。あくまで生産者サイドの積極的な働きかけであることを強調している。

拡大するとなれば、現在の野菜、イチゴ、果物にもう一品付け加える必要がある。そのために新たに生産者を取り込むのは簡単だが、今のところは純血主義でいきたい。むしろ高齢労働力等をボランティアで受け入れて、非農家も取り組みたがっている加工等にも力をいれ、「かあちゃん、ばあちゃんの店」として地域の余剰労働力の活性化の場にしたい、さらにはＮＰＯを立ち上げて「ミカンの花咲く丘」にしたいという（二〇〇五年五月）。

4　秦野市農協の「じばさんず」——農協直営の直売所

道のり

秦野市農協は一九六三年に市内五農協が合併してできた農協であり、正組合員二七六九名、准組合員五七七名。当面の合併予定はない。活発な活動が日本農業新聞の県内版にちょくちょく通信されている。

同農協は一九九九年から経済事業改革に取り組み、コンサルタントを入れたところファーマーズマーケットの設置を提案された。

市内には前から共同の直売所が一〇カ所、出荷者延べ二七〇名程度、個人の直売所が九〇弱あり、農協も二つの駅前に特産センターをもっている（先の共同にカウント）。農産物販売の主流は市場出荷だが、一九九一年から取り組みだしたスーパー三和（ローカルチェーン）、ジャスコ、ヤオハン、コープかながわの「ミアクチーナ」等への直販が五五名、二・五億円程度取り組まれている。

これらに対して、「じばさんず」は明確に兼業農家、高齢農家、女性にターゲットを絞り、新たな地域農業振興策として取り組みだしたものである。大都市近郊なので個人で売ることも可能だが、輸入物に対抗するには多くの消費者をひきつける必要があり、そのためには品揃えができ、人件費を節約して採算のとれる規模のものを作り、地域自給率を高めるという位置づけで取り組まれた。

秦野といえば、水府（茨城）、国分（鹿児島）とならぶ「日本三大葉たばこ」の産地であり、現在も経営耕地の八五％は畑や樹園地が占める畑作地帯である。都市化の影響を強く受ける地域だが、直売所を通じる野菜作農業の活性化は、そういう地域の歴史的伝統に則したものともいえる。

直売所の場所は、国道に面し、三キロ圏内の世帯数が比較的多い農協本所の敷地内に求め、敷地三五〇〇平方メートル、駐車場一五〇台分、売場面積四五〇平方メートルの中規模店舗とした。ちなみに秦野市の人口は一六万八〇〇〇人、六万五〇〇〇世帯である（二〇〇四年）。総事業費は一億八五〇〇万円だが、野菜産地強化事業の補助六六〇〇万円を受けている(8)。

売場の一部は地場産ではない産地間提携品のコーナーだが、その部分は補助の対象外である。売り上げは全体の二九％だが、目標では二〇％に落としたいとしている。地元の米「名水はだの米」は大人気だが、一六〇〇袋は四月で売り切れるので、代わりに岩手のひとめぼれを置いたりしている。沖縄からの仏花、果物等も置かれている。

「じばさんず」の名前は公募で決めた。結果的に農協職員の案が採用されたようだ。「地場産」の複数形としてSを付け、「地場産にみんなで取り組む」というのが含意で、「じいさん、ばあさん達」の略ではないという。

運営

県下には出荷者が運営する大型直売所もあるが、「じばさんず」は農協直営方式を選択した。その理由は、第一に、メンバーによる囲い込み、既得権の発生をさけ、販売契約を結んだ組合員農家は誰でも出荷できるオープンシステムにする。第二に、農家グループだと生産者の都合を優先してしまうが、あくまで消費者に責任をもつ。具体的には第三に、直売所（農協サイド）が品質劣化した野菜等は販売台から「下げる」権限をもつ。

農協は「自己責任、市場原理、レッドカードあり」の単純明快な論理を強調する。「市内の他の直売所と同じような買取り制にしてくれ」という声もあったが、良い物を安く作らないと売れ残ってしまうシステムにしないとだめという判断で、農協としてはあくまで「場所貸し」の考えである。手数料は一五%。

職員は三名。出荷対応や栽培指導もする。レジはパート一六名だが、土日曜には生産者が二名づつ一時間半ほど売り子を務め、調理法を教えたり、苦情に対応している。

店の営業時間は九時～一八時、搬入時間は一回目が七時半～九時、二回目以降は随時、引き取りは当日の午後六時～七時、引き取らなければバックヤード裏に下げられる。それをゴミ業者に出す処分料は、バーコードがとれてしまった品の売上金でまかなう。ダイコン、キャベツ等は二日おけるが、軟弱野菜は一日。それでも実際の売れ残り率は数%に過ぎない。店での販売状況は電話、携帯、ファックスで一五分おきに知ることができる。出荷者の六、七割が音声応答システムを活用している。

売る人・買う人

出荷登録者は七一〇名、実際の出荷者は三八五名、トップで一六〇〇万円の売り上げ、一〇〇〇万円台が三～四名である。

〇四年一〇月のアンケートによると（有効回答一一一件）、一戸当たりの総販売額は二二七万円、うち「じばさんず」が三八万円。年齢は六〇代が三四%、七〇代とあわせると六三%、男性が八割を占めるが、五〇代になると男女半々。全体でも男性が七三%。農業専従者が五六%、二〇〇日以上従事が六割を占める。耕作面積は畑の露地だと四三アール、ハウスだと一八アール。直売所で販売額が増えた農家は五三%にものぼる。

「じばさんず」ができて良かったことは、「価格を自由に決められるので、やりがいを感じるようになった」「少量多品目の農産物を販売できるようになった」「自家用の農産物を販売できるようになった」が各六割前後を占める。次いで三〇％台が、「自分の農業に自信がついた」「安全な農産物を作るようなった」「売れ筋が分かるようになった」「仲間が増えた」「高齢者や女性も農業経営に参画できるようになった」「規格外も売れるようになった」。

先に登録者をみたが、実際に出荷作業をするのは女性が圧倒的、振り込み口座の名義も半分が女性である。二時間かけて一輪車でという人もいたが、今はクルマでの出荷が一〇〇％。遠い人で四〇分かかる。クルマを運転できないと出荷できないのが「じばさんず」の弱点だったが、今ではお嫁さんが出荷を担当するケースが増えた。農協にそっぽを向いていた若い女性層とのつながりができるようになったという思わざるメリットも生じていると組合長はいう。

農協は出荷者を組織することは考えていない。役員が負担になる、排他的になり新規の出荷者が入りづらいというのが理由である。冬場に年一回「じばさんず元気いっぱい生産者大会」をやる。料理は参加者が作り、「いっぱい飲む」、「いっぱい情報交換する」ということで参加者も一〇〇名以上。年二回にしてくれという声もある。

一日あたり客数はウイークデーが九三三名で、対前年一四〇％アップ、土日曜は二〇〇〇名に達する。五〇〇名に対するアンケートによると、市内六割、横浜・川崎八％、年齢は六〇代以上二二％、五〇台二七％、三〇台二二％（とくに前半が一三％）で、主婦層と若いママさんが主力である。利用回数は週一～二回四割、二～三回三割。クルマ利用が九割、クルマで一〇分以内が五割弱。スーパーと比較して、鮮度が良いが九二％、安いが七九％、安全が七五％。しかし品揃えが良いについては五四％と落ちる。

要望としては、リーキ、ズッキーニ、ヘチマ、サラダ野菜、薄焼きせんべい、きのこ類、切り干しダイコンのような生産者が加工した物、他のスーパーにはない珍しい物、地場産の米、Ｂ級品、弁当類など品揃えへの要求が強い。農家の人に直接に料理を教えてもらいたいという声もある。

「じばさんず」の売り上げは、二〇〇三年度二一・九億円、〇四年度は三一・六億円、地場産以外をいれれば五一・二億円。〇五年度は総額六一・三億円、〇六年度は七億円を見込んでおり、最大商圏目標の一〇億円も夢ではない。直売所の売り上げは、〇四年度で農協の販売額の一八％、青果物の四五％を占める。

農協の販売額は〇一年度の一九億円が〇四年度には二〇・八億円だから、わずかながら上向いている。このご時勢に農協の販売額が伸びることは驚異的なことだが、それは主として「じばさんず」によるものである。出荷者の農産物販売額平均は二〇〇万円台ということだから、それなりに農業している人が主体ともいえるが、その人達の農業を活性化し、さらにはＪＡはだのの農業の裾野を拡げているといえる（二〇〇五年六月）。

まとめ

静岡・神奈川という特定地域から偶々選んだ事例であるが、それぞれ背景と個性を異にしており、一概に「直売所とは……」を語れない。出自的には地域からの自発的な動きと農協の戦略に基づくものとに分けられ(9)、それによってコンセプトが異なる。

前者は、農協女性部の支部活動、ふるさと村の建設、地域開発に対抗した地域農業振興を目指したもので、直売所はその手段であってそれ自体が目的ではない。直売所の規模もそれに規定され、何が何でも規模拡大がめざされるわけではない。「産直おじさんにはならない」という言葉がそれを象徴する。

農協主導の「じばさんず」は、地域に直売所があったが、それを継承するというより、それとの関連は切って、兼業・女性・高齢農業の活性化を目指す地域農業振興に基づくものだ。しかし「じばさんず」の建設・運営は、地域農業振興のコンサルとは別の農協系コンサルによるもので、それを一口で言えば生産者本意ではなく消費者本位のマーケティング戦略だ。このようなコンセプトの延長には「はじめに」で述べた規模拡大やインショップ化もありうる。

しかし秦野市農協は前述のように組合員活動も活発であり、「じばさんず」は生産者を組織しないと言いながら、生産者が売り子に立ったり、交流会を設けたり、直売所と生産者のコミュニケーションは濃密だったりして、今の所は規模拡大過程にあるが、歯止めはきいている。

たとえば、みやぎ生協は最新の生協店舗内に農産物直売所「旬菜市場」を作り、種苗会社のOBを一人雇って出荷農家一〇〇戸を巡回指導させている。生協直営の直売所というわけで、農協もインショップなどといってうかうかしていられない。

多くの農協系直売所の原点は、アグリと同じく農協女性部活動のようだ。組合員農家のなかに協同の種を播く、それを育む、成長したら農協の事業にする。農協の事業とはそういうものだ。しかしそこからが問題である。農協事業として軌道に乗ると、組合員活動から切れて自己展開し始める。今日の農協系大規模直売所がそれである。それが成功したとしても、それは農協共販に代わる新たなマーケティングの展開にとどまるだろう。もちろん市場ロットの確保が地域農業の活性化につながる可能性はある。そうなれば「大きいことはいいことだ」。しかし原点を見失い量販店のEDLPの客寄せパンダに利用される可能性もまたある。

要は「農家の直売所」の原点を見失わないことだ。

なお直売所については、第6章で人吉市の集落営農の関連での小さな直売所の実践についても触れたので、参照されたい。

注

(1) 直売所、ファーマーズマーケットに関する文献は多いが、さしあたり二木季男・小山周三・坂野百合勝『ファーマーズマーケットの戦略的展開』家の光協会、二〇〇二年。

(2) 農協営の直売所については、全中『ファクトブック二〇〇五』二〇〇五年。

(3) 最近の見解として、小柴有理江「日本農業二三二　農産物直売所とインショップの存立構造」農政調査委員会、二〇〇五年、とそのコメント、野見山敏雄「低食料自給率下における地産地消」『農業経済研究』七七巻三号、二〇〇五年。

(4) 全中『あなたが主役、みんなが主人公――JA女性読本』(二〇〇三年)は、アグリを紹介している。実は院生が全中からもらってきたこのパンフが知るきっかけである。

(5) 横浜市の都市農業政策については拙編著『計画的都市農業への挑戦』日本経済評論社、一九九一年、第三章(江成卓史)。

(6) この背景には、当時、横浜南農協舞岡支店に勤務していた矢沢定則氏(現・横浜農協営農部長)等の尽力もあり、また矢沢氏等は舞岡の実践から、農家がいつでも、何でも、どれだけでも集荷場まで荷を運んでくれば、後は農協が量販店等に直売する「一括販売」システムを創出する(拙著『日本に農業は生き残れるか』大月書店、二〇〇一年)第四章。

(7) 前掲・拙著、一五八頁。

(8) じばさんずについては地域社会計画センター『JAはだののファーマーズマーケット事業化調査報告書』及び秦野市農協の各種資料を利用した。

(9) 農協の戦略に基づく筆者の調査事例としては松坂市農協の「キッスル」に関するものがある。拙編著『日本農村の主体形成』筑波書房、二〇〇四年、第六章第一節3。

第3章　北陸の集落営農と農業法人

はじめに

本章では集落営農の本場である富山県の事例を中心に、タイプのかなり異なる新潟県の一事例をみる。富山県は呉西地域と呉東地域に分かれるが、集落営農の構造としては似ている。呉西地域からは大型の二階建ての集落営農組織としての射水市大門のファームふたくちを紹介する。

その他の事例は呉東地域だが、同地域は担い手のあり方として、旭村や入善町は個別経営が主流で、そこに集落営農が立ちあげられることにより摩擦が懸念され、黒部市は個別経営と集落営農が拮抗していてやはり摩擦の可能性があり、宇奈月町は一地区は担い手がいるが、その他の地区は零細農家が多く集落営農が主体。魚津市は二次構時代の機械利用組合による作業受委託が多く、法人が五つ、集落営農が二つと協業は必ずしも多くない。また農業エネルギーも果樹、園芸等に傾斜している。このように隣接した地域でも（旧）市町村ごとに農業や担い手のあり方が異なることが注目される。

ＪＡくろべ（旧黒部市、旧宇奈月町）は、一九九六年にＪＡくろべ本所に集落営農推進委員会、各支所に推進協議会を設置して、認定農業者等が不在の集落を中心に集落営農の話し合い活動することにしている。八名の営農指導員の担当集落制をとり、一人当たり八〜二五の集落を担当している。その結果二〇〇五年までに二〇の集落営農が立ちあげられた。内訳は農事組合法人、特定農業団体、任意の協業組織化が各六つ、共同利用組織が二つである。

以下では、宇奈月町の事例として「グリーンひばり野」、黒部市の事例として「寺坪」、魚津市の事例として「NAセンター」を取り上げる。前二つは二〇〇四年に次ぐ再訪である。

1　営農組合グリーンひばり野と寺坪生産組合——ザ集落営農

営農組合グリーンひばり野

むら　グリーンひばり野の地盤は旧宇奈月町の愛本新一区である。明治合併村・愛本村には五つの大字があり、その下に九つの農業集落がある。大字の愛本新には一〜三区（これが農業集落と思われる）があり、その一区を基盤とした集落営農が「営農組合グリーンひばり野」である。同集落の農家は三〇戸だが、グリーンひばり野は三四戸により九八年に設立している。集落内では二、三ヘクタールの規模の大きい農家二戸が参加しなかったが、他集落からの入作農家六戸が加入している（一区に貸している者が主）。

道のり　農協の営農、経済、企画総務部長を歴任した野崎弘氏（六〇歳、現在は組合の栽培部長）が二〇〇三年に定年前帰農するが、その前後から地元集落で集落営農を推進していた。集落営農を話しても分かりづらく、二年間で六四回の会合をしたという。とくに協業の話が入りにくかった。将来の自家農業をどうするか、機械更新をどうするか等について組合員アンケートをとった。農機具を一切個人所有しない形でないと協業はできない、二〇ヘクタールを基準にみんなで機械を利用しよう、と呼びかける。研修会も頻繁に開き、各地の経験を聴いた。協業の経験は寺坪生産組合（次項）という先輩がいた。組合員は「協業方式にしたら反当いくらの配当になるか」に関心があったが、試算では八万円になった。

九八年に転作組合としてスタートし、二〇〇一年から水稲を含む協業に踏み切った。出資金は反当二万円とした。耕作権のついた親作・小作関係の農地についてどちらから出資金をもらうか対立があり、結局もらわないことにした。また後述するように出役できない人の扱いも問題であり、後から考えれば、組合に入れれば出役はしなくても発言権をもち、まとめ役が大変と言うことになったが、当時は資金が欲しかったので加入を認めたという。総額一三五〇万円である。

機械導入は県単事業を利用した。機械は当初よりもオペレーターが増えたこともあり、トラクター、田植機、コンバイン各二台を入れている。「自分たちみんなで協同で農地を守ることを通じて集落を守る。そのために全ての人が協業方式で参加する」という精神である。

運営　組合の耕作面積は二〇・九ヘクタール。貸付農家も組合に参加してもらい、それまでの賃貸借は解消して、組合として耕作することにした。野崎さんの場合、自作一・六ヘクタール、小作二・四ヘクタールだった。

組合員は三四戸だが、うち一三名が出役し、残りは配当を受け取るのみとなった。オペレーターは五人で、ＹＫＫ勤務の四二歳（組合長の長男）が一名のほかは六〇代の定年退職者だ。女性部の世話役が三名ほどおり、女性には苗運び、補植を担当してもらう。

「配当金をもらうだけというのではなく、半日でも一日でも出て欲しい」というのが組合の意向だが、それも無理な人もいる。そこで二〇〇三年度の定期総会資料には申し合わせの議案として「資産管理のために全組合員によるボランティア日を設定する」としている。倉庫、排水路の掃除などに、おかあさん方にも年一日二～三時間出てもらい、苦労話もすることにしている。

畦畔草刈り、水管理、圃場や排水路の石拾い、畦畔の水漏れ防止（波板の取り付け）、秋起こし後の排水溝の溝切りの管理作業は管理面積（自作地プラス旧小作地）に応じて行う。施肥は元肥は協業だが、追肥は個人の方がよく知っているということで、田を割り当て、肥料を配布して、日を決めて一斉に各自が行う。

作付は〇四年度は水稲一四・九ヘクタール、六条大麦四・一ヘクタール、大豆一・三ヘクタール、ネギ〇・七ヘクタールである。ソバ一ヘクタール程度をかつてもやったし、やりたい意向である。黒部川の水を用いた「名水の里・くろべ米」に取り組む（〇五年で一万五五〇〇円程度）。

作業受託が耕耘、田植、収穫各二ヘクタール、苗販売が一九ヘクタール相当ある。転作はブロックローテーションで行っている。当初は五年一巡とみていたが、最近は三年である。配分は個人に来るが、組合としてまとめている。

役員は一五名と多い。出役する一三戸と先の女性部の世話役が同じ家から出ているとすると、要するに出役メンバー全員が役員になっているといえる。役員報酬はないが、会計担当には年一〇万円を払っている。

オペレーターは〇四年から時間一二五〇円、補助作業は一〇〇〇円である。決算時に状況をみて一〇％内で値上げすることにしているが、現状は据え置きである。

会計面では、米の出荷は食糧事務所との話し合いでみなし法人として組合でまとめて行い、財布も集落営農の一本で、「農家の通帳は汚れないで済む」。

小作料は、総会資料では「JA販売概算払い単価（六〇キロ）とするが、今後は、標準小作料の改定に併せて見直し、検討する。出資のない圃場については一万円とする」とされている。実際には標準小作料一万五〇〇〇円を適用し、土地改良区の負担金分を上乗せして共済面積当たり一万七五〇〇円。〇五年は総額で一万四〇〇〇円に下げた。

また「圃場管理費一〇アール当たり単価は一万円とする。但し決算状況により収益があがる場合は加算して支払う」としている。管理作業報酬は「配当金」として計上されるが、それで調整して当期剰余金をゼロにもっていくようにしているといえる。実際の計算は、〈販売額＋営業外収益－配当金を除く営業費用＝配当金〉である。

○三年度についてみれば、米は不作で前年に比べ一俵落ちの九俵だったが、平年作にはなっており、単価はよかった。販売額は二七七〇万円、費用を差し引いた営業収益は△八六〇万円、営業外収益八六〇万円（カントリー利用助成金、とも補償、転作助成金等）でトントンとなり、先の配当金は反当三万三〇〇〇円程度だった。

○五年度は収益・費用とも三〇〇万円ほど下がったところで収支トントンにしている（収益減は米価下落による）。収支の構造は変わらないが、三〇〇万円の減収は、肥料・農薬代の節約一〇〇万円、小作料減七〇万円、そして配当金減一三〇万円でカバーし、配当金は反当では二万七〇〇〇円に下がっている。

○四年には隣集落一一ヘクタールのうち、一・七ヘクタールについて耕作者が遠距離という理由で手を引いたので組合で引き受けてくれと言う話が出ていたが、現在面積は二一・九ヘクタールに伸びている。

課題　○三年度の議案に特定農業団体・特定農業法人化が提起されているが、○四年には特定農業団体になり、○五年総会では、経営所得安定対策をにらんで○八年正月に農事組合法人化することを決定している。

野崎さんがメモしてくれたクリアすべき課題は次の点である。①利用権に移行するにあたっての前述の親作・小作関係の農地の扱い。②役員に責任が集中すると出役者が減る可能性がある。規模拡大となると病気とつきあいながらの退職者でいつまでやれるか。③後継者の確保も頭が痛い。年間の総労務費が五〇〇万円では専属雇用も困難。組合長は現在六六歳だが、リーダー後継者を確保できるか。④会計事務等の経費増、消費税問題、機械更新の資金調達問題、経営所得安定対策で経営がなりたつか、米価がどうなるか等である。

しかし最大の問題は、⑤集落営農の仕組みそのものである。集落機能を活かしながら協業は効率重視のやり方では経営は難しい。高齢者や経験の浅い人も平等の賃金では出役は望めず、かといって「せっかく出てきてくださった方は断れない」。条件の悪い田も一緒の「年貢払い」だ。要するに勝ち組、負け組の現代社会で、「集落一本で心一つに」という相互扶助、助け合いの協同の精神がどこまで通用するか、だとしている（二〇〇六年四月）。

寺坪生産組合

むら　黒部市の寺坪は一九五四年に桜井村に合併する前の明治合併村・萩生村の一農業集落（二五戸）であり、下部組織はない。萩生地区は一九六三年から圃場整備に取り組み、三〇アール区画にし、その時からコンクリート畦畔を取り入れている。転作は三〇アール区画の大きさが限度ということで、再整備は考えていない。

道のり　寺坪集落では、一九八八年頃から頻繁な話し合いを通じて集落営農の方向が打ち出された。背景として、転作率のアップ、農業所得の減少、高齢化といえの跡継ぎの県外勤務、水稲作業や転作を委託できる中核農家の不在、機械の更新等があった。八九年二月に水田農業生産振興対策（県単事業）に取り組むことにし、八月には一集落一農場の協業方式の集落営農の同意書がとりまとめられ、参加申し込みがなされた。二五戸のうち、二戸の小規模農家と二戸の一・五ヘクタール前後の農家が抜け（現在も自作）、二一戸で構成することになった。その後一戸の世帯主が死亡して現在の構成員は二〇戸、全戸が兼業農家で、最大二〇五アール、最小八アールで、平均は八七アールである。

設立にあたっては、三戸に一～二名の集落営農推進員が出るようにし、転作ブロックローテーションの策定、青壮年部、婦人部の意見集約等がなされた。八九～九九年にかけて個人所有機械を各自で処分し、県単事業を利用してトラクター三台、田植機二台、コンバイン一台の導入を行っている。

運営　組織は組合長・副組合長（二名）・営農推進員（一〇名）の計一三名と構成員の過半を占める。組合長・猿倉安栄さんは七七歳、農協を定年退職してから組合に係わっており、今日まで組合長を続けている。役職の「後継者が定年になったので、これからは楽できるだろう」としている。

設立にあたっては後述する新幹線等に伴う開発問題もあり、「集落営農申し合わせ事項」を定めている。農地を転用・売却する場合は組合に届け出ること、ブロックローテーションで先払いした奨励金は戻すこと、近代化資金の償還残を反別に応じて組合に拠出することの三点である。

作業は、除草、追肥は個人でやり、その他は全て協業で行う。用水は個人にまかせると水争いが生じるので用水管理者を置いて管理している。追肥は圃場に合わせて施肥量を決定して一括購入し、同じ日に一斉に個人で取り組む。これらの作業ができない人も加入しているが、既に組合員に利用権を設定している（一・五ヘクタール、小作料は一万四〇〇〇円、組合長が利用権設定を受ける形にする）。

オペレーターは当初は六名だったが、現在は一一名に増えている。三〇代一名、四〇代六名、六〇代四名である。『働ける人は出てくれ』ということで、集落が一つの家族になっているので、若い者も遊べず、オペレーターが育つようになっている。家族的な集落営農だ」と組合長は語る。

オペレーター出役は一カ月前、一週間前、二日前に決定・確認している。会社を休むには一週間前が必要。土曜、日曜中心の作業体系にしているが、雨が降るとウイークデーに行うことになる。

全戸出役が建前で、反別割りではなく出られる人が出るようにしており、一カ月前に希望をとっている。田植えは働ける人全員に出てもらい、土日曜の二日間で終わらせている。田植えは朝五時に集合、パンとジュースで朝食をすませ、五時半から開始する。女性は八時からである。

女性部があり、育苗の床出し作業は女性の仕事で、朝の四時半から六時半にすませ、朝食をとってから出勤する。育苗管理は六五歳以上の人が担う。「集落の人が全員集まるといろんな話ができる。全員やらねばならぬという雰囲気が作られるのが集落営農のよいところだ」という。

時間給は低く抑え、一般作業は男八五〇円、女七五〇円、オペレーターは土日以外は一七〇〇円、土日は一般と同じ八五〇円である。土日曜はオペはたくさんいらないという判断である。出役者はタイムカードで時間管理し、年三回支払いを受ける。

組合長も八五〇円だが、後継者が育たないと困ると言うことで、〇四年から月一万円もらうようになった。

経営面積は前述のように一五・六ヘクタール、内一一ヘクタールが水稲でスーパーコシヒカリを作る。有機米は、全てカントリーに搬入する関係で分別不可能なため、取り組んでいない。転作は〇二年までは大麦の個別転作だったが、大豆に切り替えて〇五年は三・六ヘクタールやっている。転作の管理作業も個人である。そのほか桃二六アール、調整水田六九アール（高速道路関係）である。女性部は白ネギに取り組み、高価格で喜ばれたが、五年もやると連作障害が出ると言うことで現在は休んでいる。バレイショも地産地消で学校、病院、保育所の給食に提供している。さらに育苗ハウス等を活用してニンジンやタマネギに取り組みたい。北陸道の黒部インター、北陸新幹線に予定されている新黒部駅に至近（集落の農地は八〇アールほどがかかる）ということで、それを当て込んだ試みがいろいろとなされているわけである。

作業受託は、全面受託が一ヘクタール、部分作業受託が五・五ヘクタールで、そのほか育苗五〇〇〇枚のうち半分を販売しており、一定の収入になる。

農業所得の配分の推移は**表3－1**の通り。組合設立にあたって普及所・市・農協が試算した結果は、配当金が反当八万円という高額であり、それが集落営農の目標でもあった。当時は米価も二万三〇〇〇円だった。現在は半減しているが、それでも相対的には高額である。

この表の計算は、最近を例にとれば次の通りである。面積は組合の経営面積から利用権面積と管理作業困難な面積を差し引いた一二・七ヘクタールを基準にする。「配当金」とは、先の個人による管理作業への支払と事実上の農地提供に対する小作料支払の両者を合体したものである。「積立金」は組合員の個人定期として積み立て、機械の更新に備えるものである。実際の計算方法は、農業所得のうち労務費は確定している。恐らく次に機械更新を見込んで積立金を決める。そして最後に以上を差し引いて配当金を確定する。基本的に剰余は全て配分して課税を免れるが、そのうち積立金を個人預金としてきちんと確保しているのが特徴である。

課題　○四年の組合資料では「永続的な営農組織としての充実」を課題とし、具体的には組織リーダー（後継者）の育成、若年層の参加とオペレーターの育成、集落ぐるみ営農の一層の意識向上、女性部の労働力の活用（ハウス跡地の野菜栽培、学校給食、病院に契約栽培）、複合化を進め、年間を通じて仕事があり、専従者をおけるよう経営内容を充実し、将来は法人化するとしている。

○五年度総会では、法人化しないと経営所得安定対策の対象になることは難しいとして○七年一月に法人化することにしている。二〇ヘクタールの要件確保は作業受託、近隣集落農家の加入等でクリアするとしているが、寺坪の周辺でも集落営農と個別経営の競合が始まっている。

　とくに猿倉さんが強調するのは、水・農地・環境保全対策との関係である。これは集落がまとまっていなければもらえない。逆に言えば、○四年度の「専従者をおけるような法人化」で例えば二人の専従者に任せてしまえば、集落が崩壊してしまう。環境保全のためにも集落機能がなくなるような施策はして欲しくないとしている。寺坪では既にエコ農業実践支援事業にのって減農薬栽培に今年から五年間取り組むことにしている。結論的に言えば、専従者型ではない集落営農型としての農事組合法人のイメージが描かれていると言える（二〇〇六年四月）。

表 3-1　寺坪生産組合の 10 a 当たりの配分額

単位：円

年度	配当金	積立金	労務費	合計
1990	100,000	17,065	28,189	145,254
91	80,000	16,326	28,679	125,005
92	90,000	14,286	27,818	132,104
93	85,000	23,273	32,774	141,047
94	83,000	12,485	24,813	120,298
95	91,624	6,138	25,075	122,837
96	80,000	1,728	28,481	110,209
97	70,000	1,403	26,033	97,436
98	50,000	8,595	27,339	85,934
99	50,000	1,100	29,534	80,634
2000	44,818	3,896	27,434	76,148
01	50,000	7,431	28,203	85,634
02	50,000	8,376	32,001	90,377
03	50,000	17,752	39,016	106,768
04	30,000	16,022	35,776	81,798
05	40,000	28,682	38,317	106,999

注：１）管理作業まで行なう組合員の利用権設定面積に対する農業所得の分配額である。詳しくは本文参照。
　　２）寺坪生産組合資料による。

2　NAセンター——作業受託から賃貸借へ

大海寺野村と任意組合

法人の前身は大海寺野機械管理組合である。そもそも大海寺野とは何か。大海寺野は一九五二年に魚津市に合併する前の上野方村（明治合併村、学校区）に属する。上野方村には七つの農業集落があり、そのうち三つが大海寺野に属するという。大海寺野第一、第二、第三がそれだが、これが行政区、生産組合、生産調整や農業センサスの単位になっているので、農業集落に当たる。すると大海寺野は藩政村に当たることになる。

一九六八年に大海寺野で土地改良区を作り圃場整備事業一〇〇ヘクタールに取り組むことにした。これが藩政村を単位とする取り組みの出発点といえる。圃場整備は三〇アール区画である。排水は良いが勾配はかなりある。七〇年に大海寺野機械利用組合を作り、他地区から外国産の大型トラクターを二台借りて一〇〇ヘクタールの耕耘作業を開始する。初年度は他地区にオペレーターを頼んだが、オペレーターを養成して翌年から自分たちでやるようにした。その時のオペレーターが今日の法人のオペレーターである。そして一九七二年に二次構で大海寺野機械管理組合を設立し、水稲機械化一貫体系化を果たした。大型トラクター、二条の田植機、四条のコンバイン、乾燥機などである。

当初から大海寺野の全農家が加入し、育苗・耕耘・田植・収穫・乾燥は組合で、防除・水管理・除草・畦畔管理は個人で行うことにした。育苗・田植の補助作業は組合員に出役してもらう。出荷は個人で行う。

組合は大海寺野の水田八五ヘクタールのほとんどを対象とした。当初は自己完結型の農家はいなかったが、二、三年後には自分で機械を購入する農家が一〇戸ほど生まれた。最大で三ヘクタール程度の農家である（法人化してからは利用権は法人に設定した上で、法人が機械を所有する農家に作業委託する形をとっている）。

このように七〇年代前半にほぼ今日に近い形ができあがった。地域はＹＫＫや日本カーバイトなど兼業先にこと欠かず、富山市までも三〇分で行ける距離である。兼業化しても、このような機械作業受託体制が整っているために賃貸借にはいかなかったといえる。

折から生産調整が始まり、水田利用再編対策下で転作面積が拡大していくなかで、七九年から面積消化できる大麦栽培に取り組んだ。播種は個人、秋作業は組合という体制だったが、「もうからない」という組合員の声が出て、任意組合ながら「全面請負」（転作田賃借）することにし、八四年から麦跡に大豆を取り入れることにした。麦跡に雑草が繁茂し、組合員から何とかしてくれと要求されて、大豆も組合で取り組むことにした。転作奨励金は組合員が受け取り、収穫物は組合がもらう形である。組合としては水稲受託作業の減少を転作でカバーしたことになる。

この間、運転資金のショート等は起こさずにくることができた。経理は月に一回の会議で役員がチェックして信頼の確保に努めた。ほぼ一〇〇〇万円の運転資金を確保していれば回転できるという。

ＮＡセンター（法人）へ

任意の作業受託組織として三〇数年を経過した二〇〇五年二月、農事組合法人・ＮＡセンターに衣替えした。法人名については組合員に公募し、一〇数件のなかから決選投票で「ＮＡセンター」に決まった。「ＮＡ」は野方とアグリの頭文字をとったものである。ここで地名から消えた「上野方村」の「野方」が復活したことに感銘を覚えるが、なぜそうしたかは聞き逃した。「センター」は任意組合の時から既にそう呼ばれていた。

実は法人化については一九九四年に役員のなかで法人化検討委員会を立ち上げて一年間検討した経緯がある。いろいろ説明を受けたが、「地面の一元化には抵抗があり、時期尚早だ」ということになり、委員会の形は残して議論は打ち切った。翌九五年には組合は朝日農業賞を受賞した。この前後、数々の受賞に輝いている。

しかし政府の米政策改革や経営所得安定対策等の農政転換により尻に火がついた。そこで〇三年に上野方村の七つの生産組合が合同で検討会をもつことにした。村内には大海寺野と同様に二次構でできた「センター」が三つあり、その法人化がテーマだった。「センター」は律儀に作業受託に徹し、違法な賃貸借を行ってこなかったから、米の販売権をもたず、担い手の要件を満たせない。

今ひとつの背景は高齢化である。前述のようにセンターは作業受託だけをやり、管理作業は個人対応だったが、それができなくなった人は農地を貸さざるをえない。組合員間の貸借もあるが、上野方村の他地区からも借りに入ってくる。大海寺野での利用権設定はまだ五ヘクタール程度だが、そのうち三ヘクタールは地区外の二〇ヘクタール農家M氏によるものである。こうなると高齢化が進むなかで「地区の農地は地区で守る」必要が出てくる。

こうして合同での勉強会を経て〇四年正月には大海寺野機械管理組合の定期総代会で法人化の準備検討委員会の設置を決め、具体化に入った。折から〇四年の米価下落は大きく、そのなかで三〇数回の委員会、四回の総会を行って法人化にこぎつけた。

大海寺野の全農家七三戸が加入し、加入農地は八二ヘクタールである。利用権設定にあたっては、相続税納税猶予関係が一件、農業者年金関係が三件あったが、いずれもクリアしている。

先のM氏とは話し合い、ちょうど利用権の切れる時だったので、大海寺野以外の農地を農協ともどもあっ旋して、法人への設定に切り替えてもらった。彼にNAセンターに加入してもらう手もあったのではないかと問うと、構成員には五〇代の後継者もいるから「それはない」ということだった。こういうことに尾ひれが付いて「貸しはがし」の話になるのかも知れないが、むしろ土地利用調整というべきだろう。

法人設立にあたっては、当初は機械管理組合が補助金で購入した機械・施設を法人に引き継ぐことはできないとされ、後に可に変更されたが、今度は贈与税がかかるということになった。そこで出資金は一〇〇〇万円以内とし、管理組合の財産を二分して、補助事業等に係らない部分の持ち分を利用料等により組合員に按分し、それを出資に当てることとした。総額で七五七万円である。

ＮＡセンターの運営

従って機械・施設の主要なものは機械管理組合が引き続き所有することになる。貸借対照表によると、建物三六〇〇万円、機械四六〇〇万円など有形固定資産は九三〇〇万円弱になる。法人は管理組合からこれらをリースし、リース料を払うことになる。〇五年度では一五〇〇万円にのぼる。

法人の仕組みとしては、全組合員から利用権の設定を受ける。小作料は反当七〇〇〇円である。草刈・除草剤一回・水管理・追肥一回は地権者が行うこととし（追肥は肥料を配布して一斉に行う）、委託管理料を反当三万三〇〇〇円支払う。管理できない農家（面積にして一〇ヘクタールほど）は近所の農家に委託し、オペレーターは管理作業はしない。前述のように機械を所有している農家には機械作業も委託し（面積にして同じく一〇ヘクタールほど）、法人から作業委託費を支払う。

作付は水稲六〇ヘクタールで、うちコシヒカリが五三ヘクタール、直播栽培はやらない。〇五年の反収は八・五俵。地区の平均もその程度で、集団だから反収が下がると言うことはない。「人が見ているので競争心がわく」。

転作は、大麦・大豆二〇ヘクタール、地区外での大麦五ヘクタール、大豆一七ヘクタールである。現在は野菜を取り入れることを検討中で、大豆をやっているので枝豆をやろうかと話し合っている。

販売は全て農協出荷である。米の乾燥調整も組合で行っているが、米の自家販売については、農協組合長が組合員であり、佐々木組合長も前農協理事であり、「地域も農協も大事だ」と遠慮している。肥料農薬も農協から全量購入している。大口割引は二％である。

表3-2　NAセンターのオペレーター

名前	年齢	区	管理（所有）面積（ha）	役職	妻	あとつぎ	備考
佐々木	68歳	2区	8.0（3.3）	組合長	農業	40・会社員	73年生産組合長
U	72	1	2.3（2.3）	オペ部	無職	婿	土建業兼務
B	71	3	1.3（1.3）	副組合長	元会社員	40・会社員	会社員定年
M	63	1	1.8（1.3）	オペ部副部長	内職	35・別居	あとつぎは会社員しつつ組合へ
S	50		3.0（1.3）	副組合長			農業専業

組合の中核はオペレーター五人だが、その状況は表3―2のごとくである。

それぞれ自分の仕事をもちながらシーズンだけ組合の仕事に携わる関係であり、兼業者はリタイアしてからは楽になった。この体制で田植一〇日間、収穫一〇日間で行う。冬はオペレーターとしての仕事は休みである。

補助的な作業や管理作業は組合員に出て貰うが、登録しているのが二〇名、実際に出てくるのが常時一〇名程度で男女半々である。

給与は全て時間給である。オペレーターには各人の基準があり、若い人で二〇五〇円、高齢者だとその二〇％引きというように決めている。事務、機械助手、苗運搬、男子出役は一三〇〇円、女子出役は一二〇〇円となっている。役員手当は組合長が年間八万円、その他は年一～二万円である。総収入は組合長がトップで年間二七〇万円程度である。

〇五年の経営収支は、売上げが約一億円（うち作業受託が一二〇〇万円）、売上原価・管理費を差し引くと営業利益は△五三〇万円。農業の赤字に対して営業外利益が一九〇〇万円、差し引き経常利益は一三七〇万円で、それを固定資産圧縮損でチャラにして当期利益には七万円が計上されている。営業外利益を加えれば一三〇〇万円もの経常利益を出している点では評価されるが、産地作り交付金等の営業外利益を抜きにしては経営はなりたたない。

さて今後については、オペレーターのうち三名が七〇歳前後だが、七〇歳でバトンタッチを考えている。七〇歳を過ぎたらもっと簡単な作業にしたい意向である。最近も五〇代の四名が防除ヘリコプターの免許を取っており、また定年退職者もがんばり、リーダーにもオペレーターにも事欠かない。二〇年はこの体制でもつという話である。

先の委託管理料反当三万三〇〇〇円は高いのではないかという質問に対しては、一メートルの圃場段差がある地域であり、こちらが要請している管理作業の回数を積み上げると作業料金表上では五万円にも相当する、決して高くないという回答である。五人で七〇ヘクタールを超える管理作業は不可能だ。現に個人で二〇ヘクタールやっている人には草刈りの点で不満が出ているという。中山間地域では全部預けられるのが怖い。

オペレーターはシーズンだけの仕事だが、普及センターとしては、オペレーターが個別に魚津市で盛んな園芸作等に取り組みつつ、オペレーターを務める方法もあるのではないかとしている。広島県の担い手農家連携型集落営農のイメージに近い（二〇〇六年四月）。

3　ファームふたくち――集落営農の村連合

二口（ふたくち）

庄川右岸の二口村は一九五四年に大門町に合併する前の明治合併村にあたる。学校区でもあるが、現在は小学校は大門町に統合されている。二口村には七つの農業集落があり、これがファームふたくちの前身の営農組合の母体であり（二集落で一つの営農組合を構成している例が一つある）、現在のファームふたくちの作業班に位置づけられている（表3－3）。

農協はJAいみず野に属する。同農協は五年前に三町一村が合併したが、さらに不振農協の救済合併により一市が加わった。正組合員五九一一名に対して准組合員は一万二一七六名と多い。農産物販売額三三億円に対して貯金額一〇〇〇億円、自己資本比率一七・三％である。

大門町は平均水田面積九〇アール、兼業農家率が九割を超す総兼業化地帯である。農協管内の営農組織は、法人六

表3-3　ファームふたくち結成前の営農組合

営農組合	射水 営農組合	二口 営農組合	棚田 営農組合	安吉 営農組合	本江 営農組合	本田下若 営農組合	中村 営農組合
設立年月	1987.3	1988.10	1992.11	1994.3	1994.11	1996.2	1999.2
関係集落名	二口地区全域	二口	棚田	安吉	本江	本田下若	中村
農家数（戸）	5	85	38	39	37	36	11
対象面積（ha）	20.0	27.4	34.0	22.0	35.9	30.0	9.8
運営形態	受託組織	協業経営	協業経営	協業経営	協業経営	協業経営	協業経営

注：1）ファームふたくち資料による。
　　2）安吉と射水の関係は本文参照。

（四六七戸、四〇六ヘクタール）、協業組織三三（一三六〇戸、一〇五八ヘクタール）、共同利用・作業等組織二六（八四六戸、六四四ヘクタール）、合計六五組織、二六九一戸、二一〇八ヘクタールで、管内全体の三〇八三戸、三四七四ヘクタールに対してそれぞれ八七％、六一％のカバー率で、何らかの形での組織化が進んでいる。営農組合にカバーされていない残り一五〇〇ヘクタールを五年以内に営農組合体制にもっていきたい意向である。

営農組合の成立

集落を基盤にした営農組合（今日の作業班）は六つである。前述のように集落規模の小さい本田と下若は一つの営農組合を作った。表の射水営農組合は他の六つと異なり、二口村全体を範囲とした受託組織として発足した。詳しくは後述する。以下ではファームふたくち組合長・門田博信さんの居住集落・棚田と、農協専務の居住集落・二口についてみる。

地域では一九五四〜五七年にかけて耕地整理事業に取り組んでいるが、当時は四〇〇歩（一三アール）一区画だった（二口は一〇アールが多い）。平坦地に「棚田」という集落名はそぐわないが、庄川の河岸段丘で五〇〇メートルに一メートルの段差がある「棚田」地帯だったそうである。それにしても四〇〇歩の謂れは門田さん達にも分からない。一九八八年から九八年にかけて大門東部地区一八〇〇ヘクタールのうち一二〇〇ヘクタールについて二一世紀型圃場整備事業に取り組んだ。この時に先の本田と下若は一工区となり、中村は外れて五工区で取り組んだ。事業では八〇アール区画に再整備した（一三〇〇筆から一七〇筆へ）。モデル事業で取り組み、補助率は九三％の高率になっている。工事にあたっては農道、連絡道はなるべく旧のものを活かすようにした。

圃場整備以前から大門町にはライスセンターをもつ営農組合が六つあったが、総兼業化のなかで夜中まで働かねばならぬことで限界にきていた。そこで農協は圃場整備をにらんで二〇〇トンのカントリーエレベーターを導入し、その利用を義務づけた。そのようななかで最初にできた営農組合が**二口営農組合**である。当時、二口集落は平均五〇アール弱なのに全戸が機械を揃える過剰投資状態にあった。そこで農協の営農指導課長が音頭を取り、同集落出身の現専務も課長の二つ年下の職員としてサポートした。国の方針は中核農家の育成だったが、我々は集落営農でやろうということで、県単事業の補助金三〇〇〇万円を利用して機械装備して、一九八七年に営農組合を立ちあげた。組合結成に当たって機械は各自が処分した。農協の機械センターが査定して中古車センターを通じて、中山間地域等に売られていくわけである。出資金は一戸当たり五〇〇〇円と少ない。建物、格納庫、育苗ハウス等は借金で建てている。当時はまだ五～一〇年は農業できるという元気な人がいて、それが大きな問題になった。他方では八〇アール区画になって、それ以上の所有反別の田は他家のそれと一緒の圃場になるため営農組合に預けたいという人もあった。そこで営農組合に全戸参加したうえで、自作したい農家はそうすることにした。そういう農家は七～八戸いたが、現在は二戸に減っている。

専属オペレーターはおらず、みんながオペレーターになるという建前で、実際には一五名ほどが出た。水管理は圃場が大きいので、一五～二〇名に委託する形をとった。オペレーターも管理作業も時給一〇〇〇円、水管理は年間反当四〇〇〇円とした。役員手当は年間三～五万円だ。出役ができない農家は四割程度だった。

営農組合へ事実上農地を貸し付ける形を取り、出荷名義は営農組合がもち、小作料は米一俵（コシヒカリ）とした。これら経費を差し引いた残りが作業委託費として水管理を除く畦畔草刈り等の管理作業に対して支払われるわけで、その実質はこれまでみてきた集落営農と変わらない。

二口営農組合によって二口村における営農組合のパターンができあがったが、次に立ちあげられたのが〇二年の**棚田営農組合**である。棚田には加賀藩の時代から二軒の村おさがおり、農地改革の前は大半の農家がその小作人だった。村おさの下に自分で開田した一〇人衆がおり、これが村を支配していた。当時四〇代、五〇代と若かった一〇人衆の半数が仕掛け人になり、四〜五年かけて議論して集落営農にこぎつけた。圃場整備では先の四〇〇歩の水田三八〇筆を七八筆にまとめることができたが、換地は原地換地だった。

棚田でいちばん問題になったのは、密居村で各戸が一斉に乾燥機を回し始めるとその粉塵に他所から嫁にきた人などが参ってしまう点だった。出資金は一戸一万円だった。

実際の立ち上げを担ったのが、現在のファームふたくちの組合長・門田さんである。門田さんは現在六八歳。県庁で農業関係一筋、最後は農業改良普及所長で退職し、財団に六年務め〇二年から地元に戻った。奥さんも役場職員、長男夫婦は農協勤務という典型的な二世代安定兼業農家であり、水田二ヘクタールは貸していた。

棚田のやり方は、水系が七本あるので水管理は七人に一人五ヘクタールぐらいづつ任せた。報酬の反当四〇〇〇円は他と変わらない。オペレーターは一五人ほどいたが、大型化したので六〇歳定年にしており、現在は六人に減っている。オペレーターは時給一三〇〇円、その他は一〇〇〇円で、役員手当は組合長が年一〇万円、その他が五万円だ。二口と同じく「やみ小作」の形を取るが、小作料支払はせず、農業所得配当の形をとっている。

各営農組合には女性班があり、育苗ハウスを活用して年五〜六回転でキャベツ、小松菜、枝豆等の栽培に取り組む。

個別受託経営との調整

他の集落は先行する二集落にならったもので、「農家は誰かがやってうまくいったら真似する」という。こうして全集落に営農組合が立ちあげられ、集落営農に取り組むことになったが、そこに一つ、今日的な大きな問題があった。

それは**射水営農組合**の問題である。同組合は集落営農に先立ち、安吉集落のＩさんが農協を退職して五人のメンバーで八七年に立ちあげた受託組織である。同営農組合は圃場整備前の小さな水田をかなり受けていたが、各集落に営農組合ができるにつれ、返してくれと言うことになった。今でいういわゆる「貸しはがし」問題である。とくに居住集落である安吉集落の〇四年の立ち上げが問題だった。「生活できなくなる、どうしてくれる」ということで、一年間もめた。結論的にいって安吉営農組合は機械をもたず、射水営農組合に作業委託する形をとった。現在も年間七〇〇万円の委託料が同組合には支払われている。

Ｉさんは五七歳、奥さん五四歳、同級生の常雇一名と三人で農業しており、季節的に二～三人のパートをいれ、補助作業は安吉営農組合から出る。現在は安吉の二〇ヘクタールと、二口村外からの一〇ヘクタール（賃借は半分程度）を併せて三〇ヘクタールほどをやっている。

射水営農組合は乾燥機ももち、減農薬米、こだわり米を販売し、自家飯米用の販売もファームふたくちが一俵一万六〇〇〇円に対して二万円くらいではないかという。米は自家販売もあるが、肥料・農薬は農協を全利用している。

ファームふたくち

九四年に大麦の収穫作業を営農組合が年ごとに順番に行うことにし、集落を越えた広域での営農体制への機運が生まれた。九五年には各営農組合を構成員とする二口地区営農推進協議会が設立され、集落間の土地利用、作業、料金体系の調整と機械の共同利用等の話し合いがなされるようになった。九九年には地区全体での営農体制構想の検討、集落への説明会が始まった。二〇〇〇年に、各営農組合は機械を更新せず、農協のリース事業を利用することが申し合わされた。〇二年には法人化が合意され、こうして二〇〇三年五月、全営農組合（射水もいちおう含む）を糾合する形で農事組合法人ファームふたくちが発足した。そして営農組合は新法人の作業班に位置づけられた（営農組合の名前は残っている）。組合長には門田さんがなり、年一〇〇万円の報酬をもらっている。

法人化した理由は二つある。

第一は、経営所得安定対策の要件をクリアするためである。「以前の形態では基準をクリアーできないところもあり、又、今後は基準が更に厳しくなることが予想されることから、それらを先取りして集落営農組織の統合再編を行ったわけです」（門田博信「農政改革に対応した担い手を目指して」『公庫月報』二〇〇六年一月号）。具体的には中村営農組合が一一ヘクタールで要件に満たない。しかしそれ自体は、かつての本田と下若のようにどこかに合体すれば済むことである。今回のヒアリングでも門田さんは「各作業班があるなかで、ファームふたくち自体は経営所得安定対策のたんなる受け皿ではないか」と言われることがいちばんきついと言う。

第二に、より根本的な問題は営農組合の機械の過剰投資だ。コンサルや普及所の診断では併せて一億五〇〇〇万円の過剰投資になっていることだった。コシヒカリへの集中によるコンバイン等の過剰投資である。耕耘や田植はどうにかなるが、収穫は時期が限定されるので、どうしてもそうなる。

そこで各営農組合での機械更新はやめて、経営構造対策事業や国・農協の機械リース事業を活用してより大型化した機械を取りそろえ、各作業班にリースして使用料を徴収する方式に切り替えることにした。

二口営農組合の固定資産明細では、コンバイン（五条）とトラクターが各一台償却済み、コンバイン（二条）とトラクター（クローラ型）が来年度で償却済みとなり、〇三年以降の投資は、中古のトラクターと軽四だけである。棚田営農組合では償却済みで除却されたトラクター（四五馬力）一台、田植機三台、コンバイン（五条）一台が固定資産リストにみられ、〇三年以降の投資はない。こうして各営農組合は〇三年以前に取得した小機械の償却を待つのみで、固定資産は基本的に建物のみとなる。

代わって法人の機械の償却基礎金額は五〇〇〇万円にのぼる。汎用コンバイン二台、大豆コンバイン、レーザー均平作業機（トラクター）四台、田植機三台、乗用管理機二台が主である。事務所、格納庫も中古を買って整えた。

ファームふたくちの運営

新しい法人は、二三二戸と射水農協を出資者とし、一五〇ヘクタールの利用権の設定を受ける農事組合法人になった。農用地利用集積に伴う補助金一〇〇〇万円をもらった。農家の出資は営農組合への出資の切り替えであり、営農組合は出資金ゼロとなった。農協の出資金は一〇万円である。「逃げていかないように」という趣旨だが、専務も組合員であり、農協とは切っても切れない関係にある。農協は大口利用者には四％、最高一〇〇〇万円まで割引することにしている。

法人としてオペレーターは時給一三〇〇円、一般作業は一〇〇〇円、水管理は反当四〇〇〇円、小作料は一万円に統一している。

経理は法人として一元化している。売り上げは一億六七〇〇万円、売上原価と管理費を差し引いた営業利益は△一八四四万円、営業外収益（肥料・農薬等の大口利用配当、共済金、産地作り交付金等）が二五五〇万円、差し引き経常利益が六八〇万円になる。それに補助金等の特別利益九七〇万円を加えたうえで、利用集積準備金繰り入れ、固定資産圧縮損等の特別損失一三〇〇万円、税金等をさらに差し引いて、〇五年度は二七万円の赤字で締めている。要するに法人としては剰余は出さない形である。

製造経費として、作業委託費六〇〇〇万円、支払小作料一三〇〇万円、施設利用料一九〇〇万円が大所として計上されている。材料費は五〇〇〇万円、労務費は二〇〇〇万円である（事務員等の雇用三人）。法人としては一律反当一万円の小作料を支払う。そして営農組合の時と同じく全ての経費を差し引いた残額が農業所得配当（管理作業委託費）に回されるわけである。ただし作業委託費は一律配分ではなく、販売額に応じて配分され、営農組合により反当三〜

五万円の開きが出ることになる（平均すれば四万円になる）。

〇五年の水稲反収は作業班（営農組合）間で最高一一俵、最低七・五俵（射水）の格差があり、平均九・五俵である。大麦は一六四～二三六キログラム、平均二〇五キログラムであり、大豆は二・三～四・八俵、平均二・九俵である。

各営農組合も法人に準じて貸借対照表や損益計算書が作られ、それぞれの総会にかけられる。そこには収益として販売額や産地づくり交付金（転作面積に応じて法人から支払われる）、費用として材料費、作業委託費、リース料、支払地代等が計上されることになる。

棚田の例では作業委託費は反当三万円、出役労務配当反当二万三〇〇〇円で、計五万三〇〇〇円の配当としている。「この金額は、各種交付金、機械施設の減価償却費の積み立て分も含めすべて配当しました。平成一八年度で終了する田植機リース代一〇二万円の支払いのため、一〇アール当たり三〇〇〇円の拠出をお願いします」ともある。

要するに法人に完全に一体化しているわけではなく、作業委託費も販売額に応じて配分されるわけだから、営農組合ごとの収支の積み上げ計算だともいえる。

しかしたんなる営農組合の収支の合算ではない。そこには大型機械の統合をはじめとする大きな集積効果があるからである。棚田を例にとれば、〇四年の県平均の反当の水稲作業労働時間三〇・四五時間に対して二〇・二〇時間と三分の二に短縮されている。

ファームふたくちとしての〇五年の作付は水稲一二一ヘクタール（コシヒカリ七二ヘクタール、てんたかく四五ヘクタール等）、大麦二六・五ヘクタール、大豆二一・五ヘクタール、合計一七一ヘクタールである。法人全体として早生（てんたかく）三〇％、中生（コシヒカリ）四〇％、晩生（コシヒカリ直播）三〇％の割合にしてカントリーの集中をさける方針だが、今のところ晩生は二〇数％にとどまり、その分コシヒカリが多くなっている。

直播は作期幅の拡大を狙ったものである。

以上の作付は営農組合の実績の積み上げである。たとえば棚田の場合は、水稲二五・七ヘクタール（早一二ヘクタール、中七ヘクタール、晩六ヘクタール、残りはもち）、大麦五・九ヘクタール、大豆四・四ヘクタール、枝豆二三アールである。作付けは農協のアドバイスを受けつつ、各営農組合で決めるが、前述のように法人全体としての調整をお願いすることもある。

地域のこれから

中村営農組合は一〇ヘクタールを切る状況なので、二口営農組合に吸収してもらう。経営所得安定対策には営農組合（作業班）ではなく法人として臨むつもりだが、将来、四〇ヘクタール、五〇ヘクタールと基準が引き上げられた場合は営農組合の再構築が必要だとしているので、対応は作業班、法人の両構えかもしれない。

行政からの経営所得安定対策に関するアンケートへの回答では、将来的な経営規模・農業収入・所得水準については、一八〇ヘクタール、八人体制で、一人当たり二二・五ヘクタール、農業収入一九七五万円、農業所得七六八万円と回答している。さらにどの要件のクリアが最も難しいかについては「主たる従事者の所得目標の決定」と回答し、当面の試算として年俸三〇〇万円、分配金二〇〇万円の計五〇〇万円をあげている。

法人の将来については、門田さんや農協専務は、射水営農のＩさんに任せてはどうかと発言している。本音かどうか不明だが、少なくとも将来の法人後継者の有力候補の一つとして考えていることは確かである。Ｉさんのもとには二口の将来を考え、米だけではだめだとしてスイートコーンやキャベツ、枝豆、サツマイモの栽培等にチャレンジする七名程度のグループもできている(1)。

いずれにしても法人は七つの集落の集合体であり、将来もまた集落の意向にかかっている。法人としても全ての面倒をみられるわけではない。集落ごとに水系が異なり、加賀藩の末裔として神社、講（若衆講、中高年講、女性の尼講）、地蔵盆、獅子舞、御輿等の伝統がある。集落によっては前述の親作・子作関係が残っており、国有地（官地）も集落の管理となっている。農地・水・環境保全対策もボランティア活動でやってきたのであり、補助金がくれば、それがなくなると続かなくなる恐れがある。集落は生産、生活、子育て、高齢者介護等の場でもあり、それを大切にしていく必要がある、と門田組合長は強調する。なお二口の九割は浄土真宗の西本願寺派に属する。

要するに、対外的に、あるいは経営効率から法人を作ったり、営農組合の統合を考えたり、少数者による専従体制の絵を描いたりするが、基本は集落（営農組合）である（二〇〇六年四月）。

4　朝日農研——酒造会社との連携

一集落一法人の設立

新潟県越路町（現・長岡市）は一集落一法人方式で知られる(2)。農協の指導下に、団地転作の担い手作りから始まり、そのため全集落に集落営農を組織し、さらには集落営農の法人化が追求され、現在では一一法人が立ちあげられている。朝日農研もその一つであるが、朝日集落に立地する朝日酒造の役員が出資者の一人となり、同社との関わりが深い点では、実質的に株式会社企業の農業進出の一経路になっているともいえる。

朝日集落は町の中心部周辺に位置する。農家四三戸、非農家一〇数戸の集落だが、実際に農業しているのは六戸程度に過ぎず、集落の水田三〇ヘクタールのうち八割は朝日農研に集積されている。農家はいずれ一〜二戸に減ると見られている。朝日農研という受け皿が存在することが離農を促進しているといえる。

同集落では、現在の朝日農研の社長・松井聡さん（四七歳）の父（七三歳）が一九七六年から朝日生産組合を作り、作業受託を行っていた。当家は自作一・八ヘクタールで、八ヘクタールほどを組合の名前で借り、主として転作受託していたが、実際の作業は父一人でやっていた。この朝日生産組合が一九九〇年に朝日酒造の呼びかけで、有限会社形態の農業生産法人になる。父はだいぶ悩んだが、農業の先行きが見えないなかで「この際」と踏み切ったようである。朝日農研移行後も現場の一切は彼が仕切ることとしたが、社長にはもう一人の農家がなっている。

朝日酒造は天保年間に同集落の地主・平沢家が「久保田屋」として創業した蔵元で、大正九年に株式会社化している。「久保田」の銘柄で有名である。

設立に当たっては、もう一人の農家（社長）と朝日酒造の当時の常務が個人として出資者になっている。資本金は三〇〇万円である。常務は農家出身の元銀行員で、法人設立時は朝日酒造の総務部長であり、会社と農研のパイプ役となり、農研の販売、人事、総務を兼任していた（農研からは無報酬）。兼業農家であることから、設立は農業者三名の出資によることになる。出資者になった農家は、元配管工で、朝日農研（酒造）が自前の農地が欲しかったところから、農研に農地を売却する代わりに「社長」として雇われたというのが経緯である（社長は一九九七年に現社長の父、実質的な創業者に交代）。

朝日酒造はもともと地元から原料米を調達しており、現在も年間一二万俵の酒米を長岡市周辺から調達している。朝日農研の設立趣旨には高品質酒造好適米の栽培研究が掲げられているが、朝日農研は朝日酒造が技術開発した酒米の生産、技術指導、集荷のための組織として位置づけられている。

従業員は、現社長（建設資材の販売会社勤務だった）が農研立ち上げと共に採用されたほか、四七歳（元農協職員、農協合併に伴い農研に、二ヘクタールの兼業）、四五歳（元農協営農指導員）、三七歳（元サラリーマンで、農研がスカウト）、三二歳（土建業勤務だったが、自ら志望）である。従業員は一〇月から三月までは朝日酒造に出向させ、給与は農研が支払い、朝日酒造から出向費をもらっている。時間給にして二三〇〇円程度の月給制である。

朝日農研の現状

こうしてスタートしたが、当初の役員は二〇〇二～〇三年に相次いでリタイアし、二〇〇三年からは前社長の長男が社長（事務担当）に就任している（給与は月五七万円でボーナスなし、年俸にして六〇〇万円）。また従業員だった四七歳が取締役に就任した（現場担当）。もう一人の取締役は朝日酒造の企画部長に受け継がれたが、農研には実質的に関与していない。朝日酒造と農研のパイプ役を果たした元常務のリタイア後は、朝日酒造の現常務が引き継いでパイプ役を果たしているが、農研への出資はしておらず、農研のポストはもっていない。要するに農研は代替わりして形式的には朝日酒造から自立したといえる。

現状では四〇ヘクタールの耕作、うち水稲三五ヘクタールであり、自作地が一〇ヘクタール、小作地が三〇ヘクタールである。法人としての一〇ヘクタールの所有は大きい。場所的には集落の内外で半分づつである。棚田一・七ヘクタールも購入したが、半分は中越大地震の被害を受けた。最後の購入は二〇〇一年の一・一ヘクタールで反当一〇〇万円程度である。地元に買い手がおらず、当社に持ち込まれるケースが多いということである。この農地の購入は前述の朝日酒造常務の判断で行い、法人としてはノータッチだった。購入資金は朝日酒造からの借金であり、貸借対照表の長期借入金は六億五四〇〇万円に及ぶ。資産の部の土地も六・三億円にのぼるので、長期借入金のほとんどが土地購入代金とみられ、バブル末期の高地価期の購入と思われる。この借金は二〇〇一年当時のヒアリングでは、「ある時払いで返している」ということだったが、現在は年二〇〇〇万円程度返している。

しかしこの面でも変化が起こった。〇五年に〇・七ヘクタール購入する予定だが、それは反当二〇〇万円の農地を県公社が購入済みのものである。この判断は農研によるものであり、資金も農研から出している。これまでの方式は、企業が農業生産法人をダミーとした農地取得という面を持たざるを得なかったが、現在はそれはなくなったといえる。

借地が三〇ヘクタールに及ぶが、うち構成員の所有が五ヘクタール程度ある。朝日集落内の農地および朝日集落農家が長岡市内に所有している農地の八割が農研にきている。最近では年一ヘクタールくらいづつ借地が増えており、〇五年には二ヘクタール増える予定である。小作料は反当三万九〇〇〇円が基本だが、山付きの小区画圃場（七ヘクタール程度）は二〇〇二年から二万円に引き下げている。小作料支払いの総額は一二〇〇万円程度になる。

作業受託は育苗のみで、他は行っていない。

作付けは転作が七ヘクタール、うち大豆が四ヘクタール、自己保全管理が三ヘクタールである。後者は前述の中越地震の被害水田を含む。転作大豆は農協に販売している。枝豆も〇・九ヘクタール作り、朝日酒造が得意先につまみ用として配布している。

水稲は、五百万石、たかね錦、千秋楽等の酒米（千秋楽はうるち米だが酒米利用）が二六ヘクタール程度、残りがコシヒカリ、雪の精等のうるち米と加工用米である。たかね錦と千秋楽は朝日酒造との契約栽培米（一俵二万四〇〇〇円程度）になり、農研としては六〇〇俵程度になる。五百万石は一部は低タンパク質の農協の特栽米「かぎろい米」として農協出荷するが、その他は朝日酒造に販売する（同一万八〇〇〇円程度）。二〇〇四年度の生産米販売額は四三五〇万円である。

そのほか朝日農研としては、朝日酒造との契約栽培米一万俵を扱っている。農研が越後さんとう農協や長岡市農協、集荷業者を通じて農家を集め、朝日酒造とともに開発した技術を指導して作らせた米を購入し、朝日酒造に納入するものである。二〇〇四年からは元県農試場長を技術顧問に迎え、指導に当たって貰っている。販売米売上高は二・二億円にのぼるが、商品仕入高は二・一億円弱で、農研のマージン＋技術料は一四〇〇万円弱である。

朝日酒造自体が環境問題に極めて厳しい姿勢であり、また越路町や農協も「ほたるの里」づくりに励んでおり、先の棚田の購入もそういう思想に基づくものである。この棚田は、一九九八年には「ふるさと環境価値づくり一〇〇選」

「ホタル飛び交うふるさといきものの里」に選定され、また合鴨農法にもとりくみ、二〇〇二年には「エコファーマー」になったが、鳥インフルエンザの発生後は万が一を考えて合鴨利用はやめている。

これから

今後については、まず有限会社形態を株式会社等に改める意向はない。農地はあと数反は購入するとしても、それ以上基本的に買う気はない。また中越地震でも売る人はいないという。経営規模は一人一〇ヘクタール、計五〇ヘクタールをめざす。前述のように環境保全型農業をめざしており、棚田もあえて購入し、また合鴨農法も行い、畦畔の除草剤使用も避けているため、省力化には限界がある。また越路町は一集落一法人方式を追求しているために、集落内をほとんど固めきった朝日農研が他集落に打って出ることは、農地購入を除けば限界があり、購入自体をやらないという以上は、大きな拡大は望めない。

当期純利益を一六〇〇万円ほど出しており（なお前期繰越利益が二〇〇〇万円、合わせて当期未処分利益は三六〇〇万円にのぼり、一〇〇〇万円を別途積立金とし残りを次期繰越金としている）、雑収入（農業補助金を含むと思われる）は一一〇〇万円程度で、それに依存した経営にはなっていない。土地購入代金の借入金返済は大きいが、朝日酒造との間の内部融通に近い。事務所は依然として朝日酒造内におかれており、販路は一部の食用米を除き朝日酒造だが、人事・経営面での自立性はかつてより高まっている。年間一一〜一二万俵を使う朝日酒造にすれば、朝日農研の生産米のウエイトはとるに足らず、朝日農研の集荷分一万俵も一割に満たない。しかしトップ銘柄の「万寿」「千寿」等の原料米を技術開発し、確かな原料を地元で確保していくうえでの橋頭堡としての役割は大きい。また環境に優しい企業イメージを高める上でも、朝日農研の環境に配慮した営農は高い宣伝効果をもつ（二〇〇五年一〇月）。

まとめ

北陸といっても、富山と新潟ではだいぶ異なる。新潟はどちらかといえば東北に近く、富山は西日本に近い。しかし富山もまた砺波平野のような借地大規模経営や、調査地域隣接の入善町のような個別経営の展開が主流を占める地域と、本章で取り上げたような集落営農の地域に分かれる。

そのうえで富山の集落営農にしても、農業集落（むら）、藩政村、明治合併村など展開範域も様々である。しかしその原型は「むら」基盤の集落営農にあるようである。その理念型をまとめれば、まず集落の全戸参加、全戸出役である。しかし既に集落内は広範に分化しており、そのいずれの農家についても個別での自家農業維持に困難を感じているからこその集落営農である。そこで集落農家は二つに分かれる。一つは集落営農の機械作業のオペレーターあるいはマネジメントを担当する農家である。今ひとつは、利用権の設定があろうとなかろうと事実上、自家の田んぼの水管理、畔草刈り等の管理作業を担う農家である。管理労働もできなくなった農家は、他家に管理労働を委託する、集落営農にお願いすること（事実上の賃貸借）になろうし、また管理労働を担う場合も、自分の田んぼについて行う場合と、それからは切り離して割当て分を担う場合（特に水管理）がある。

NAセンターははじめから藩政村規模で出発し、ファームふたくちは、「むら」集落営農の連合体としての「明治合併村」営農を実現したが、その根っこはあくまで「むら」（営農組合→作業班）にある。

管理労働を行うことが困難な農家、あるいはそれも他人に委ねたい農家が広範に発生すると、このような集落営農の原型は崩壊し、賃貸借に移行せざるをえず、その受け皿として組織は法人化せざるをえない。それが新潟の朝日農研の姿だともいえるが、同一地域の一つの組織がそのような「発展」過程をたどるのか、それとも多分に社会構造の違いなのかが問われる。その辺については第8章で検討したい。

注

（1）集落営農と個別経営の関係問題として高橋明広「権利調整型の集落営農」（『農業と経済』二〇〇五年五月号）は、富山県の平場兼業化地帯のI集落の興味深い事例を紹介している。すなわち全戸参加のI生産組合を作り、協業参加者（一二戸、一五ヘクタール）は集落営農、協業に参加できない者（二六戸）は構成員であるO経営に貸し付け、O経営は三四ヘクタールの借地経営（集落内二九ヘクタール）を行うとともに、集落の転作作業も引き受ける。そこに米政策改革が入ってきたので、要件を満たすためにI生産組合はO経営からの「貸しはがし」を図るが、農協が間に入り、農用地利用改善団体を結成して、I生産組合を特定農業団体とし、O経営に受託していた転作を取り戻して政策要件をクリアしたというものである。

（2）拙著『農政「改革」の構図』筑波書房、二〇〇三年、第四章で二〇〇一年に調査した越路町の農業法人について朝日農研も含め紹介した。

第4章　出雲の集落営農と農業法人

はじめに――地域農業支援システム

山陰は北陸とならんで集落営農に力を入れている地域である。とくに島根県は県農政をあげて集落営農の育成に取り組んできた。その背景には中山間・過疎地域における集落・農業保全というのっぴきならぬ課題があった。それらの取り組みについては既に多くの報告がなされているので、本章では平野部と中山間地域を含む出雲市の事例をとりあげることにした。

出雲市は二〇〇五年に二市四町が合併したが、そのエリアは既に九六年に合併した出雲農協と同じである（経済圏としては斐川町も入るが、斐川町は農業的にも個別経営の旺盛な展開や麦・大豆の二年三作の大規模転作で県の過半を集中するなど独自の展開をみせ、合併はしなかった）。行政の合併の一年前に、市と農協は一体となって「二一世紀出雲農業支援センター」を立ちあげた。

これまで地域農業振興センターといったソフトな組織（第6章を参照）やあるいは市町村農業公社といったハードな組織が地域農業振興を目的に設立されてきた。しかし平成不況と市町村合併のなかで農業公社はその存続を問われることになった。代わって登場したのが行政と農協等のワンフロア化やそれを組織的に推し進めた「地域農業支援センター」構想である。要するに新たな追加コストを伴わず、実働部隊の集積効果を狙ったもので、それは縦割り行政のなかで以前から望まれていたものでもある。

出雲市では〇三年に出雲市農業公社検討委員会が設置され、半年ほど議論したが、先行事例等をみると、累積赤字を抱えるリスクがある、消極的な守りの姿勢で貸付希望農地に十分対応できていない、いま求められているのは積極的な担い手対策である等の点から、公社設立は「もう少し時間をかけて検討することが望ましい」とされた。この議論を主導した一人が後にみるみつば農産の森山操さんである。

こうして支援センターの設立となったが、機構的には市の農業政策課に置かれ、市から六名が張り付き、農協から二名が駐在し、計八名の体制となった。これまで政策は行政、現場は農協になりがちだったが、これからは垣根を払い、行政も現場に出るようにして、それぞれの専門性を活かすようにしたいという意図である。

実は合併前の平田市は、既に〇一年に協議会組織としての農業支援センターをたちあげていたが、合併に伴いそれを分室とし、行政・農協のOB各一名が張り付くことにした。従ってセンター本体は六名体制である。

農協は〇五年に「JAいずも集落営農推進戦略」を定めた。経営所得安定対策のスタートを睨んで集落営農を推進し水田農業の担い手づくりを目的とするものである。そのため各地区ごとに担い手育成支援協議会をたちあげるとともに、農協営農部内に農業支援プロジェクトを設置し、農業支援アドバイザー一七名を任命する。アドバイザーは政策の説明等を行う前段の説明役としての推進担当七名と、具体的な立ちあげを手伝う支援担当七名（残り三名は統括）に分かれて地域ごとに張り付くが、後者のうち旧出雲市域を担当する二名が農業支援センターの農協からの駐在二名として接着剤になるわけである。

旧平田市は集落営農等で先行しており、支援センターの目的も転作等とからめた地域農業振興がメインテーマだったが、出雲市の方は担い手育成で立ち後れていたので、新たな支援センターは平坦部なかんずく旧出雲市に相対的な力点を置くことになったと言える。

センターの目的としては、新規就農者・農業後継者の育成、認定農業者・法人の指導育成、集落営農の組織化・法人化、農地流動化の推進と再利用調整等が掲げられており、人材の育成としてはアグリビジネス・スクールを開設し、また企業の農業参入を促すこととしているが、中心は何といっても集落営農の組織化・法人化である。

その背景として二点があげられている。第一は、個別経営体の育成も大切だが、個別では病気も怪我もできない、したら宙に浮いてしまうという限界があること。認定農業者も目標三三五に対して〇四年度に三二〇までいったが、高齢化を主たる原因として一〇名ほど減っている。第二は、これまで島根県は手厚い補助金で担い手育成をしてきたが、三位一体改革のなかでその継続が困難となり、個人ではなく構造（集団）として把握する方向をとり、個々の兼業農家に対して施策を講じることが難しくなったことがあげられる。

法人は〇四年度末で一八、これを〇九年度末には三五にしたい。〇五年度には四つを立ちあげ（うち一つが後述のみつば農産）、五つに取り組み中である。集落営農は〇四年度末で四八、これを〇九年には九〇に倍増し、うち四五を経営所得安定対策の対象にしたい。〇五年度には四つをたちあげ、六つに取組中であり、とくに集落営農化については、動機づけが難しいことが一年の実践でよく分かったという。

1　新田後営農組合とグリーンファーム西代――ザ集落営農

新田後営農組合

新田後（うしろ）　旧平田市灘分町の新田後「町内」を基盤とする集落営農である。灘分町には二〇町内があるが、この「町内」が農業集落をさす。昔から営農組合があったが、三～五戸程度の小さなもので、新田後が最初に一九九八年に一集落一営農組合化した。

「新田前」という集落もある（四〇戸）。「前」「後」ということで、本分家関係かと思ったが、どうもそうではないようだ。前と後では荒神祭や祠はともにしており、一九七〇年代なかばにかけて前と後で転作のブロックローテーションを組んだが、気質が違い、人間関係が難しいと言うことで分かれた経緯がある。昔は同じ藩政村に属したのだろう。いずれにしても「新田」というからには比較的新しい地域だといえる。

灘分町は宍道湖に注ぐ斐伊川が作った出来州の上に水田が拓けたところである。米単作地帯で、農家の平均面積は一・二ヘクタール程度。圃場整備は七〇年代前半になされ、三〇アール区画。しかし低湿地帯で水位が低く、雨が降ると幹線水路に逆流するなど水害に悩んできた。それでも六九年と七一年にはコシヒカリ、日本晴を反当一〇俵とった。当時はまだ米価も良かった。七八年には暗渠排水事業をしたが、籾殻の暗渠なので時間がたつと効力が落ちる。圃場再整備の計画は今のところないが、高低差のない地域なので、畦畔を取れば大区画化できる。

道のり　新田後は九八年からは集落全戸で一つの営農組合を作ってブロックローテーションに取り組むことにした。集落は二九戸だが、うち七戸は離農しているので、残りの全二二戸で営農組合を立ちあげた。きっかけは当時の県の「がんばる島根総合整備事業」で機械の補助金が出るので、この際に機械の「集約化」を図ることだった。これでコンバイン二台、トラクター、田植機、格納庫を装備し、個人の機械は処分するようにした。それまでは個人や二、三戸共同でトラクター、田植機、コンバインが各一〇台程度入っていた。ブロックローテーションは三年周期で、当時は大豆はやらず、麦一本だった。

そして二〇〇三年に協業型の組織に発展させ、翌年には特定農業団体になった。理由は農業後継者がいない、家の後継者はいても農業はしないという状況が強まるなかで、専門的に農業のことが分かったプロ集団がいて地域全体を動かしていく必要があるということだった。既に麦転作の共同作業やこのような機械装備があったので、そこに米作を持ち込めば協業が完成するという体制になっていた。

運営　こうして水稲作と転作の協業集団ができた。組合長はＹさん、五八歳で、地元最大の二・八ヘクタール所有、兼業で土木作業に出ている。副組合長は小林正さん、同じく五八歳で、三年前までは農協職員。営農指導員としてブロッコリやネギの栽培を勧めてきたので、五五歳になったら地域に戻って自ら取り組もうと決めていた。奥さんは県職員、息子さんは商工会議所、お嫁さんは市職員だから、自分のやりたいことができる身分ではある。

仕事のやり方は水管理や畦畔管理は個人、機械作業は協業である。それを担うオペレーターは、先の正副組合長と四〇代の農機会社員、五〇代の土木作業員の四名。四人だけでなく、出られる人が全員出る体制で、ほぼ七割の農家が出役している。

作付面積は、水稲二〇ヘクタール、小麦七ヘクタール、大豆四・三ヘクタール（小麦＋大豆）、ブロッコリ一ヘクタール。

水稲はコシヒカリ一三ヘクタール、きぬむすめ七ヘクタールで、五月連休にコシヒカリ半分、五月中旬にきぬむすめ、そして五月下旬に残りのコシヒカリと田植時期を分けている。一シーズン二～三日で終わるようにし、土日曜を主体に勤めに出ている若い人が出るようにし、ウイークデーはＯＢや女性がうまくバトンタッチするようにしている。秋作業は九月上旬から十月上旬までの一カ月、同じパターンでやるようにしている。ブロッコリは主にＯＢや女性一〇名程度が取り組んでいる。全体の出役は男性が七割である。

また女性部（組織だっているわけではないが）が加工を手がけ、地元の韓国の人々の「ハナロ会」との交流もあり、キムチ等に挑戦しており、大豆味噌加工にも取り組む予定である。米は京都方面の商店、飲食店への縁故米も多少あり、区画を限定した有機栽培等で増やしたい意向である。

二〇〇四年度の販売額は、予算では三五〇〇万円だったが、米とブロッコリが不振で実際は二四〇〇万円弱（米一六八〇万円、麦大豆二九〇万円、ブロッコリ三九〇万円）だった。産地作り交付金、転作奨励金等の営業外収益が六〇〇万円で合計三〇〇〇万円弱。加工は一〇〇万円が目標だが、組合の収支決算書には入れていない。

収益は三つに配分される。まず出役労賃は男女を問わず、時間九〇〇円。これは千円から引き下げた。労賃を高くして赤字化するより、労賃は押さえて黒字にして配当金を増やしたいという理由からである。次に畦畔と水の管理は個人に委託し、反当一万五〇〇〇円を委託管理費として支払う。以上を含む経費を差し引いた残りを面積割りの配当金とする。要するに地代部分である。それが二〇〇四年度は反当九九五二円。組合では、先の労賃も反当にすると一万五〇〇〇円程度と計算して、〇四年度の配当金トータルは反当四万円になったとしている。

以上を損益計算書風に示せば、営業利益△五四七万円、営業外利益五七四万円（産地作り交付金等五七七万円）でトントンである。

〇五年度は米やブロッコリの収量がよかったことで販売収入も三三〇〇万円にいく見通しで、経費削減も合わせて、配当金は六万円になる予定である。

協業にする前はブロックローテーションで水稲だけの作付け農家、転作だけの作付け農家も出て、収入に差が出てきたが、協業体制を組むことで面積差が少ないために収入も平準化したという。

これから　特定農業団体としては五年以内に法人化に取り組むことになる。現状でも経営所得安定対策の対象にはなるが、法人化をめぐっては慎重に検討している。法人化のメリット、デメリットを組合員全員が腹にいれる必要があるとして、一年間じっくり勉強したい意向だ。「新田後のよいところは、負担になる部分は全員で支える共同の精神がある」ということで、組合のキャッチフレーズは「農に生きる自然（じねん）の和」である。「自然」は「自然体で」という意味だというが、出雲には古い日本語が活きている。「和」はチームワークを指す。それを崩したくないというのが本音である。

法人化にからむ小林副組合長の話をまとめると以下のようである。

――法人化すれば役員のウエイトを高める必要がある。現在は役員報酬は年二～三万円でボランティア精神だが、そうは行かなくなる。

今のところ、メンバーで利用権を設定しているのは三名だけだが、法人化となると全員が利用権を設定し、三～四人が法人として受けて認定農業者になるというのが国の方針だが、このような法人化は農家の分化を促し、共同の精神は崩れる。なぜ特定の少数の者のために自分の農地を出さねばならないのか、自分も一緒にやりたいという意識もある。他方で、共同の精神も良いが、地域を停滞させる面もあるのではないかという危惧もある。

そもそも農業だけを語れる時代ではない。地域、歴史、文化、教育、福祉、健康のあらゆる面に取り組む「むら作りする営農組合」でなければならない。そのため商工会議所と組んで異業種交流に努め、前述のように加工・販売面もいろいろ検討したい。

今のところ、よく出役する者は二〇代二人、三〇代四人、四〇代四～五人、残りが五〇代で最も多い。後継者確保も課題だが、教育の問題である。組合が農家に出役を依頼し、それを受けて親が子に出ろと言うと反発されるが、営農組合が若い人に直接に呼びかけると出てくれる。教育も個人ではだめで地域でやる必要がある。

女性も同じだ。家の農作業だといがみあいになるが、地域の仕事となると、コミュニケーションの場になり楽しく作業できる。個別だと一から十までやらねばならないが、協業化すると難しいところはプロにまかせることができる。協業化で最も喜んだのは女性である――

このように試行錯誤しているが、法人化するとしても「新田後らしい法人化」があるのではないか、急げば反発も出るのでともかく時間が欲しい、としている。そのうえで行政等への注文・意見として、第一に、今、協業化が勧められているが、急な推進は危険だ。人の心を動かす問題なので、一挙に協業化しようとするのは無理なことを認識すべきだ。第二に、新田後のように協業化を果たしたところのニーズは今後の農業ビジョン作りの指導である、の二点をあげている。

新田後は、いまのところ貸付に回る農家も少なく、全戸出役の協業で稲作と転作をこなしつつ、新たな作目展開も高齢者や女性を中心に模索している段階であり、法人化して法人に利用権を集積するという問題整理には至っていない（二〇〇六年二月）。

グリーンファーム西代

西代　旧平田市の旧若宮町の大字・西代を基盤とする農事組合法人である。旧若宮町には五つの大字（藩政村）があり、西代はその一つである。西代の下には十の町内（集落）があるが、各五、六〜一三戸と小さい。転作等は集落単位におりてくるが、旧若宮町は自治会が大字単位なので、そこで取り組むことにし、大字から集落に転作割当を降ろす。西代は総戸数一五五戸、うち農家が五四戸、水田四〇ヘクタール、畑一〇ヘクタール。
西代も新田後と同じく湿田地帯だ。斐伊川が天井川で、砂地を少し掘ると水が噴き出すという。三年に一回は冠水し、河川改修がここまで来るのは何十年もかかるそうだが、最近は滞水時間も短くなっている。圃場整備は一九五五年に終わり、その後はやっていない。地下水を抜くのが大変なので暗渠排水工事はしたい意向で、個人での取り組みもみられる。転作に適していない地域であり、本音はコメを作りたいところである。
道のり　五名の役員のうち三名が集まってくれた。組合長・玉木徳美さんは六三歳、奥さんは五三歳、お婿さんはサラリーマン、娘さんは家事。水田は一ヘクタール、畑五〇アールで、切花ハウス二〇〇〇平方メートルが特徴。二五年前に球根栽培から始めた。
副組合長・曽田さんは六一歳、法人をやりたくてＮＴＴを中途退職した。水田一・一ヘクタール、畑二〇アール。

総務担当理事の三代さんは五六歳、中途退職し機械修理の自営業をしている。水田一・三ヘクタール、畑二〇アール。県の「新島根」の補助事業で八五年に集会所を建て、大豆の集団転作で味噌加工に取り組んできたが、九三年の米不足で転作が緩和された時に壊れてしまった。個人では大豆転作に取り組めないので、その後は生産調整も調整水田で対応し、荒れ地化が懸念された。これを何とかしようというのが法人化の第一の理由である。

第二は、玉木さんは作業受託をピークで秋作業七～八ヘクタール、春作業五ヘクタールほどやってきたが、一五年前から借地への切り替えが進み出した。高齢化のなかで作業委託から耕作全体をお願いしたいという人が増えてきて、かたや玉木さんは歳を取る一方なので、体力に限界を感じて「みんなで一緒にやろう」ということになった。

西代は、新田後と異なり、二〇〇三年一一月に一挙に農事組合法人を立ちあげたが、準備には三年かけた。それまでは補助事業で機械を導入して共同でやったが、機械が壊れたら終わりの繰り返しだったので、やるなら法人化だと考えていた。しかし素人集団なので決算書作り等も大変ということで、農業改良普及センターの指導をあおいだ。また玉木さんは農業委員を四期やっており、平田市の農業振興協議会の委員でもあり、そこで法人の話を聞いて地元に持ち帰って取り組もうかということになった。

問題は収支の見込みが立たないことだったが、そこは従事分量配当で最後に辻褄を合わせようと言うことになった。また利用権設定を受けた場合に補助金が出る利用集積実践事業の最後の年でもあった。結果的に一〇〇〇万円弱と市単の補助合わせて一二〇〇万円をもらうことができた。また「がんばる島根農林総合事業」でレーザーレベラーを導入し、水田三・五ヘクタールほどの均平化をしている。

何回かアンケートをとり法人の形を決めた。結論的にいって組合員二〇名と準組合員二五名に分かれ、若干の不参加農家も残った。準組合員は利用権を設定する者で、組合員は出資し、出役する農家である。組合としての経営面積は三〇ヘクタール、集落水田の八三％を集積したことになる。面積的には組合員と準組合員が半々のようだ。組合員

表4-1　グリーンファーム西代の構成

単位：人

町内（集落）	45～49歳	50～54	55～59	60～64	65歳以上	計
上組西	1		1	1	1	4
上組東			2	2	1	5
中筋東			1	2		3
古川西				1		1
古川中		1		2		3
古川東	1				1	2
新川南			1	1		2
計	2	1	5	9	3	20

注：グリーンファーム西代の資料と聞き取りによる。

は全部で一〇〇口、五〇〇万円を出資した。。

組合員の構成は**表4－1**の通りで、集落別には最高で五名、最低は一名で、大字で結集するしかないことがよく分かる。年齢は最も若い人で四八歳、最高七八歳で、平均はちょうど六〇歳である。だいたいが定年後農業だという。五五～六四歳がモードをなすが、大字単位で年齢のバラエティをもつことができているといえる。

運営　〇五年の作付けは、水稲二〇・三ヘクタール、大豆五・四ヘクタール、試験栽培としてのブロッコリ五〇アール、アスパラ一〇アール、残りは散居村で家が点在するため調整水田。転作については残念ながら法人と法人以外の農家は別々に取り組んでいる。非参加者はそれぞれ個性があり、無理に巻き込むとこちらが苦労すると言うことで、自然に集まってきた人達だけで取り組むことにしている。

作業は、組合員が作業ごとに自分がやりたい面積を申し出て行う方式である。機械も自分のを使う。ただし個人で更新することはやめて、今後は法人で購入することにしている。法人化にあたって機械を買い上げる方式が各地にみられるが、そこまでやると「やめる」という人が出てくるので避けた。水管理や畦畔管理も同様に行う。

作業に対しては協定の作業料金表を使い、その八掛でやることにし、かつ八掛の概算払いにしたので、当初は六四％の支払になるが、結果的には料金表の七二％ほどの料金である。ディスカウントしないと法人の利益がなくなるからだ。大豆転作は協業で取り組み、野菜の試験栽培は個人で行い、兼業農家の取り組みが多いという。オペレーターはとくに決めておらず、みんながオペレーターという気持で出役することにしているが、全戸出てくるということだ。

全作業を受託する人は二名程度で、後はこの作業ごとに分担するが、自分の所有田を分担するわけではない。その辺は合理性優先である。たとえば玉木さんはほぼ春作業一・五ヘクタール、秋作業三・五ヘクタール、曽田さんは春、秋それぞれ二ヘクタール、三代さんは一ヘクタールということで、最小五〇アール、最大でも二ヘクタールである。一ヘクタール程度の所有が多いが、面積比例と言うことでもない。

利用権の小作料は標準小作料×水稲作付率で計算し、七〇〇〇円程度。

〇四年度の収支は、売上高が二六〇〇万円弱、営業外収益（転作助成金が主）五三〇万円。経営安定対策の特別利益が一九〇万円。経費の方は、小作料二〇〇万円、賃借料七〇〇万円、作業委託費三四〇万円（機械の賃借料と作業委託費は、先の料金表の料金を分解して、時間×一〇〇〇円の労賃部分を作業委託費、残りを機械賃料にする）等で、当期未処分利益が六八〇万円。ここから農地利用集積準備金七〇万円を差し引いた残り五四〇万円程度を従事分量配当金にして分配し、次期繰越金はゼロとするわけである。。役員報酬は班長年一万円、組合長は年四万円で微々たるものである。

分配関係を整理すると、地代としての支払いは二〇〇万円に対して、労賃としての支払いが従事分量配当五四〇万円と作業委託費三四〇万円となるので、労賃部分が八割以上を占め、労働に厚い配分をしているといえる。

集落営農の一般的な姿は、利用権の設定か否かは別として、水管理・畔草刈り等の管理作業部分を地権者の担当とし、そこにかなり手厚い支払いをするのに対して、グリーンファーム西代はもっとプリミティブな形だといえる。

これから　法人は既に大字の水田の八割は集積している。前述のように全て集積しないとブロックローテーション等に取り組むうえでも支障があるし、また事務的なことは面積の多少と関わらないので、ゆくゆくは残りの水田も法人に参加して欲しいと思っている。今のままでも経営所得安定対策の対象にはなるが、大字外に少しでも拡大していきたい意向だ。国富村内では他の一つの大字に先輩法人である有限会社グローカルファームがあるが、他の大字にはないので、そこからの受託も考えている。

較べてみると

任意集団と法人の事例をみてきたが、新田後は農地の権利は組合に移さず個人のままにしながら作業は協業を仕組んでいる。利用権の設定を受けなければ任意集団のままでよい訳だが、内容的には利用権設定に等しい。配分はどちらかというと労働よりも所有に重きをおいているようである。

西代は法人に利用権を設定しているが、水稲作業は個々人が法人から受託して行う形で、内容的には法人が間に入った作業受委託ともいえる。機械作業は組合として協業している新田後営農組合よりもプリミティブな形である。しかし土地利用の点では法人に利用権設定したことの強みが出ている。配分は労働に厚いようにみうけられる。

このようにみてくると、どちらが法人化の熟度が高いかはにわかに言えない面がある。要は所有権へのこだわりの強弱かも知れない。いずれの集団もオペレーター農家等に農業集積するのではなく、メンバーがみんなで出役して支え、役員の報酬は低くボランティア精神である点では、いかにも集落営農らしい集落営農だといえる。

このように同じ出雲平野のなかにあって、それぞれの地域が、それぞれの農家の状況や意識の差に応じて、自分達にもっともふさわしいやり方を編み出している点が注目される（二〇〇六年二月）。

2　グリーンワーク――谷を越えて

谷をまたいで

簸川平野の集落営農を取りあげたので、次にもう一つの地域的特徴をなす中山間地域の事例をみる。旧佐田町の飯栗東村は三〇年前に作られた新しい村（行政ブロック、「コミュニティ」とも呼ぶ）で、二つの谷にまたがり、校区も異なる。一つの谷が東本郷、飯の原、栗原で、合わせると「飯栗東」になる。もう一つの谷が萱野、受地である。両方とも中山間地域にあたるが、萱野・受地の方がより山間的であり、昔は山仕事と養蚕や牛、その後は出稼ぎで生計をたてていた。地域の水田は一枚平均五アールで点在し、標高差は二五〇メートルもあるという。生産調整はこの五集落におりてくる。

道のり

図４－１の通りである。二つの谷でそれぞれ営農組合ができた。早いのは萱野・受地で九七年に**グリーン農園**ができた。二集落合わせて六〇戸、二〇ヘクタールぐらいのところで、Ｔさん（五五歳）を中心に、六戸により「がんばる島根」でコンバインを購入して共同利用する組織として立ちあげられた。耕耘や田植は個別に行う。

次いで東本郷・飯の原・栗原で九八年に**グリーンワーク**が立ちあげられた。三集落合わせて六〇戸、二〇ヘクタールというから、先の二集落と同規模である。九三年に活性化委員会を作り、地域のあり方について議論を重ねてきた。零細兼業農家ばかりで、生産調整も自己保全と自家野菜が主だった。そこで何かしないと農地が荒れるということで、九八年に営農部が分かれて一二名で営農組合「グリーンワーク」を作った。

リーダーは山本友美さん（五九歳）で、大阪に出てタンクローリー車に乗っていたが、母が独り暮らしということで三二歳の時にＵターンした。田んぼは四反ほどだった。好きで庭木の剪定を始めて職業にしたが、九二年からは町会議員に専念し、「妻（五五歳）に養ってもらった」。奥さんはこちらでも勤めていたが、現在は義母の介護、息子さんは斐川町に通勤、お嫁さんは出雲市役所勤務である。

「グリーンワーク」の設立に当たっては、個々の機械は処分し、「がんばる島根」で一二〇〇万円の半額補助を受け

図4-1　グリーンワークの歩み

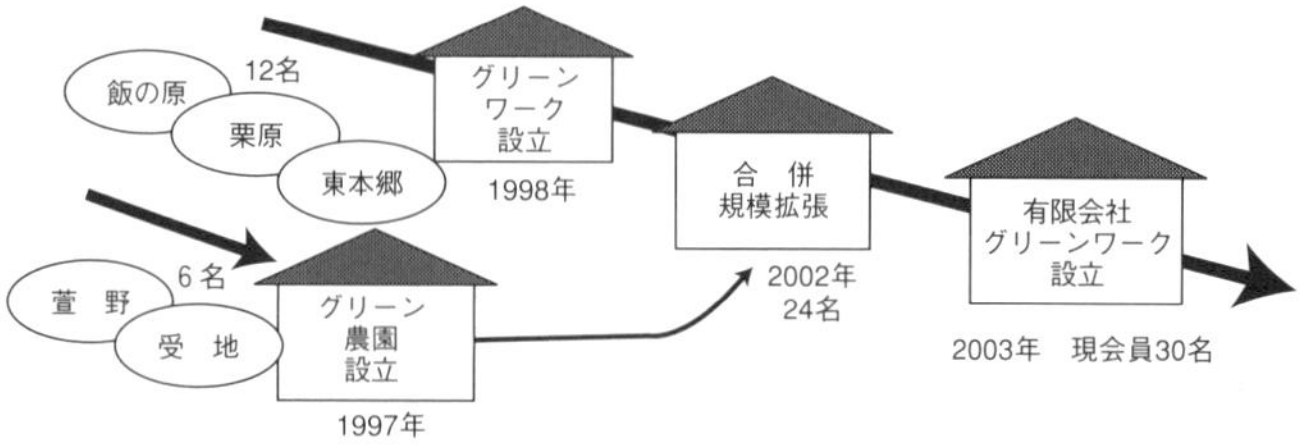

注：グリーンワーク資料による。

て、トラクター、田植機、コンバインを購入し（トラクターは二八馬力で小さ過ぎた）、自分たちの水田を協業で耕作した。オペレーターは三名ぐらいで（合併前には五人に増える）、作業料金は協定料金の四割安で行った。

ライスセンター、育苗ハウスの施設もあるが、元は農協の施設であり、農協に相談したところ買い取ってくれないかという話だったが、農協から営農組合が全面受託することにした。町内一円から刈り取り・乾燥の委託が農協を通じて入り、自家の一二ヘクタールと合わせて二五ヘクタール程度をこなしていた。

グリーンワークはこのライスセンターの作業受託で軌道にのったが、もう一方のグリーン農園は立ちゆかなくなり（より中山間地域のため作業ロスが多く、コスト高になる）、二〇〇二年に吸収合併した（ワークが二〇〇〜三〇〇万円の黒字に対して農園は二〇〇万円の赤字だった）。合併に当たりグリーン農園は機械を処分した。グリーン農園はグリーンワーク萱野支店として冷蔵庫と精米機を置いて保有米処理をしている。

合併時に再度呼びかけを行い、構成員は一八名から二四名に増えた。新たな参加者は、機械の更新期にあたる人やまわりを見渡して今入らないと困るという人たちで、「ぶら下がりで入る人が主だった」。オペレーターは五名になり、受託も増えたが、一〇戸で二〜三ヘクタールという世界であり、自分たちのものが圧倒的だった。

合併前から三年かけて法人化の議論をしており、二〇〇三年に法人化して「有限会社・グリーンワーク」とした。法人化にあたっては、「出資は今後は募らない。委託するしかないよ」と呼びかけ、三〇名の参加になった。出資は一人一〇万円で計三〇〇万円。合わせて一二〇戸だから、四分の一の参加ということになり、「ぐるみの集落営農」ではない。三〇名という規模からすれば農事組合法人でもよさそうだが、有限会社にした理由は他にも事業を行っており（後述）、組合法人だと員外利用になってしまうからだ。株式会社もいちおう検討したが、決算の公開や、株式会社化は話がオーバーだという難点があった。

運営

法人としての利用権設定受けは一二ヘクタール、うち一〇ヘクタールは社員が全面積を設定したものであり、二ヘクタールが社員以外からである。小作料は員内が現物で反当一俵、員外は一万円である。五集落で農用地利用改善団体を作り、グリーンネットは特定農業法人になっている。

作業受託が田植三ヘクタール、収穫一三ヘクタールで、耕耘は高齢者もテーラーで行うので無い。育苗が一万四五〇〇箱で、七〇ヘクタール分に相当し、乾燥調整が四〇〇〇袋（三〇キロ）。

オペレーターは春作業三人、秋作業四人、乾燥調整二人で、オペレーターは山本さんが最年少、あとは定年後の六〇代だ。その他の作業員としては常時、春作業一四～一五人、秋作業は一〇人ぐらいで、春は女性、秋は男性が多く、やはり六〇代である。賃金はオペレーターが時給一三〇〇円、一般作業一〇〇〇円、軽作業八五〇円である。

転作は各自でやることにしている。地形的に団地転作は難しく個人バラ転になっているが、面積的には超過達成している。しかしこれ以上増えれば会社としても考えねばならないとしている。

水管理、草刈り等の管理作業は各自で行うこととし、反当三万二〇〇〇円を支払っている。

米の販売は、飯米用四〇〇袋、農協二〇〇袋、直売九〇〇袋である。直売は後述の「マメダガネット」や縁故販売で関西方面まで出している。農協売り一袋（三〇キロ）六三〇〇円に対して八五〇〇～九〇〇〇円で売れる。

先に有限会社化のところで触れたが、農外事業としては、第一に、デイサービスの送迎があった。定年組の人が一人張り付いて、当初はマイクロバス、次いで小さな車で台数を増やしてやっていたが、あちこち分散するうえに仕事量が減ったので、今はやめている。第二に、「マメダガネット」（元気な亀の意）で、地域と量販店や出雲市内のアンテナショップを結ぶ集配業務だが、現在はNPO法人化し、そこから受託している。法人としても育苗ハウスを使って野菜を作り、このネットで出荷している。「こたつに入る間にハウスに入ろう」という高齢労働力の活用法でもある。第三に、地域の六五歳以上の高齢者が出雲市内に通院、買い物するのを助ける外出支援サービスを市から受託している。これらはオペレーターの就業の場の確保の意味合いもある。

〇五年の損益計算は、販売収入一二〇〇万円、受託料収入二一〇〇万円の計三三〇〇万円。営業費用を差し引いて三〇〇万円の赤字。営業外収益が二二〇万円で、当期は八七万円の赤字。前期からの繰り越しで赤字を三〇万円に減らしている。転作を行っていないため、産地づくり交付金等で穴埋めできないのが特徴である。

中山間地域直接支払いは、当初は六つの集落協定でやっていたが、新制度になってからは五集落のコミュニティーセンター（自治会）に一本化し、全戸が参加し、協定面積は三一・五ヘクタールとなり、うちグリーンワークが一二・一ヘクタール、三七％を占めることになった。かつ事務局を担当している。反当二万一〇〇〇円を参加者と集落で折半し、グリーンワークは前者の三割を地権者に還元している。ほんとうは全額欲しいところだが、水管理を地権者に委託しているので、還元が必要になる。集落分は用水路、草刈り等の出役労賃に充てられている。

役員報酬は四人で年五〇万円、うち社長が二〇万円で、山本さんの法人からの年収入は一五〇万円程度である。

前述のように管理労働に対する支払いを反当三万二〇〇〇円行っている。この支払いを一万円程度にしている事例もあるが、グリーンワークは収益は全て構成員に還元する方針である。従ってもうからなければ下げる。法人として剰余を残しても法人税にもっていかれるだけであり、また機械更新の積み立てをしておかなくても、三〇名いれば一

○○○万円位を集めるのは難しくないという。その意味では有限会社化しても集落営農の論理で動いていると言える。
○五年一一月に従業員を一人雇った。働き手の平均年齢が六〇歳を越していたのでは、いつどうなるか分からない、機械も人間も故障する、シーズン中に故障がおきて頼んでも年金をもらっていると容易に動かない、また土日を出役日にしてもサラリーマンの場合は家の仕事があってなかなか出られないということで、常勤者が一人要るという判断である。本人は三二歳。大学を出て出雲市にUターンした者で、職安を通じて応募してきた。月給は一八万円である。土日は社員が出るようにして、ウイークデーと冬季は雇用者でつなぐ。

これから

インターネットを通じて就農希望が三人ほどある。一人は岡山の人で第二の人生を田舎で働きたいという人だ。当社は月給一八万円を七カ月払うと答えている。ちょうど一人分の労務費が浮くので、その余裕はある。

法人として牛を一頭飼い放牧しているが、将来的には五頭に増やして里山放牧し、草刈機として農家に貸し出したい。冬は一〇頭飼いの農家に預ける。またいやし効果を狙って綿羊を五頭飼っている。河原に放牧したり、休耕地の草刈りに充てている。これも将来的にはジンギスカン料理等につなげたいとしている。

将来的には、野菜作り、里山放牧、交流事業を充実したい。交流について前述の活性化委員会の時には広島の人たちと交流した。しかしボランティア団体だと長続きしない。マメダガネットのような、米や野菜の直販を通じる交流が大切だ。新規就農もインターネットを通じる交流のなかで生まれた。大阪の人からも問い合わせがあるが、独自のスタイルを作ってくれるとおもしろい、と山本さんの「夢」は尽きない。

「顧客＝愛する地域」の気概で、飯栗東村地区マスタープランで景観形成と里山づくりに心がけ、育苗ハウスと籾殻を利用したプランター方式の野菜栽培も試み、地域雇用にも意欲的である（二〇〇六年二月）。

3　みつば農産――少数者組織

三人体制

みつば農産は出雲にはめずらしい農業者三人の「みつば」による農事組合法人なので、三人の紹介から始めた方がわかりやすい。組合長・森山操さんは五七歳。島根県農業士を二〇年以上務め、前述の農業公社検討委員会のメンバーとして現在の農業支援センター構想をプッシュした人でもある。奥さんは五七歳で農業。息子さんは農学部を出て現在は神奈川県で働いている。帰るかどうかは不明。出雲市の大島町吉場集落（農家一二戸、面積一〇ヘクタール）。自作地は水田五六アール、畑四〇アール。高卒後、三〇アールのハウスでキュウリ、メロン、トマト、軟弱野菜に取り組んでいる。

Iさん、六〇歳。奥さんは五八歳で農業。息子さんは北海道の農協勤めで、帰るかどうかは不明。神西町沖町蛇島（農家数不明、面積二〇ヘクタール）。肉用牛肥育に二〇年前から取り組み、現在は八〇頭肥育。中の上クラスの肉質を狙い、濃厚飼料と稲わら主体の舎飼い。堆肥は周囲の園芸農家に販売している。

Kさん、三八歳。奥さん三三歳で農業。大島町下組（農家一〇戸、五ヘクタール）。五〇アール所有でハウスが二〇アール。キュウリ、トマトを作る。二八歳まではサラリーマンだったが、父が早く死亡し、森山さん達の動きをみて参加を希望した。汽水湖である神西湖のしじみ取りの漁業権をもち、ハウス園芸との半農半漁だ。

道のり

協業のきっかけは大島地区の圃場整備事業に伴う貸付地の発生である。当時、森山さんは土地改良区の理事として整備後の営農を担当していたが、そのなかで作れないという農家が五～六戸、面積にして三ヘクタールほど出た。「近くに受ける人がいないので何とかしてくれ」ということなった。森山さんも一人ではできないので友人であるＩさんとＴさんに呼びかけて、三人で一九九一年に受託を始めた。初めは名前もなかったが、五～六年後には「吉場共同営農組合」を名乗った。

Ｔさんは当時は酪農、現在は肥育牛だが、三ヘクタールの受託では収益があがらないということで一年でやめ、あとは二人で続け、九八年には九ヘクタールほどに拡大した。当初は吉場が多かったが、その後は各地に分散することになった。

九九年にＫさんが参加した。Ｋさんは森山さん達の動きをみて、個人で二・五ヘクタールほど借りてみたが、他の人が放棄したような農地のために困って森山さん達に相談し、一緒にやろうということになった。以前から野菜づくりで毎日のように森山さんを訪ねていたので気心は知れている。二〇歳の年齢差があるが、「後継者と考えればいいな」と森山さん達は思った。Ｋさんも森山さん達を「オジサン」とは思わず、同僚と思っている。

Ｋさんの持ち込みで組合は一二ヘクタール規模になったが、その後は順調に集積が進み、法人化の直前で一八ヘクタールとなった。農地は個人名義で借り、作業は協業でこなした。

米の出荷は当初は森山さん名義で行い、各自の口座に振り替えていたが、途中から見なし法人としての出荷が認められた。収益は残金を出さないように分配した。

Ｋさんが加入した時から「形を整えたい」ということで、法人化を考えていた。その時はどこからの呼び掛けもなかったが、厚生年金や労災の福利厚生関係を充実したかった。これらの情報は農業関係の新聞に頼った。しかし規模的に三人だと一五ヘクタールは必要と判断していた。それをクリアした二〇〇五年三月に農事組合法人化し、現在は二一・五ヘクタールになっている。圃場は整備され、七割が三〇アール区画化している。

法人化の背景としては、前述の面積規模のクリアのほか、第一に、経営所得安定対策の政策の流れが明確化した。第二に、折から前述のように市では農業公社構想を検討中だったが、既存の公社資料を取り寄せてその赤字化を強く懸念していた森山さんは、むしろ担い手の育成支援を主張しつつ、自らも法人を立ちあげたわけである。農業支援センターができた時には「みつば」の法人化構想は固まっていたが、以前から農協職員が五年ほど会計を手伝っていた。任意組織の会計は森山さんが担当していたが、Kさんが入り「私がやりましょう」ということになった。会計を手伝った職員は支援センター発足とともにセンター駐在になったので、法人との関係は緊密である。

農事組合法人の形態を選択した理由は、「社長という呼び方はやめよう。気持ちの問題だ。仲間割れの元になる」ということだ。法人資料では「農事組合法人ではあるが、集落営農組織の延長のような互助組織ではなく、限りなく会社経営に近い積極的な経営展開を行うため、確定給与方式を採用している。社会保険等の福利厚生や節税に貢献するとともに、法人の役員としての自覚を促し、農業者としての地位の向上をめざしている」としている。ありきたりだが、文字通りに実践しているのが違いである。有限会社から組合法人には戻れないという理由もあった。

組合法人ということで出資も一人七〇万円づつ平等に行い、農協も二〇万円出資した。農協としても法人の立ちあげを支援する方針を決めたところであり、法人としても「くれるものはもらっておこう」という立場だった。

特定農業法人として、国・県・市の補助金を反当三万円もらい、合わせて六〇〇万円は運転資金に充てている。コンバインは任意組合からのリースだが、「同じところで回している」に過ぎない。その他の機械類は任意組合から買い取り、倉庫やハウスは無料で借り、事務所は森山さん宅、役員会は「青空でやっている」が、もうかれば建てたい。

法人化の前後で三ヘクタール増だが、うち一ヘクタールは吉場集落で立ちあげられた農用地利用改善団体を通じての借地、他の二ヘクタールは神西町全域からの借地であり、これは農協支店の経由が多い。いいかえれば神西町全域に作れなくなった農家が現れたということで、賃貸借の期は熟していたが、法人化がそれを狙ったわけでないとしている。

運営

作付けは、水稲一一ヘクタール、麦四・二ヘクタール、ソバ六・三ヘクタール、牧草三ヘクタールである。市は四六・二％の転作率であり、〇六年度は転作の麦、そばを増やす予定である。農産物は全て農協出荷。とくに米は乾燥調整施設をもたないためである。ソバは出雲市が全国そば祭りを催すなど地域として力を入れており、それに協力した。開始三年は収穫にならなかったが、今はなんとか収穫している。牧草はIさんが利用する。

総販売額は一六〇〇万円。産地づくり交付金等が六〇〇万円。小作料は標準小作料（八〇〇〇円）×水稲作付率で計算し、反当四八〇〇円である。出雲市の北部では受け手がおらず小作料もタダだという。給与は三人平等の月二〇万円。〇四年度の収支は一五〇万円の赤字で、利用集積準備金を取り崩している。〇六年度は森山さん達は「まだ黒字にならない」というが、農協職員の方は「黒字にしてもらう」という。基本構想の所得目標は五〇〇万円だが、県が一〇〇万円下げたので、概ね四〇〇万円が目標である。

みつば農産は認定農業者にならず、構成員三名が認定農業者になっている。森山さんとIさんは個人経営の所得の方が多く、Kさんはトントンではないかという。

三年後くらいまでに五～六ヘクタール増えれば従業員を一名をいれ、水稲とともに育苗ハウス跡での野菜栽培をしたい。構成員も五年後には法人に農業の軸足を移すかも知れないとしている。従業員の候補は三名おり、いずれも地元の人で、三〇代なかば、「サラリーマンをやめて就農したい。給与は少なくてもよい」としている由である（二〇〇六年二月）。

まとめ

出雲の集落営農・法人の性格は前章の富山とある程度似ているが、事例は富山よりばらけている。展開の場も集落、大字、人為的に作られた新たなコミュニティ（谷を越えた集落連合）、昭和合併村内一円と分かれる。新田後、西代、グリーンはほぼ同じ性格だが、みつば農産は村も集落も異なる三人の農業者の連合体という東北型であり、集落営農とは異なる理念にたつものである。

前三者も、水管理・畔草刈り等の管理作業とそれに対する支払いが微妙に違う。管理作業は地権者というのが新田後とグリーン（所有者＝管理作業者）、地権者に限らず希望者に割り当てるのが西代。それに対する支払い方法はグリーンが富山型の反当いくらという支払いなのに対して、新田後は一応支払った後で剰余の面積配分、西代は剰余の従事分量配当だから、管理労働分は担当者に支払われる。所有者＝作業者に対する面積支払いとは異なる。

このように大勢としては原型的な集落営農が多いとしても、具体的にはバラエティに富んでいるのが出雲の特徴である。地域農業支援センターがそれらを一つの鋳型にはめ込むことなく、それぞれの地域個性をどのように活かせるかが課題だろう。

第5章　広島の集落営農と農業法人

はじめに――広島県の集落型法人

広島県は基幹的農業従事者の高齢化、同居跡継ぎ確保率の低さ（他出あとつぎ率の高さ）、耕作放棄地率の高さで全国トップクラスにある。このようななかで県農政は一貫して集団育成に力を入れてきた。一九七八年からの「地域農政」による地域農業集団育成事業、八八年の作業受託主体の育成に始まるとされる集落型農業生産法人の育成事業等がそれである。

前者は圃場整備のアフターケアとしての集団への機械導入の補助が主で、耐用年数切れとともに眠り込む集団が多数を占めたが、今日の集落営農に連綿としてつながっている集団も少数ながらみられる。

後者は新基本法農政の広島県版の目玉施策で、地域ぐるみの集落営農組織の法人化を促進するものとして、今日的なモデルを開拓した(1)。当初は農業改良普及関係が前面に出たが、〇四年度からは農業委員会系統も法人の経営相談会などに積極的に乗り出し、〇五年度からは農協系統もJA法人育成指導者養成の巡回講座を開設するなど、行政と農業団体をあげての取り組みとなっている。

重兼農場の組合長をトップとする法人自らの集落型法人連絡協議会も結成され、法人間の連携（情報交換、機械利用、受託育苗や作業交換）と後発法人のサポートを行っている。とくに機械投資の重複を避け、作期の相違を利用した法人間の機械の共同利用や作業受委託は、将来の法人の広域化・再統合等もにらんだ場合に注目される。

県下の集落営農や法人化にはほぼ三つのタイプが認められる。第一は、多数の定年退職者や兼業者が主体となって、年金や兼業所得など法人外に生計の途を求めつつ、地域ぐるみで農業を支える**集落型法人**である。第二は、担い手農家が組織の中核オペレーターとなって法人経営自体で生計をたてる**担い手を核とした法人**タイプ、第三は担い手農家が自ら借地経営等を展開しつつ同時に集落型法人の中核オペレーターとなって法人を支える**法人・担い手連携型**である。

第一は、比較的安定兼業の機会にめぐまれた総兼業農家的な瀬戸内側に多く、重兼農場がその典型だが、中山間地域でも農協等の退職者がリーダーとなって設立した法人が多い。第二、第三のタイプは地域になお少数ながら担い手農家が存在している中山間地域にみられ、前者の代表としては芸北町の「うづつき」、後者の代表としては大朝町の諸法人がある。しかし現実には各タイプが混在しており、集落の数ほどタイプがあるともいえる。

1　海渡、神杉農産組合――不在地主地管理と少数者組織

三次農協

三次農協は双三郡内の六農協が一九九一年に合併してできた。〇四年度の正組合員は一万二〇〇〇弱（法人は四六）、准組合員六〇〇〇名強の農協で、農産物取扱額三九億円（前三年の四五億円強から米の不作等で落ちている）、貯金額六八〇〇億円弱、自己資本比率一一・五％、当期剰余金は七四〇〇万円の黒字になっているが、〇一、〇二年度は赤字だった。早期に合併し果敢に合理化を追求しつつ経営安定を図っている農協である。〇五年度に組合員増加運動で

正准組合員一七〇〇人増を達成している（うち女性は一二〇〇人）。中山間地域の農協として、農協のＰＢ米「三次きんさい米」の販売、西日本有数のグリーンアスパラガスの産地形成、地元や広島市でのアンテナショップ（この三年で来客者数五〇万人突破、登録会員は当初の三九六名から七九七名へ、取扱額四億円弱）など販売と直結した営農指導に力を知れている。

同農協は〇四年に営農支援課を設置した。スタッフは課長と地域支援マネージャー（元普及員）の二人きりだが、全中の方針に基づいて担い手支援の専門部署を設けたのは県内初である。管内では八〇年頃から圃場整備事業に合わせて地域農業集団が育成され、一集団二〇万円の活動費助成もあり、約二三〇の集団が作られた。そのうち現在も活動しているのは五〇ぐらいともいわれるが、一五〇程度を経営安定対策の対象としたい意向だ。

農協は以前は組織づくりにはあまり関与していなかった。これまでは県がステップアップ事業等で集落型法人化を推進し、自治体も補助金を出してきた。また先導的利用集積促進費等が大きな資金源になってきたが、これらが財難や自治体合併等で打ち切られるようになった。これまでの法人化推進の主役は三次市を管内とする普及センターだが、それも庄原市と兼ねる組織改編になる。

これらが背景となって、農協は前述のように営農支援課を設けるとともに、〇五年度から集落営農（地域営農集団の特定農業団体化）、集落法人の育成支援（運転資金対応、経理代行）、大型農家支援対策を打ち出した。具体的には、①施設利用料金の軽減（ライスセンターの利用料金二％減など）、米出荷助成（三〇キロ三〇円助成、出荷フレコン等の無料貸し出し）、育苗センター利用料金の軽減、②大口利用農家の肥料・農薬の予約購入金額を金額別に二～五％引き、法人等については一〇〇万円以上三％、五〇〇万円以上七％（これに対して法人からは一〇％引きの要求が出ている）。そして③集落法人に対して法人の出資金額の三分の一以内で五〇〇万円を限度として農協が出資する。この法人への農協出資も県内初の試みである。

大型農家・法人等への支援の要件としては、生産調整の達成、集荷円滑化対策への加入、米の農協出荷、農協の生産資材を利用することをあげている。法人が軌道に乗ると農協離れするので、それを防ぎたいという意図だが、役員の派遣までする気はなく総会に顔を出す程度で、あくまで法人と同じ土俵で考え、法人を内部から支えたいという意向である。

管内の集落型法人は現在九だが、うち六法人は普及センターの主導で〇三年までに設立されており（一法人を除き、資材も出荷も農協利用）、〇五年度からの三法人に対して農協が各一三〇万円程度の出資をしている。既存の法人への出資も可能としているが、法人サイドにも農協出資に対する一定の警戒感があり、また資本金が一〇〇〇万円を超えると法人税もあがるので必ずしも増資を望んでいない面もある。運転資金のショートもありうるが、その対策としては、この程度の出資額では低すぎる。

三次市も農協管内プラス一町の合併を〇四年度に果たした。合併前からふるさと農林室が設けられている。旧三次市以外の町村は全て農業公社をもっており、新市としては廃止の方向だが、うち三つはあっ旋だけでなく作業受託等を直営しており、その処理に悩み、集落営農・法人対策では遅れをとっている。

農事組合法人・海渡

海渡（うと）　海渡は一九五五年に三次市に合併する前の川西村（今日の小学校区）の五つの「字」のうちの一つである（どうしてこの山中に「海渡」という地名がついたのか知りたいところだ）。海渡の下には八つの「常会」（小字）がある。常会は昔からの組織で、田植の共同作業や葬儀などの生活上の単位になっており、生産調整も常会単位に降りて来るというので、農業集落（むら）の位置づけになっているのかも知れない。

それに対して海渡は先の町村合併時に町内会となった。神社や寺も海渡で一つであり、「字名費」は町内会単位でとられ、運動会の時の地域対抗も町内会単位である。以上の限りでは藩政村と思われるが、海渡が「村」と呼ばれたことはないという。農業集落（むら）でも藩政村でもない新たな生活共同体かもしれない。

営農組合の設立　この地域では川西東部地区七〇ヘクタールの県営圃場整備事業に八九～九九年にかけてとりくみ、三〇アール区画にした。八八年に圃場整備後の営農形態を考える組織の設立を行政から勧められ、常会単位ではなく海渡として営農組合を設立することにした。町内会単位の営農組合の設立の最初だった。営農組合は海渡の全戸に当たる五四～五五戸で構成し、現組合長の児玉信作さん（六一歳）は農協に勤務しつつ、当時から組合代表を務めた。

ここで児玉さんに触れておくと、奥さんは五九歳で専業主婦、長男三六歳は同居サラリーマン、次男は三原市でサラリーマン。所有面積は六〇アールである。副組合長Ｙさんは六一歳。市役所を五八歳でやめ、奥さん（六二歳）も市役所勤務だった。子供はおらず反別は八〇アール。両家とも浄土真宗であり、町内会の八割がそうだという。しかし安芸門徒の意識は強くなく、法人化とも関係ないという。

営農組合はまず生産調整に取り組んだ。それまではバラ転だったが、団地化してとも補償を仕組み、加算金を獲得したが、当時は麦大豆とはならず各戸で地力維持作物として牧草を作った。

九三年に営農組合で田植機とコンバインを購入し、田植機は受託と貸し出し、コンバインは受託で作業をした。オペレーターには児玉さん達がなり、面積は各七～八ヘクタールで、委託者は常時一〇名程度である。

川西地区では川西西部の圃場整備もなされ、海渡に続き町内会ごとに四つの営農組合が立ちあげられた。普及員（現在の農協の地域アドバイザー）のアドバイスでその協議会を作り、地区の営農について考えることにした。圃場が新しくなっても機械は買えないというなかで、県農地保有合理化法人（現・農林振興センター）が川西地区で作業受託を始めるという話がまとまり、〇四年から取り組みだした。児玉さんはそのオペレーターも務めた。全体では二〇ヘクタールほどの受託量になったが、海渡は前述のように営農組合の作業受託があるため、公社への委託はトラクター作業一ヘクタール程度だった。

法人化へ　また海渡には公社への利用権設定が六ヘクタールほどある。うち四ヘクタールは地区外の農家に無理して頼んでいたが、これを返したいという話になった。公社も圃場整備の終了に伴う事業減等から作業受託をやめたいということになった。

このような経緯のなかで、営農組合の法人化が行政や普及センターによって勧められた（この時点ではまだ農協は前面に出ていない）。営農組合としても県下の集落型法人等の視察を繰り返し勉強を重ねた。

こうして〇三年に、全戸参加の営農組合を農用地利用改善団体に衣替えするとともに、農事組合法人が立ちあげられた。法人は特定農業法人、認定農業者になった。

法人は六〇戸で構成されるが、うち二〇戸は不在地主であり、また海渡のうち六戸の農家は参加しなかった。不参加者は平均七〇〜八〇アールに対して一・五ヘクタール以上の大きな農家であり、自作を続けている。うち一戸は世帯主の死亡により参加を希望したが、法人としては作業受託にとどめている。その他の農家も後からの参加となれば出資金等は高くせざるを得ないとしている。

法人の一つの特徴は不在地主を多数抱え、不在地主の農地の管理主体になっている点である。不在地主は先の圃場整備にも全戸参加している。その発生は五〇年前と古く、子供が他出し親が死亡したというケースが多く、現在は東京、横浜、大阪、福岡、久留米、広島市内とちらばっている。農地は常会の人が面倒を見ており、墓があるので盆には帰省するため、常会の人のつきあいは保たれている。この地域の農地は売買がないので相場も分からないが、反当一〇〇万円もの圃場整備費をかけたものの資産価値はなく、不在地主化しても作り続けるしかないという。

法人には構成員の全水田三七ヘクタールが利用権設定された。利用権集積に係る国県の補助金各一五〇〇万円ほどを受けている。出資は反当一万円で総額三七四万円。ところが立ちあげた年に台風被害にあい、赤字を出したので、早速その穴埋めに苦慮することになった。農協融資を受けることは、農協側としても貸付原則に反し、法人としても利子支払を負うことになり、結局は「自分たちで作った法人だから、みんなでカネを出し合って救おう」ということになった。実際には普及員からのアドバイスで構成員が受け取る反当一万円の小作料の半額を増資に回すことにし、出資金は五〇〇万円になった。前述の農協の法人出資があれば「楽をする方にいったかも知れない」としつつ、他方では農協出資額では運転資金も賄えないとする。

運営　法人の土地利用は水稲が二六ヘクタール、転作が七・三ヘクタールで、水稲は反収八～九俵と地域平均より低く、反省材料になっている。転作は大豆を主体とし、それにハウス・施設用地でカボチャ、トウモロコシの試作をしている。出荷は、自家販売もしたいが農協のライスセンターを利用しているために全量農協出荷であり、資材も農協から購入している。法人割引き七％を一〇％にして欲しい意向である。

畦畔や水の管理は地権者が行うこととし、反当一万八〇〇〇円を支払っている（うち水管理は三〇〇〇円）。不在地主や管理作業のできない一〇戸程度の農家は近所の人、田隣りの人に依頼する。

オペレーター登録は一五名。三五～七〇歳で、三〇代一人、四〇代二人、残りは五〇代以上であり、常時出るのは三～四人である。六〇～七五歳の人が種まきや芽だし作業に出役する。時間給は一律一二〇〇円である。

役員は理事が一四名と多いが、年報酬は総額九六万円であり、倍額したもののボランティア扱いである。五〇代の事務員一名を雇用しているが、彼女も農協出身。

〇五年の損益計算は、販売額三二〇〇万円、経費が三七〇〇万円程度で、営業収益は五〇〇万円弱の赤字。経費では賃金四〇〇万円に役員報酬を足すと五〇〇万円弱で、ちょうど赤字にみあうともいえる（なお小作料は三三〇万円、畦畔・水管理費は六三〇万円）。それに対して営業外収益が一九〇万円（集荷円滑化対策や稲得の関係、転作の奨励金が主）、さらに特別利益として中山間地域直接支払いの一〇〇万円や産地作り交付金など合わせて七二〇万円がある。以上の結果、当期利益は三二〇万円、前期からの繰越金も含めた当期末処分利益は六〇〇万円で、農用地利用集積準備金と別途積立金に計上されている。

本業での人件費相当の赤字を補助金等でカバーしてお釣りがくるというのが実情である。

地域との関係では、中山間地域直接支払いは、第一期には海渡地区で集落協定を結んで貰っていたが（二六〇万円）、第二期には法人が主体となることとしている（四一〇万円のうち法人は一〇〇万円、残りの使途は検討中）。法人は農道補修に既に一五〇万円使っており、そのほか用排水路の補修や鳥獣害対策が主になる。

町内会の役員を兼ねている人がおり、とくに今後の農地・水・環境保全対策では地域ぐるみが強調されているので、町内会との連携を強めたいとしている。

今後については、オペレーター等は役員に若い世代もいるのであと一〇年はもつとしており、役員以外の若い層にも関心をもってもらうことを課題としている。また米価が下落傾向にあるので、これをカバーする作物をみつけたい（二〇〇六年三月）。

神杉農産組合

明治合併村　神杉は三次市に合併する前の明治合併村に当たる。小学校のある学校区でもある。その下には三つの大字・町内会があり、さらにその下に二四の常会（行政区）がある。運動会等は大字単位の対抗である。神杉の農家戸数は二五〇戸、ほとんどが浄土真宗である。講は常会単位である。神杉村にはかつて農協が有り、今は支所になっている。

一九七三年に神杉土地改良区の圃場整備に向けて**神杉生産組合**が作られ、機械導入の補助事業の受け皿になった。機械は一〇〇ヘクタール単位でトラクター五台、コンバイン五台という大がかりなものだが、圃場整備の進捗が遅れ、

表 5-1　神杉農産組合の構成員

名前	年齢	大字・字	妻	あとつぎ	所有反別	備考
福田	63	高杉１区	農業	広島市会社員	1.3ha	農業専業
Ｏｋ	53	廻上 17 区	ピアノ教師	広島市	1.0	元養鶏
Ｏｔ	65	田幸町糸井	市内勤務	大卒就職決定	0.5	元左官、しいたけ、養鶏
Ｈ	71	枝川８の１	農業	広島市	1.6	元建設雇われ
Ｔ	29	廻上 13 区	（独身）	―	1.8	父 55 農業、繁殖牛３頭

導入主体は土地改良区からオペレーター中心の生産組合に切り替えられた。生産調整も神杉の営農推進協議会で一本化した。協議会は常会代表の協議の場である。以上から常会が農業集落に当たると推測される。しかし「ふるさとといえば、大字や常会ではなく神杉だ」と組合長は言う(2)。平均一〇戸たらずの農業集落では間に合わず、合併により地名から消えてしまった旧村が自ずと生産・生活の単位と位置づけられたのであろう。

一号法人から二号法人へ　圃場整備は八八年に完了し、神杉生産組合は農事組合法人の一号法人になった。組合員は二九三名、一八〇ヘクタールほどで、一～一七区が加入し、二〇～二四区は加入しなかった。きっかけは機械の格納庫として農協のライスセンターの払い下げを受けるためだった。この段階ではオペレーターによる作業受託だった。トラクター五台、乗用田植機三台、コンバイン六台で、春作業は四〇ヘクタール、秋作業は八〇ヘクタールほどを受託した。委託農家は一三〇戸ぐらいで、全て神杉内だった。オペレーターは十数名おり、協業で受託していた。現在の神杉農産組合のメンバーでは福田造治組合長とＨさんがオペレーターになっていた。

既に一号法人の時から、農地を借りてくれという要望が出されるようになり、最終的には二〇ヘクタールほどを組合長名義で借りて、出荷していた。このような問題をクリアするために組織再編を行い現在の六名のメンバーによる二号法人・**神杉農産組合**を一九九二年に立ちあげたわけである。当初は二〇ヘクタールの借地を引き継いだが、今日では四〇ヘクタールに規模拡大している。

構成員は**表５－１**の通りである。特徴的なのは大字がそれぞれ異なり、Ｏｔさんの場合は旧村まで違う。そして兼業しつつ農業を主にしてきた人たちの集合である。前述のように神杉生産組合の当初からは二名だけで、後は二号法人化の時に加わってきた人たちである。いちばん若いTさんは九州の大学の農学部を卒業して入ってきた。庄原の農業高校の出身で卒業したら入れてくれと以前から言っていた。メンバーのうち法人に利用権を設定しているのは組合長だけで、あとは自作だが、作業は法人で行う。

要するに、地域で一般的な「みんなで仲良く集落営農」はせいぜい一号法人・作業受託までの段階であり、二号法人・賃貸借の段階には少数の農家の集合体になったというわけである。彼らは前述のようにそう規模は大きくないから、いわゆる担い手農家とは言えないが、地域に残った農業者の共同体という点では広島における新しい法人の型だといえる。

神杉村の圃場整備した水田はほぼ二六〇ヘクタールで、神杉農産組合は面積的にも一角に過ぎず、圃場はある程度は固まっているが、それ以外は分散している。神杉には個人で二〇ヘクタール（〇六年は三〇ヘクタールになるとも言う）を耕作するYさんもいる（七一歳で四〇歳の息子と二人で耕作）。Yさんは任意組合の時の組合長だったが、法人化するに当たり独りでやりたいということで抜けていったので、神杉農産組合なかんずく組合長とはライバル関係にある。両者の耕作は錯綜しているが、土地利用調整とはいかない。神杉農産組合の転作はブロックローテーションで行っているが、自作農家と交換耕作するようにしている。

二号法人化にあたっては、有限会社か農事組合法人か迷ったが、組合員離れを防ぐ、一号法人の機械を賃借する、出資金が少なくて済む、の三つの理由から農事組合法人を選択した。福田さんは二号法人になった時からの組合長である。当初は生産組合から機械・施設を借り、五〇〇万円を支払っていたが、途中で機械・土地を五五〇万円で買い取った。しかしその機械は既に耐用年数が過ぎており、更新費用は利用集積に伴う助成金反当三万円、合計六〇〇万円で賄っている。建物は農協に賃料を支払っている。

運営　現在の地権者は八〇名程度で、規模拡大の過程は**表5－2**のごとくである。また**表5－3**にみるように作業

表5-2　神杉農産組合の借地面積（水張）と小作料

	1999年度	2000	2002	2003	2004	2005
利用権圃場	32.9ha	34.2	34.5	34.0	35.4	40.3
平均小作料10a／円	15,000	12,000	12,000	10,000	8,000	4,000
標準小作料（上田）／円	19,000		11,000		10,000	

注：神杉農産組合『かみすぎの営農』による。

表5-3　神杉農産組合の作業受託面積

	2000年度	2001	2002	2003	2004	2005
耕起	13.6ha	44.5	10.4	12.5	9.8	7.6
代かき	15.7	14.0	13.6	13.8	12.0	10.4
田植	21.5	21.0	18.9	19.0	17.5	16.3
収穫	46.0	48.6	42.4	42.4	42.0	見込 40.0
転作全面作業	9.4	8.3	15.6	12.3	8.8	見込 10.0
転作　二作業	6.3	8.1	0.6	2.6	0.7	見込　2.6

受託も継続していて収入の補てんに充てているが、利用権への移行に伴って減少気味である。注目すべきは**表5－2**の小作料の推移で、この間に一万五〇〇〇円から四〇〇〇円、三分の一以下に引き下げている。とくに〇四年から〇五年にかけては半減しているが、地権者からの文句は出ていないという。毎年、地権者に「良い年には上げるから地代を下げさせてくれ」と頭を下げて回っている。先のYさんも農産組合より少し高くしているかも知れないが、同じく下げる方向にあるという。米価の引き下げに伴うものであり、神杉では圃場整備の償還も終わっているが、継続している地区もあり、あまり下げられない。

水管理、畔草刈り等も法人でやることにしているが、地権者がやる場合は反当三〇〇〇円を払っている。他の集落営農に比べてお話にならない低額であり、現在は三戸、一ヘクタール程度にとどまる。

作付けは水稲二九ヘクタール、うち採種が八・四ヘクタール。採種は九二年頃から始めており、農協の採種組合に販売する。反収は九・五俵程度で地域平均より一俵程度高い。

集落型法人のような持ち回りオペレーターではなく、専従であることのメリットが反収に現れており、プロのメリットが発揮されている。

転作は丹波黒大豆を四ヘクタール、白大豆を一一ヘクタール程度やる。麦は〇五年からやめた。飼料を三ヘクタールほど作り、畜産農家にあげている。

丹波黒は転作物のなかでも収入が多く、農協を通じて兵庫の豆問屋に売られている。黒大豆は手選別になるので冬場の仕事確保の点でも好都合である。

オペレーターは六人のメンバーでやり、女性のパートを入れる場合は時給一〇〇〇円である。女性の事務員一名を入れている。

役員報酬は組合長が年六〇〇万円弱、Tさんが月三三万円、その他は月二二〜三三万円である。時給一五〇〇円を基準に前年度の出荷実績で決めている。

麦の共済には入っていないが、稲作の共済、稲経、集荷円滑化対策等には加入している。中山間地域直接支払いは法人としては受けていない。

これから　今後について組合長は次のように言う。利用権は年々増えているので、後継者を考えるべきだ。「自分で働いて自分の収入になることを考える人」、要するに経営者でなければだめだ。Tさんはその点を考えている。一人一〇ヘクタールを基準に考えている。六人で四二ヘクタールでは足りない。作業受託や転作の助成金をも含めて経営が成り立っているのが現状である、と。

当面は五年ぐらいかけて七〇ヘクタール程度にもって行きたい。組合長とHさんは土地を担保に入れているので抜けられない。定款の理事の「六名以上」を「三名以上」に変更して、当面はTさんを含めて三人体制で行く。神杉の一部地域については神杉第三区農用地利用改善組合が結成されており、それとの関係で特定農業法人になっており、その成果は現れているが、他の地区では利用改善組合の結成はみられない。

これ以上の作目展開は考えていない。赤字の元になるだけである。米の自家販売については、精米場、低温貯蔵庫、セールスのスタッフが要り、資金回収のリスクも考えると農協売りの方が安全である。

地域とのつきあいは神杉地区のふるさと祭や地元の百円市に丹波黒、大豆やしいたけ等を出荷したりしている。

集落型法人については、「五年ぐらいしかもたないのではないか。構成員が高齢化しているし、機械の更新時が問題である。責任をもつ人に本当の生活を保障できなければならない。今は補助金で機械を導入し、利用集積準備金を運転資金に充てているが、昔の営農集団が名称変更して、経営所得安定対策に飛び付いただけで、永続性は乏しいのではないか」とみている（二〇〇六年三月）。

2　さわやか田打——ザ集落営農

世羅町

世羅町は世羅郡の三町が二〇〇四年に合併した。農業関係部局は新たに産業観光課に属することになった。農業委員会は、旧町合計五名の事務局が二名になった。農業委員は三八名が三二名になり、うち三名の女性委員が議会推薦で新たに誕生した。認定農業者は合わせて六九名、うち法人が三〇である。

認定農業者の主たる従事者の目標は一八〇〇〜二〇〇〇時間、五〇〇〜六〇〇万円だが、隣県では三〇〇万円まで落とそうかという話が出ているそうである。農業にも「三〇〇万円で暮らす」時代が到来したのかも知れない。

法人のうち集落型法人が一一、国営開発関係の法人が一九である。集落型法人は県全体で七〇強のうち尾三地区が二六と多く、そのうち一一を同町が占めている。全てが圃場整備を受けたものであり、ほぼ全戸参加型であり、全法人が認定農業者、特定農業法人になり、かつ中山間地域直接支払いを受けている。

この地域を特徴づけるのは、「広島中部台地地区国営農地開発事業」である。世羅台地は標高四〇〇〜五〇〇メートルの起伏が比較的少ない台地で農地開発の自然条件をもっており、一九七七〜一九九七年にかけて開発がなされた。開発可能地五四〇ヘクタールを対象に三六〇ヘクタール、一九団地の農地造成と畑地灌漑施設整備を行い、併せて隣接既耕地二二〇ヘクタールの用水補給も行うというものである。当初は野菜、果樹等の地元増反による規模拡大がめざされたが、結果的に入植方式になったようである。現在のところ三七農園が立地しているが、その出身は、町内一一、県内二〇、県外六（島根、山口、岡山、大阪、福岡）である。作目的には花き等一一、野菜七、果樹四、畜産四、不明一である。また企業形態的には、有限会社一〇、農事組合法人五、株式会社二、任意団体二〇である（先の法人数が正しいとすれば任意は一八になる）。このように国営開発地に法人形態での入植が多いことが、この地域の法人の多さの背景になっている。

他方、この地域は全体が中山間地域であり、中山間地域での担い手育成として集落型法人が追求されている。現在の一一の集落型法人は、一九九九年一、二〇〇一年一、〇二年二、〇三年五、〇四年二の設立で、二〇〇三年がピークだった。いずれも圃場整備を受けて農事組合法人形態で立ちあげ、利用権の設定を受け、水田農業を営んでいる。先導的利用集積促進費を受けての特定農業法人の立ち上げは多いが、中山間地域直接支払いも活用しているのが特徴である。町では中山間地域直接支払いは法人の場合はほとんどが個人に配分せず、法人として機械購入等に充当しており、それがないと法人自体がなりたたないとしている。

このように開発農地への法人形態での参入（施設型）と既耕地での集落営農の法人化（稲作）が併存しているのが地域の特徴だが、後者としてさわやか田打、前者として二つの株式会社形態の農業法人を紹介する。

さわやか田打

田打（とうち） 村は標高四〇〇メートル前後の世羅台地の南部にある。藩政村（大字）にあたり、その上には明治合併村・西太田村があり、公民館や小学校がある学校区になっている。田打の下には六つの集落（行政区）があり、生産調整は田打にきて、田打から六集落に配分しているが、農業センサスは六集落ごとに行われる。各集落の農家戸数は二〇〇〇年センサスで最大一七戸、最小六戸であり、田打全体では六七戸である。

福庭盛人組合長（六五歳）によれば、「昔から田打としての団結力があり、田打で集落総会を行っており、田打がむら、集落だと意識している」ということだ。

福庭さんは元農協職員で、五五歳の時から集落の農業組織「振興部」の長を務め、二足のわらじをはいてきたが、七年前に定年前退職して地域の仕事に専念することにした。

道のり　集落営農への取り組みは県営圃場整備事業への取り組みから始まった。同地域は、大正末期に約半分にあたる上田のみを区画整理したが、五〜八アール程度の区画だった。その後は何度か話が持ち上がったが実らなかった。しかし九〇年代なかばにきて「ラストチャンスではないか」ということになった。九四年に総会で田打振興会がスタートした。翌年には環境整備委員会を自発的に立ちあげた。地域としてはたんなる田んぼの整備だけでなく、この際、非農家も含めて排水、道路、水道等の生活環境整備に取り組みたかった。田打地区には非農家が一三戸いる。脇家（分家）もあれば、元からの非農家も入ってきている。また、この地域はため池地帯であり、今でこそ国営農地開発事業の付帯事業で水不足は解消したが、田打にはため池が四つあり、それぞれ地権者が異なり、また他地区にため池二つをもつ農家もいる。これらのため池は年一〜二回、総出で管理作業に携わってきた。飲料水は井戸水に頼っていたが、渇水する時もあり、水道が欲しかった。道路も家の片方には幹線がなかった。こういう生活上の問題をとりあげたことが「圃場整備を全体の問題として考える」ことにつながった。

このようなかで若手を中心に「明日の田打を考える会」が立ちあげられ（当時で二〇歳から五六歳まで二五人ほど）、また女性の研修会も作られた。男が会合に出るが、夜が多く、家庭に話が伝わらず、うわさばかり流れると言うことで、同じ情報が女性達にも流れるように工夫したものである。

九六年に環境整備委員会を「営農組合・土地改良区設立準備委員会」に改組し、町の「二〇〇一年食とふるさと振興プラン事業」にのって話し合いを進め、圃場整備の同意率は九一％に達した。こうして担い手育成型の県営圃場整備五〇ヘクタールに九八〜〇二年にかけて取り組み、田打は〇三年に完了している。

「考える会」では圃場整備後の営農のあり方が模索され、各地の視察も続いたが、九九年に、農事組合法人さわやか田打、田打農用地利用改善組合が立ちあげられ、同法人の特定農業法人化がなされた。

まとまるにあたってはいくつかの論点があった。第一は、前述のように六集落と田打があるなかで、どの範囲でまとまるかだ。これは福庭さんのリーダーシップもあり、田打ということになった。集落（行政区）は谷ごとにあるが、それは本家分家関係なども含めて人間関係があまりに濃密であり、田打一本の方がドライに取り組めるという理由である。集落規模が戸数・面積的に小さすぎるという物理的な理由もあっただろう。

第二に、任意の営農組合は一票一票を大切にする点では理想的だが、意思決定のスピードをあげるには法人の方がよい。現実には何カ月も議論してはおれず、組合長と事務局で決めてしまわねばならないことも多々ある。

第三に、法人化の形態だが、近くに有限会社や株式会社形態の事例があるなかで「今の段階は集落全体でやるのがよい」という判断で組合法人を選んだ。「儲けではなく集落の存続が目的だ。野菜なら株式会社でもできるかも知れぬが（近くの世羅菜園等が意識されていよう）、水稲は一会社でできるようなものではない。集落全体の維持となると祭りもあるしボランティアだ。二戸、三戸が残って集落を維持できるものではない」と福庭さんはいう。

法人は正組合員五二戸の参加になった。二戸は説得に応じなかったが、圃場は中心から外れ、面積も大きくない。非農家で加工やハウス部門に出夫する準組合員が一〇戸である。

彼（女）等を雇用ではなく準組合員として処遇するところにも生活共同体としての法人の考えが現れている。

運営　利用権の設定は田打の面積六六ヘクタールのうちの四三ヘクタールである。残りは郡は違うが隣になる久井町からの入り作である。圃場整備は彼らの水田も参加したいということで一緒にやったが、あちらでも法人化の話があるので参加は見送っている。幸い換地等により水田はあまり錯綜しておらず、転作にも支障はない。

出資金は九五〇万円で、反当五〇〇〇円としたが、実際には先の準組合員もおり、一戸一万円を集め、残りは収益を当てている。先導的利用集積促進費や認定農業者等農地集積事業の補助金の九〇〇万円は投資に当てず、運転資金として持っている。

作付は、水稲三〇ヘクタール、転作は麦・大豆一二ヘクタール（麦一ヘクタール、大豆八ヘクタール）、野菜ハウス一〇アールである。野菜は当初はピーマン、トマトを作っていたが、〇四年度からハウス野菜にした。水稲はコシヒカリ、こいもみじ、ヒメノモチで平均反収八・三俵。水稲・麦・大豆は全て農協売りである。麦は麦茶、大豆は広島や地元業者が豆腐、納豆等に加工している。

加工部（五〇代までの女性一二～三人）があり、あんこ入り餅、味噌、豆腐を作っており、地元イベントで二〇〇万円の売り上げをあげている。

オペレーターは二〇名、先の「考える会」メンバーが主であり、組合長の長男二四歳から五五歳までの幅がある。長男は東広島市のサラリーマンだが、たまたま出ることにしている。管理作業は原則として地権者が行うことにしているが、一〇戸くらいは出られない。

時給はオペレーターも含め一律八〇〇円にしているが、従事分量配当で一〇〇〇円くらいになる。

理事は八名（四〇代から六八歳まで）おり、毎月理事会を開いているが、手当は総額で年二〇万円であり、微々たるものである。理事には女性も加えたいがなかなか難しい。

水管理は反当一〇〇〇円、畦畔管理は畦畔率により反当一五〇〇～一九〇〇円で、他よりもかなり低い。

小作料は反当一俵（政府買入価格三類一等で〇五年は一万三〇〇〇円）としているが、実績は一万七〇〇〇円弱ということである（当初は労賃も小作料も低く定めておいて、決算時に「従事分量配当」として上乗せしているようである）。

〇四年の経営収支は、水稲の販売収入が米価下落により落ちてきており（〇二年度の三二〇〇万円から二七五〇万円へ）、売上高は三〇〇〇万円、営業収支は九〇〇万円の赤字。営業外収支が九六〇万円で、トータルでトントンというところである。営業外収入は転作関係等の交付金五〇〇万円と中山間地域直接支払い四三〇万円等からなる。その他に特別利益として先の利用集積促進補助費等であり、特別損失として積立てられている。〇三年度は営業赤字七〇〇万円を出したが、特別利益と〇四年度の当期利益で補てんしている。このようなでこぼこはあるが、ほぼ営業損失を営業外利益すなわち交付金等でカバーしてなんとか成り立っている状況といえる。米価の下落と転作関係の交付金の減額が響くことになるが、中山間地域直接支払いで何とか下支えしている状況である。

これから　今後については加工面に力を入れたい。おじいさん、おばあさん相手では……という声もあるが、世羅菜園や日本農園なども労力確保には苦労しているなかで、ともかく集落で頭数をそろえられるのは強みである。

当面はオペレーターも定年で戻り、次のリーダーも育っているので問題ないが、将来的にはオペレーター、加工、頭脳労働の三つの面で人材に苦労する時が来るとして、発展するためにはより大きな組織を作る必要があるとしている。前述のように狭い範囲だと人間的なしがらみもあるので、（地域範囲を大きくして）そこからきてもらった方がよいこともあるというのが福庭さんの判断である。それは谷ごと集落営農を選択せず、大字規模でいくことを選択した原点から一貫している（二〇〇五年一二月）。

3　世羅菜園と日本農園――農外企業の国営開発地進出

世羅菜園

道のり　世羅菜園は前述の国営農地開発地区のうち百貫山団地に立地した株式会社形態の農業生産法人、認定農業者である。同社は地元の建設業者「コダマ」が設立した。コダマは従業員二五名程度の公共事業主体の建設会社だが、公共事業が下火になるなかで新たな事業分野への進出を模索していた。他方、広島県農林振興センター（県農地保有合理化法人）は国営開発への入植者を捜していた。とくに同社が進出した地区の一部は県内他地区の農業生産法人K農産がハト麦栽培に失敗して二〇〇一年八月に撤退したこともあり（同法人は使用貸借で、売り渡しは受けていなかったという）、その跡地も含めて入植者の確保が急務だった。加えて生鮮トマト栽培の提携先を探していたカゴメを町が紹介し、三者の意向を町がコーディネートする形で進出が決まった。センター保有地の売却は一七ヘクタールで総額四〇〇〇万円である(3)。農地は世羅菜園が再造成した。

二〇〇〇年に資本金五〇〇〇万円の有限会社が立ちあげられた。構成員はコダマの社長（現在五九歳、農家の長男で、実家は弟がガソリンスタンドや酒屋を自営兼業している。社長も農地を保有）、技術担当者（三一歳、三原市の出身で農機会社勤務だったのを技術者として引き抜く）、農家（六二歳、カゴメ出荷以外のB級品の産直市等での販売を担当）の三名で役員を構成した。出資はカゴメが一〇％、技術担当者と農家が併せて一五五万円、残りが社長だった。カゴメは出資はしたが役員派遣は行っていなかった。当初は経営構造対策事業の補助を受けて（事業費一一億一六〇〇万円）一温室一・五ヘクタールを二棟建てている。

二〇〇三年に隣接のセンター保有地一五・二ヘクタールを総額六三〇〇万円で購入し、世羅菜園が再造成して、一室二・八ヘクタール弱の温室を二棟建て増した。そして新旧とも建物部分は農地転用だが、温室敷地はグランドシートを張り、農地転用はしていない。この際に輸入急増農産物対応特別対策事業、野菜産地強化特別対策事業（事業費一七億一一二八万円）と新農林水産業・農山漁村活性化総合支援事業（単県、事業費一億一五〇〇万円）の補助を受けている。

詳細は不明であるが、投資総額は三〇億円程度ということであり、また補助事業部分について補助率五〇％とすれば、一五億円程度の補助金になる。自己負担分は公庫資金や民間資金に依存するわけであるが、銀行融資にあたってはカゴメの保証が大きい。

そして、この建て増しに際しては、折からの農地法改正により農外資本等の認定農業者法人への出資が五割未満まで認められたことを受けて、カゴメから三五〇〇万円の増資を受け、有限会社を株式会社に組織変更し、資本構成はカゴメが四九%、その他の役員が五一%となった。これにより世羅菜園はカゴメの持分法適用会社となった。

その際にカゴメからも非常勤役員が入ることになり、また社長の息子（三〇代なかば、ヒアリング対応者）が二〇〇四年に東京の銀行勤めからUターンして取締役に就任し、総務・人事・経理を担当することになった。役員は五名になったわけである。

温室の拡張は、当社の立ち上げが、病害等の技術上のつまづきもありながら順調であったこと、カゴメの生鮮部門が二〇〇四年三〇億円、二〇〇五年五〇億円、将来的には一〇〇億円と急拡大していることが背景である。

経営　栽培方法はロックウール養液栽培を採用し、長期多段取り栽培でトマト二〇万本を栽培している。ロックウールはオランダからの輸入である。ロックウール栽培はカゴメ系列の栃木県那須のみのり菜園に学び、また立ちあげに際して先の技術者が従業員一名とともにオランダで半年間の研修を受けている。

同社の説明および同社文書「企業的農業の現状と展望」によれば、次のような環境重視型の施設園芸を追求している。第一に、冬期に使う重油は窒素が出るので、液化石油ガスLPGに切り替え、発生する二酸化炭素は温室に入れて光合成促進に利用し、日中の炭酸ガス使用時に発生する熱は蓄熱タンクにためて夜間暖房に使用する。第二に、灌水したロックウール液のうちトマトが吸収しなかった分はタンクに戻し紫外線殺菌ののち再利用して水質汚濁を防ぐ。第三に、マルハナバチから在来種のクロマルハナバチに切り替えて受粉し、天敵利用や電解水散布による減農薬栽培。第四に、残渣は堆肥化・少量化しているが、温室に使えないので使途を検討している。使用済みのロックウールを農協と協力して土壌改良材に用いている。

従業員は当初は六〇名程度だったが、現在は増やして一二〇名程度である。正社員は一二名で三〇歳平均、技術スタッフ、現場スタッフ、出荷管理、温室管理の仕事に携わる。準職員三〇名（男性、日給月給制で単価六〇〇〇～七〇〇〇円、肥培管理、トマトの幹のずらし作業、フォークリフト運転）、パート九〇名（女性、二〇代から六〇代まで幅は広く、時間給七五〇～八〇〇円）である。町内、三原市、近隣町村からクルマで三〇分以内の通勤圏である。

世羅菜園の仕事は包装までで、工場出口でカゴメに荷を渡して終わる。物流・販売はカゴメの仕事である。販売額は二〇〇三年が三・二億円、二〇〇四年が三・一億円、増設部分の稼働は二〇〇五年三月からで、フル稼働した場合の目標は八・六～九億円である。B級品が若干出るが、産直市やルートセールスに回している。

キズの大きさ、形、色、農薬使用基準等の規格にあったものをカゴメの生食用トマト「コクミ」ブランドで出荷する。品種はすべてカゴメの特許品種だが、カゴメからの技術指導は少なく、当社で試行錯誤しながら栽培していると している。コクミのトマトは完熟、真っ赤、中身が詰まっている、リコピン（抗癌作用）、グルタミンが多く栄養価が高い、消費者は年間を通じて同一価格で購入できる、が売りである。「調理しておいしいトマト」を「トマトジュースを売るのと同じ感覚で」販売するのがカゴメの方針である（大手スーパーで買って筆者も試食してみた）。

同社の販売価格は通年価格で、カゴメと協議して決める。価格は低下傾向、コストはLPGガスの値上がりや天敵利用で増加傾向にあり、二〇〇五年度は立ちあげ期なので黒字化は困難だが、〇六年は黒字化したいとしている。

カゴメの農業進出　カゴメの「生鮮トマトへの進出は、加工用トマトの生産やJAとの直接的競合をさけたいとの意向」で始められ、「全国約四〇か所の提携先農家、農業生産法人との契約栽培が中心」で、「提携先の大型菜園にはカゴメが最大一〇％の出資を行うケースが多いが、それはカゴメの意向というより、農業生産法人が金融機関から借り入れる際の信用力強化への支援の意味合いが強い」(4)とされている。そのなかで世羅菜園への四九％出資は、同社が認定農業者になっているから可能になったことだが、特別の位置づけといえる。カゴメ傘下の大型菜園としては、そのほかに高知三ヘクタール、和歌山五ヘクタール、長野五ヘクタール、千葉三ヘクタール、福島一〇ヘクタール、栃木一・五ヘクタール、県内にもう一カ所四～五ヘクタール等がある。高知と長野は自治体・三セクを介した土地・施設リース方式、和歌山は「新ふるさと創り特区」における二〇年リースである。

直営農場としては、カゴメ七〇％、オリックス三〇％出資の非農業生産法人・非農地方式の加太菜園（和歌山市）があり、二〇一〇年に二〇ヘクタール、六〇〇〇トン出荷のアジア最大のハイテク菜園をめざしている。非農地としての賃料は反当一〇万円で四〇ヘクタールの借地である。「補助金や親会社の支援無しに、ハウス栽培だけでどこまで競争力を発揮できるかを意識した戦略」とされている(5)。

これから　当社は面積当たり生産性はオランダの半分に過ぎないとして、その原因を栽培技術・設備管理・作業管理・労務管理といった「ソフト」面に求め、「日本の条件に合うオリジナルソフトの開発」をめざしている。

株式会社の農地購入については、一概に賛成とも反対とも言えない、農業を育てる時期なので、地場の中小企業ならよいが、大企業の進出は困る、という立場である。株式会社の農地購入というよりは企業進出についての意見である。

地域とのつきあいは、作物、作型が違うので必要ないし、つきあいもあまりないが、農業士会、農業法人協会には参加している。確かに山中の開発農地に孤立したハイテク工場というイメージがある。

同社としては新施設の稼働安定化が当面の目標であり、同地での拡張は人集めの点で困難であり、拡張するなら別の土地に出る必要があるとする（二〇〇五年一二月）。

日本農園

同社は、尾道市に本社のある物流機器の設計・製造会社「河原」の半額出資による株式会社形態の農業生産法人、認定農業者であり、二〇〇三年の設立である。

「河原」は資本金一六億円で、〇六年に上場予定である。「河原」の会長（五七歳）が、日本農園の社長を務め、「河原」の社長職は弟に譲り、専務には長男がなっている。「河原」の業績は順調ということで、本業の先細りからの農業進出ではない。会長の父は専業農家で、会長はその末子。父は死亡し、家は長男が継いでいる。会長は「創意工夫が好きな発明家」という話であり、これらの要因が重なっての農業進出と推測される。

当初の役員は現社長のほか、「河原」の専務、常務（六二歳、府中市の鉄工会社のセールスを定年退職して入社）の他もう一人（五六歳）で、社長が農家の末子、常務も農家の長男、もう一人は現役の農家ということで、役員要件をクリアしたものと思われる。

出資は一〇〇〇万円で、「河原」が半分（正確には未満）、残りを役員で出した。信用面では「河原」のバックが決定的である。

日本農園の名前は、ワープロで「日本脳炎」に転換されやすいが、バレーボールの「ニッポン、ニッポン」の声援からとったということである。

農業をやりたいということで土地を物色し、世羅町にも当たったところ、個人経営の観光ぶどう園が潰れた物件を紹介され、その跡地を引き継ぐ形で新規参入した。決め手は地下水が豊富で水質がよい、標高四五〇メートルが冷涼を好むレタスに適するという点だった。

土地は県農林振興センター保有分五・九ヘクタール（内保安林一・一ヘクタール）とセンターが隣接地を買い入れ

て売り渡したもの二・五ヘクタールで、総額一八〇〇万円弱である。ぶどう園は傾斜地なので均平化し、保安林はそのまま残してしいたけ栽培に利用している。水槽の下はシートを張るだけなので、農地転用にはならない。

センター売り渡し地の再造成が新農林水産業・農山漁村活性化総合支援事業（単県）で事業費七三〇〇万円、栽培施設・管理棟がアグリチャレンジャー支援事業で事業費六・三億円で、半分が補助である。

品目はボストンレタス（サラダ菜）で、野菜の中でも年間通して価格が安定しているということで選択したが、ふたを開けたら乱高下だという話である。河原の取引先である明治製菓の関連会社の紹介でカナダのハイドロノバァ社とコンサルタント契約を結び、省力化された施設を使っている。液肥は国内とオランダから、種子は毎年オランダから輸入する。フローティング（いかだ）方式の水耕栽培で、現在はボストンレタス一本である(6)。年間一八作が可能であり、夏は四二日、冬は五〇日でできる。水槽の水は外に出さないようにし、残渣はコンポスト化して埋めているが、この活用が課題である。

正規の職員は役員四名を入れて七名、パートが一六名で五〇歳前後の女性が多い。時給八〇〇円である。従業員には「ここは工場生産である」であるという意識をもたせている。

販売額は二〇〇四年度が一・五億円、二〇〇五年度は二・〇億円の予定だが、相場ものである。販路は明治製菓の関連で、東京の青果物輸入卸会社Nに買取契約で全量出荷することにしていたが、同社は関西方面に弱く、日本農園の生産量も多いので、神戸に営業所をおいて関西でのスーパー向け自社販売に力を入れている。

価格は同社の原価を踏まえリーダーシップをとっているが、輸入会社が捌ききれないと市場に出荷するため値崩れし、そのこともあって関西での展開に力をいれているが、関西はチシャ（和風レタス）を好むという嗜好の違いがある。市場からはサラダに使う赤い野菜等を求められている。

農協とのつきあいはない。段ボールは親会社から仕入れる。農協のものはものすごく高く、農家は泣いていると強調している。

株式会社の農地取得については肯定的だが、常務は建築基準法は詳しいが、農地法は「農家を守る法」という以外はよく知らないとしている。

困ったのは病害であり、消毒剤をかけられないので、県の指導を受けて殺菌剤で処理したいという。

現在の敷地での農園については、土地に余裕はあるが、一・五ヘクタール未満でないと補助を受けられないと言うことで現状にとどめ、ここ五年程度は年商二億円の維持をめざしている。「河原」としては、サラダ菜のシステムを販売しつつ、新しい作目を探しており、農園の拡大のための土地も探している。借りてくれと言う話もあるが、土地は購入の予定で、町内と関東方面で探している。関東での自社販売も狙っているわけである（二〇〇五年一二月）。

まとめ

まとまりのない章だが、広島の多様性と受けとめよう。海渡とさわやか田打はいわゆる集落型法人（集落営農の法人化）にあたるが、その地盤は藩政村以上であって「むら」（農業集落）ではない。広島の農業集落は概して規模が小さく、はじめからより広域での協業が仕組まれており、そのことが一層の広域対応を可能なら占める素地になっているといえるかも知れない。海渡は不在地主の農地管理の点でユニークであり、さわやか田打ちは収益配分において他とやや異なる。

それに対して神杉は明治合併村を地盤にしているが、地域ぐるみ組織ではなく大字を異にする六人の農業者の集団であり、経営内容も管理作業も法人側が基本的に行う借地組織であり、彼らの生計も法人に依存し、小作料は低い。芸北町の「うつづき」が借地経営体という点では似ているが、後者は集落基盤の集落営農の形を一応とっている（集

表5-4　調査事例における小作料と管理労働報酬

単位：円

	小作料	管理労働報酬	時給	備考
※神杉（三次）	4,000	3,000		
※海渡（三次）	10,000	18,000（水管理 3,000）	1,200	
※さわやか田打（世羅）	16,764	2,500～2,900（水管理 1,000）	1,000	政府米一等価格
平田農場（大朝）	25,000		1,000～1,500	
鳴滝農場（同上）	18,000	7,000（畦畔管理）	1,000～1,500	
いかだず（同上）	18,000	4,000（畦草刈り）	1,000（オペ）	
重兼（東広島）	36,000		800～1,000	本地面積
ファームうち（同上）	18,000	19,000（水管理 2,000）		同上
さだしげ（同上）	18,000	15,000（水管理 2,000）		同上
おだけ（同上）	15,000	17,000（水管理 2,000）		登記簿面積

注：※は2005年、それ以外は2003年。

落ぐるみではないが）。

集落型法人等における小作料、管理労働（水管理・畔草刈り等）報酬、労賃の水準をみたのが**表5－4**である。

要するに、神杉を除いては基本的に管理労働は地権者が行なうことを基本とする集落営農だといえる。

集落営農における小作料、管理労働報酬、労賃の分配関係はさまざまである。前二者は大朝町ではほぼ一万八〇〇〇円と七〇〇〇円の合計二万五〇〇〇円、東広島市で各一万八〇〇〇円の合計三万六〇〇〇円である。それに対して海渡は小作料が、さわやか田打ちは管理作業報酬が低い。

このような県内地域差がなぜ発生するのか。経営成果（反当農業純生産）とその分配関係について、よりたちいった調査分析が必要であり、さらには富山、出雲との比較も必要である（第8章）。

それに対して神杉のような農業者がそこで飯を食う法人にあっては、このような「高」水準の支払はできない。集落営農と経営体としての法人の相違である。

以上に対して世羅菜園、日本農園は全く異質である。そもそも広島・世羅町である必然もない。そうであったのは、たまたま世羅町で国営農地開発があり、周辺に農業進出したい企業が存在したまでのことであり、両者の一致もまた偶然である。大型施設園芸（養液栽培）としては、まとまった団地的な長期安定性のある農地確保が不可欠であり、地片借地という一般的な農地調達では不都合である。このような条件を格安にかつ上物の補助事業付きで満たしてくれたのが国営農地開発地への参入である。最初の入植者が撤退し、地元に引き取り手がいない遊休土地であり、その点では地元としてもウエルカムだった。

注

（1）広島県の農業法人については拙編著『日本農業の主体形成』筑波書房、二〇〇四年の第四章第二節（拙稿）を参照。同稿では東広島市、芸北町、大朝町の農業法人をとりあげた。

（2）ちなみに「神杉」そのものは良い名だ。「石上　布留の神杉（かむすぎ）　神さぶる　恋をも我はさらにするかも」（万葉集二四一七）と、老いらくの恋の枕詞になっている。

（3）取得面積とハウス敷地面積には大きな差があり、また前の入植者等の経緯等も調査は不十分である。

（4）室屋有宏「株式会社の農業参入」『農林金融』二〇〇四年一二月号。株式会社の農業参入については構造改革特区との関係での断片的な報告が多いが、本稿はかなりまとまった情報を提供している。

（5）同上。

（6）後日、会社から細長く大きな段ボール入りのボストンレタスがどっさり送られてきた。私は味が薄い気がしたが、お裾分けした団地の主婦からは「あっさりしていておいしい。どこで買ったのか」と聞かれた。先のコクミのトマトも含め、多様な消費の仕方、嗜好を探っており、タカが工場製品とあなどれない。

第6章　南九州の集落営農と農協出資法人

はじめに

熊本は農業地域区分では北九州に入るが、本章でとりあげた人吉、小林、都城は地図で見れば山を挟んで地続きのようなものである。この地域を取り上げたのは「畑作地帯における集落営農」という関心からだが、その事例を探すのは難しかった。南九州は畑作・畜産を主とした産地形成がなされ、農協の合併も早く実力もあり、農協を中心にした地域農業支援のシステム作りもなされ、農協の法人出資もみられる。南九州の畑作農業では企業的農業の展開も旺盛だが、それについては次章でみる。

1　人吉の集落営農――ザ集落営農

人吉市

人吉市は山々に囲まれた盆地の真ん中にあるが、市街地もあれば中山間地域もあるところだ。市街地は、クルマのディーラーやパチンコ屋が道路沿いに張り付き「パチンコ戦争」と騒がれているが、クルマで一〇分も走ればもう中山間地域である。

二〇〇五年夏に、二〇〇〇年以降に相続の発生した全ての農地所有農家二九戸の調査をさせてもらった。うち農業をしているのは半分、残りは貸付「農家」と耕作放棄地所有「農家」だ。そしてこれらの土地持ち非農家の相続人の半分は女性の世帯主である。ご主人が亡くなり、子供達は全て他出しているので、独り残された奥さんが相続せざるをえない。失礼ながら奥さん達も高齢だから、次の相続が心配だ。子供が帰ってこない限り、「農地」は大阪や東京などに居住する子供達の名義になるだろう。いずれにせよ借り手がいなければいよいよ耕作放棄される。

相続問題で一貫して懸念されてきたのは、相続に伴う都市在住子弟等への農地所有権の流出、不在地主の発生だが、現実に起こっているのは、このような耕作放棄地相続、高齢配偶者相続である。こういう現象が全国レベルでどの程度起こっているのか分からないが、何とか地域でこのような「農地」を農地として守る方法はないのか。そんな思いのなかで農業委員会から紹介されたのが、大畑麓（おこばふもと）組合である。

大畑麓機械利用組合

話は組合長の上野博司さんと中山間地域直接支払いの集落協定代表者の尾方さんのお二人にうかがった。上野さんは五三歳、球磨地域農協の別のところの支所長さんである。水田一〇〇アール、うち小作三六アール、畑三五アール。奥さんは老人ホーム看護士。尾方さんは五五歳、三〇年近く電気会社に勤め、家の農業のため臨時雇いを通したⅡ兼農家で、農業委員三期目。水田一二〇アール、うち小作四〇アール、畑三〇アール。奥さんは市役所職員。情報のキャッチは尾方さんの方が早く、説明は上野さんが得意という五〇代の働き盛りのコンビである。

大畑麓　同所は、市の中心から南へクルマで一五分、宮崎県えびの市との境にあり、標高四〇〇メートル程度の中山間地域にある。大畑麓町になっており、人吉市では「町」とは町内会のことで、集落（むら）を指す。人吉市に五つある学校区の一つの大畑学校区に属し、学校区内には一〇の町内がある。「麓」というと薩摩藩では士族集落を指すが、ここ相良藩ではそうではなく、昔、山城そして薩摩街道の関所があり、その麓という意味ではないかという。集落は昭和三〇年頃までは四八戸の農家があったが、現在は離農して農家は二四戸、しかし離農者もそのまま住み着き、総戸数は変わらない。昔は出稼ぎが多かったが、団塊の世代が高校を出た頃から地元就職ができるようになり、出稼ぎは減り、ほぼ一〇～一五年前に消えた。水稲と出稼ぎの村で、繁殖牛の少頭数飼いをしていた。昭和三〇年代に酪農が入ったが、四〇年代には消えた。たばこも同様だ。そして町場に近いこともあり、兼業が主になった。

「迫」の底が集落になり、集落内の農地といえば水田ばかりで二四ヘクタール。台地に立地する畑は集落内にはなく、他集落に出作する。逆に水田には他集落からの八戸ほどの入作がある。

きっかけは中山間地域直接支払い　集落は生産調整にも集団で取り組んだ経験がなく、達成率は最低の集落とされてきた。圃場整備が一九七四～八八年に行われ、区画は五～三〇アール、平均二〇アールになった。償還金は反当一万～一万三〇〇〇円で返し終わるまであと一三年かかる。集落農家の平均年齢は六五歳を超えているので何とかしなければならないという危機感はあったが、なかなか対策をたてられなかった。

一九九五年、上野さんが農家振興組合（農協の集落組織）の組合長に選ばれた。行政から振興組合単位に生産調整が割り当てられてくるが、依然としてこなせないので、未達成の農家から反当五〇〇〇円の違約金を徴収することにした。しかし「違約金を払うのがきつい」という文句も出るようになった。そこに二〇〇〇年から中山間地域直接支払いが始まるという情報が尾方さんからもたらされ、一気に話が盛り上がった。

尾方さんの方は、農業委員会等で校区単位で組織を立ちあげられないかを検討していた。認定農業者等の担い手農家を念頭においていたが、彼らは自家農業に手一杯で、水稲の組織を作ると自家の農作業とぶつかってしまう。市の認定農業者は七三人（うち法人等の組織が七）だが、ほとんどがたばこ、畜産、野菜、花と水稲の複合経営である。

そこで尾方さんとしても、「校区がだめならウチの集落でやってみるか」ということになった。
それまで集落営農の取り組みをしようにも先立つカネがなかったが、中山間地域直接支払いのカネは、単年度主義でなく年度をまたいで使えると言うことで、「直接支払いは福の神だった」。先の違約金を農道舗装の日当（一五〇〇円）に当てたりして集落ぐるみの取り組みもしてきたので、集落協定には結びつきやすかった。

機械利用組合の立ちあげ　集落協定は入作農家も含めて三三人、二〇・一ヘクタールを対象に結ばれた（未整備の〇・五ヘクタール未満の水田は要件に満たないので除外された）。協定内容は、共同利用機械の購入、農道・水路管理、景観作物の作付けなどだが、中核は「大畑麓機械利用受委託組合」を立ちあげることだった。焦点は中山間地域直接支払いの金額の個人分と共同取組活動分の配分割合になった。行政指導では半々ということだが、上野さん達はなるべく共同分を多くしたかった。しかし合意が得られず、共同七、個人三の案を提案し、六対四に落ち着いた。年交付金額は三〇〇万円なので、一八〇万円が集落に入るわけである。

これを積み立てて必要な機械を買うことにした。組合員の所有機械を点検したところ、一戸平均五〇〇万円以上も買っていることが分かった。そこでこの機械の一部を組合で買い上げることにした。買い上げに当たっての原則は、「使用中の機械で償却し終わって一〇年以内、返済残金のないもの。点検料、交換部品等は爪や刈刃を除き売り主負担。最高二〇万円以内」ということである（この辺は農協マンの得意なところだろう）。この原則で、トラクター三台、田植機三台、コンバイン一台を買い取り（全て上限の二〇万円）、さらにトラクターとコンバイン各二台を購入し、併せて一〇〇〇万円を投じた。

しかし乾燥機には手がでなかった。そこで所有している六戸の農家と契約を結び、組合を通じる金銭授受でやってもらうことにした。農協に共乾施設の建設をお願いしているが、地域全体のカントリーエレベーターがあるため話が進まない。これが「玉にキズ」だという。

生産調整の取り組み　生産調整はずっとバラ転でこなしてきたが、前述の違約金制度は不評だったので、それをやめて団地転作に取り組むことにした。二〇〇一年度は四つの団地四・四ヘクタールをまとめ、全体でも八ヘクタール、達成率は一一四％となり、生産調整推進奨励金の一部を転作種子代、農道・市道の舗装に使うことができた。〇三年度には一〇ヘクタールに増えたが、助成金は減額になった。転作物は麦が四ヘクタール（麦は水田裏作も含めて五ヘクタール）、飼料作が六ヘクタールである。転作は、組合を通じて麦部会、飼料部会に委託される。転作助成金六万三〇〇〇円は所有者に行くが、所有者は「担い手」である組合に一万三〇〇〇円を払って転作作業を委託する（所有者の手取りは五万円）。組合はさらに三〇〇〇円を払って畜産農家に委託する（畜産農家は三〇〇〇円プラス収穫物）。耕畜連携事業で堆肥還元すれば、プラス一万三〇〇〇円がもらえる。

野菜部会があり、水田三〇アールを借り上げて、サラダ用タマネギ一五アール、キャベツ一五アールに共同作業で取り組んでいる。採種用タマネギ・ダイコン・菜っ葉にも取り組んでいるが、これは技術を修得したら個人で取り組むことにしており、〇四年にはタマネギは二戸、ダイコン等は五戸二五アールになっている。また組合員の水田二ヘクタールで景観作物としてレンゲを栽培している。組合が種子を配分し、地力増進用にすき込まれる。

野菜の共同作業には年四回、ほとんどの農家が参加するが、日当は一五〇〇円である。高くすると直接支払いのお金が労賃でとんでしまうということで、「極端に言えば奉仕」と割り切っている。「むら仕事労賃は一五〇〇円」が相場のようだ。

作業受委託の取り組み　組合としての作業受託の方は、委託農家が約三〇戸、耕耘、田植、収穫が各一〇～一一ヘクタールだが、集落外からの受託が多く、集落内からは五戸、三ヘクタール程度にとどまっている（オペレーターの分も含む）。オペレーターは上野、尾方さんのほか、六六歳の方の三人である。仕組みはトラクター作業を例にとると、組合の機械を使って自分で作業する場合は、機械のリース代反当一五〇〇円を支払う。組合員が委託する場合は、プラスしてオペレーターの日当が反当二〇〇〇円の計三五〇〇円になる。員外農家が委託した場合は、日当が七四二〇円にあがり、計八九二〇円になる。この八九二〇円が地域の協定料金である。田植機の場合は、組合員二五〇〇円、員外五七七〇円、コンバインは同じく五五〇〇円と一万二六〇〇円である。要するにオペレーター賃金が反当でトラクター二〇〇〇円、田植機二五〇〇円、コンバイン三五〇〇円と「むら仕事」並みに低く押さえられることにより、格安の委託料となるわけである。しかし組合の受託はかならずしも多くない。組合は「受委託組合」と名乗ってはいるが、共同所有機械の個別利用組合でもあるわけだ。

なお主として作業受委託のあっ旋のために下球磨地域農業支援センターが作られており、一四人が登録されているが、うち組織が三、同組合もその一つに入っている。しかし立ちあげて二年目で貸借は五件、作業受委託は春作業八〇戸、耕起一九ヘクタール、田植二七ヘクタール程度である。

これからをどう考えるか　同組合の現在は、中山間地域直接支払いの集落協定に基づく「むら仕事」の延長上での任意組織で、機械の共同利用、作業受委託、そして野菜等の共同栽培が主であり、賃貸借までは進んでいない。今後をどうするかについては、地域全体を見渡す農業委員の尾方さんと、農協支所長としては地域を熟知しているが、根が慎重で「石橋をたたいて渡る」上野さんはやや意見が違う。

尾方さんは一〇年以内に賃貸借に移行するだろうとみている。校区内農地は全体で二〇〇ヘクタール、このうち圃場整備したのが半分。圃場整備した田はなかなか委託に出されず、未整備の田んぼばかり出て来るが、いま耕作しているのは七〇歳以上だから、いずれ圃場整備田も委託され、ゆくゆくは整備、未整備あわせて二〇〇ヘクタールのうち半分は集積の見通しである。オペレーターの後継者を集落内で確保しようとしたが、みんな勤めに出ているので、校区全体に呼びかけて確保したい。そこで校区単位の法人立ちあげを当初考えたわけである。

それに対して上野さんは、二〇ヘクタール分を組合で受ければ三〇人でできるが、校区内の他地区からも賃借するとなれば現在の三人のオペレーターでは機械作業しかできない。草刈り、水管理は各自でやってくださいということになる。「農地を集約（流動化による特定者への集積のこと）すればするほど集落が消えていく。私たちは『むら』を残そうとしたのであって、儲ける話ではない。ここの農地は一年作らないと荒廃地になる。一度荒廃地になったら受ける人はいない。農地を守ることから始めないといけない。五年スパンで段階を経てやろう。法人化はしようと思えばすぐできるが、今のところメリットはない。法人税を支払うには仕事量を増やす必要がある。そのためには借金をしなければならないが、安易に借金すると『むら』が潰れてしまう」と言う。

これに対して尾方さんから異論があるわけではない。前述のようにこの地域は単作的な派手な規模拡大はないが、水稲と集約的なたばこ、野菜、畜産との複合経営でけっこう中規模農家が残っている。他方で冒頭の相続の状況でもみたように、高齢化、一世代世帯化が進み、耕作放棄も拡大している。この二つの状況が混在しつつおしなべて高齢化が進んでいるわけだから、作業委託や賃貸の発生は「まだら」である。だから組合の受託も集落内は少なく、校区内に分散することになる。このような状況はそれなりに自作農家が展開しているところに共通の現象で、そこでは集落より大きな範囲で網を打った方が事業量がまとまる。その点では尾方さんの話に分があるが、他方では集落で守らないと守りきれないという上野さんの考えもその通りである。両者が納得する事態の打開はオペレーター確保を契機に起こるのではないか。「場の戦略」がいよいよ重要である（二〇〇五年九月）。

盛んな女性の直売所活動――中林集落

人吉市は直売所活動が盛んである。市内には四つの「ふれあい市」がある。最初は「ふれあい良心市組合」で、ふるさと創生資金や農協の補助を受けて一九九三年に立ちあげられ、組合員は当初は四八名が八七名に膨らみ、二〇〇三年の売り上げが四〇〇〇万円強（ピークは九六年の六四〇〇万円）、二〇〇四年には農協の直売所「ＪＡくまっこ市場」に発展した。その他の三つはいずれもローカルスーパーのインショップで、スーパー内直売コーナーともいうべきものである（九五〜九八年の立ち上げで、組合員はそれぞれ七四〜九七名、二〇〇三年の売り上げが四八〇〇〜六三〇〇万円。販売手数料は一七％。スーパーのレジを利用し、役員が毎日巡回する）。そのほかにもいくつかの直売所、加工施設があるが、ここでは市の中心部に近い中林集落の例を紹介する。

中林は一つの集落（町内）だが、真ん中に線路が走っているため農家組合は中林、新村の二つに分かれている。各一三戸ほどの農家だが、新村は道路沿いで自動車関係のディーラー等が張り付き、農家の活動は中林と一緒にやっている。組合長の新村博之さん（五九歳）宅をおたずねしたところ、奥さん（五四歳）とあと二人の女性（六〇歳と四四歳）が元気に対応してくれた。新村さんは水田自作三・五ヘクタールと小作一・五ヘクタールの五ヘクタール農家、水稲三ヘクタールとたばこ二・五ヘクタール、畑一五アールでの野菜作りで、認定農業者になっている。

中林は一村一品運動で一九八九年に玉ねぎ生産組合を立ちあげた。砂壌土でタマネギに適しているためである。当初は二〇戸で五ヘクタールほど取り組んだが、高齢化で現在は一六戸四ヘクタールに減っている。

地産地消で、給食センターや、農協を通じて福岡市場に出荷していたが、手数料がもったいないということで、一九九〇年に一三戸の農家で無人直売所を立ちあげた。道路沿いの二〜三坪の手作り直売所である。タマネギの寄り合いで農協の営農指導員から鹿児島で無人スタンドが始まったという話を小耳にはさんだ女性達は、その帰り道で「自分たちも直売所を作ろう」と話し合い、二〜三日で小屋を造ってしまったというから、ものすごい実行力である。こうして中林農協女性部の直販部会「きらら会」の直売所ができた。

タマネギ、ナス、キュウリ、からいも（サツマイモ）など一〇〇円均一である。有人にしたのが四〜五年前。梨やミカンも仕入れて販売するようになった。午前中は自分たちが売り子になり、午後は六五歳の人を雇っている。手数料は一〇％である。当初は一〇〇〇万円の売り上げで直売所のなかでもトップだったが、その後たくさんできて現在は九〇〇万円ぐらいである。売り上げのピークは朝の七～八時、昼過ぎにはあらかた売れてしまう。現在の出荷者は八名に減っている。高齢化でやむをえないわけである。

販売代金は女性名義の農協口座に振り込まれる。新村さんで一七〇万円ぐらいだが、家計に回されて、ヘソクリには三〇万円程度という。もう一人の六〇歳の方は約一五〇万円、積み立てておいて家計のほかに年二回の野菜部会の旅行に使ったりする。

先の玉ねぎ生産組合の出荷は、この直売所が六割、学校給食が二割、市場出荷が二割ということになった。学校給食は農業委員会が地元の野菜を使うことを提起して始まり、月二〇万円の五カ月分という。

売れなかった荷は、タマネギを除いて出荷者がその日のうちに引き取ることになるが、それではもったいないということで、農家振興組合で加工所を一九九九年から立ちあげた。集落営農に取り組もうと言うことで男性達は籾すり機の導入を検討していたが、女性部の「漬け物を作ろう」という声のまとまりの方が早かった。これは農家振興組合の取り組みとして、農協女性部には入っていない先の四四歳の女性も参加し、現在は九名で取り組んでいる。立ち上げには、普及センターからの情報で担い手活性化事業の補助金五〇万円を受けている。漬け物はナス、高菜、ダイコン、キュウリ、梅干しなどで、饅頭、米粉だんご等も作る。農繁期は休むので、当初は九〇万円、現在は高齢化で六〇万円程度で、イベント等でほとんど捌けてしまうが、先のスーパーにも置いている。加工所の仕事は朝、野菜をとって作るので四時起きになるという。

女性パワーにおされ気味だが、肝心の集落営農の取り組みもなされている。同集落は市街地に近いため、農振地域から除外され圃場整備事業にも加われないので、自分たちで環境整備しようということで一九八六年から用排水、農道の整備にとりくんでいる。日当無しの出役で、出不足金は二〇〇〇円である。生産調整は個人のバラ転対応だが、目標を達成すれば市から六〇万円相当の原材料の支給があるので、それで先の整備やU字溝化に当てている。

またトラクターは個人持ちだが、アタッチメントは組合で購入して、共同防除、共同育苗には取り組んでいる。機械作業はグループと個人での取り組みになる。このように転作助成金を活用しての緩やかな集落営農だが、それも先細るなかで、国の経営所得安定対策等の開始をにらみ、集落営農の高度化に向けて話し合いをしているところである（二〇〇五年九月）。

2　都城市――アグリセンター都城、夢ファームたろぼう

都城地域農業振興センター

都城市　都城市と北諸県郡四町は二〇〇六年一月に合併するが、以下で合併前の都城市についてみる。同市は、水田と畑がそれぞれ三六五〇ヘクタールの田畑作地域である（二〇〇三年）。市町村別の農業産出額は全国第五位、豚と肉用牛は全国一位、ブロイラー二位、ごぼう二位、サトイモ八位という畜産と畑作でトップクラスの市である。北諸県地域全体の農業粗生産額構成は、畜産七九％、野菜八％、米八％、工芸作物三％である。基本構想の目標は年間所得八〇〇万円、年間労働時間二〇〇〇時間。認定農業者は目標四〇〇名に対して二〇〇五年六月で四八八名を数える。内訳は畜産三二五名、野菜一〇二名、工芸作物三四名に対して稲作は一一名に過ぎない。うち法人は三九にのぼる。同市の農業生産法人は二六、有限会社二二、農事組合法人二、株式会社二である。その主作目別の内訳は、露地野菜一〇、畜産九、花卉花木三、茶、施設園芸、水稲・養豚が各一である。

このように畜産と畑作が盛んであるが、水稲については担い手が少ない。そのこともあり、都城農協、その管内である一市五町、県農林振興局、農業改良普及センター、農業共済等が一九九八年に都城地域農業振興センターを設立し、農協の営農企画課を事務局として、集落営農、担い手、環境保全型農業の育成等について取り組むことにした。

市と農協が各一五万円づつを出し合って集落営農の資材購入等を支援する措置も講じており、同市だけでも二〇〇四年度までに一〇組織が支援を受けている。しかし主作目は野菜が多い。

公社構想から協議体へ　振興センターの発端は一九七五年の一市五町の農協合併にさかのぼる。数自治体を管内とする広域合併農協を立ちあげたことに伴い、農協は、関係首長、県出先機関（振興局）、普及センター、農業共済に呼びかけて「顧問会」を作ってもらい、年一回集まって協議することとした。正確にはまず都城市と農協で始め、翌年から五町も加わった。郡内一円の広域合併農協と自治体の範域の大きなずれが生じるなかで、そして折から生産調整も本格化するなかで、農協にとって管内自治体の足並みを揃えてもらうことが必要だったのだろう。

一九九五年に農業公社構想がもちあがった。農協に天下った市の農政関係のＯＢの提言によるものだとされるが、狙いは新規作物の開拓をめざした実証圃の設置や、農地流動化、作業受委託、機械の高度利用化、販売計画の樹立等をめざした農地マップの作成だった。

しかし公社を業務的に検討すると、農協が既に農業機械銀行、農地保有合理化事業、営農支援センター等として取り組んでいることと重複し、行政からの出向も法的に難しく、また農業公社は全国的にも赤字が多いことなどから、九六年には設立は困難との結論が出された。

このような動きを踏まえて、九八年に、行政と関係機関が一体となって農業振興センターを立ちあげることにした。経営体としての公社ではなく協議体の設立である。さらに二〇〇一年には北諸県内の五町、そして農業委員会も参加することになった。そして二〇〇五年には自治体の合併により、農協と自治体の範域が等しくなり、センターは国の担い手育成総合支援協議会のお墨付きをもらうことになった。

組織と業務　組織は、トップによる委員会（年一回）、部課長クラスによる運営委員会（年一回プラス臨時）、課長補佐、係長クラスによる事務局員会（月一回）と大がかりだが、実際には農協の営農企画室（九名）が事務局の中核機能を担っているようである。

センターは、挫折した農業公社構想が目的としたものを継承することになる。それが冒頭に述べた三項目だが、その後に「地域水田農業ビジョンの推進・定着化」が加わり四本柱となっている。センター内には農業講座・盆地アグリスクール（主婦や定年者などの未経験者の研修）、茶部会、大豆生産振興部会（キヨミドリの全域普及）、米政策改革大綱推進部会、畜産部会（〇二年から糞尿処理をテーマに）、集落営農部会が置かれている。

このような取り組みの背景として、農協が三年ごとに行っている地域農業振興計画作りのための組合員アンケート調査がある。その二〇〇〇年の結果が第七次地域営農振興計画書に記載されているが（回収数約一万で率にして八二％）、農業経営者は六〇歳以上が五九％で、六年前に対して一〇ポイント増、一人・二人世帯が四一％、農業後継者がいない農家が六八％、貸したいが一四％、売りたいが六％で計二〇％に達した。このようなことから、振興計画では担い手の育成支援、新規農業研修者制度の活用、ＪＡ出資型法人による担い手が見つかるまでの保全管理や新規就農者の研修の場の提供が唱われた。また農産物販売額の七〜八割を畜産が占めるなかで、畜産だけでは農地利用を確保できず土地利用型作物の導入が求められるとともに、畜産から排出される糞尿を有機資材として活用した耕畜連携による持続型農業が求められる。

農協事業の分社化と集落営農　農協サイドには、このような農業公社構想とタイアップして農協の利用事業（施設利用、作業受託といった農業機械銀行機能）を独立・法人化させて、自らの仕事として取り組ませたい意向があった。それが二〇〇一年の農協子会社（有限会社）である農業生産法人「アグリセンター都城」（以下ＡＣＭとする）の設立である。かくして農業振興センターの最初の課題はこのＡＣＭ設立に向けての地域的合意形成だったと思われる（ＡＣＭの関係は次項で詳述）。

それ以降の最大の力点は集落営農の育成におかれている。旧都城市では市の集落営農確立推進事業とタイアップして、二〇〇〇年度から毎年二〜四地区を支援している。農協出資法人の第一号として「たろぼう」が二〇〇二年に立ちあげられ、そのほか高城町、三股町、都城市高木町でも法人を立ちあげている。うち一つは酪農のコントラクターを中心としたものだが、その他は水田が主で、経営所得安定対策を睨んだものである。

〇六年には高木地区に農事組合法人（特定農業法人）「きらり農場高木」が立ちあげられる。地区の三〇〇戸の農家が出資し、その五分の一は畜産農家ということで、稲作や飼料作の作業受託を行い、畜産農家や兼業農家がオペレーターになる。報道によれば「法人は作業を委託する際、畜産農家に委託料を払う。生産した農産物（飼料作物）は法人の所有だが、畜産農家は委託料で買い戻せば、飼料作物を確保できる」ということなので、従来からの転作作業受委託と同じシステムだが、今後は二〇〇〇筆に及ぶ「集落の農地を作物ごとに団地化する」ということだから、集落営農の本領が発揮されるわけである。

農協としては法人に出資する方針だが、法人側には「農協の出資を受けないといけないのか。農協に乗っ取られるのではないか」という懸念があり、農協としても出資金が二〇％を越すと連結決算の対象になるので、一五％程度にとどめる方針であり、その代わり運転資金を貸すつもりである。

農地流動化をめぐって、後述する農協のＡＣＭやその他の法人経営が林立し互いの借地が入り乱れて虫食い状態にあり、また耕作放棄地もある。貸し手農家が利用権の設定をしたがらないという問題もある。こういうなかで交換耕作が課題だが、個人情報保護との関連で、農地マップの閲覧も含め、農地に関する個人情報開示が課題になっている。

アグリセンター都城（ACM）

農業機械銀行　都城農協は一九七〇年代はじめからの農業機械銀行活動で著名である。銀行の下部組織として、受託者部会を二〇〇名組織するとともに（現在は九〇名に減少）、農協直轄の「農産センター」として、当時で正職員六〇名程度を雇用して、トラクター作業三五〇〇ヘクタール、育苗五〇万箱、ライスセンター一〇万袋（三〇キロ）を受託していた。目的は端的にいって農家の過剰投資の防止である。水田・畑が半々の田畑作地帯であり、とくに畜産が盛んななかで、水稲作業は受託部会に回し、営農センターは飼料作の受託を主にした。飼料作だけでは年間雇用できないので、前述の施設稼働や冬季の水田の土地改良等にも取り組んだ。七五年の農協合併により、このシステムは郡内一円に拡大することになった。従業員はオペレーターとして経験を積みつつ、農産センター内で移動することとし、農協職員として共済等の「事業推進」は行うが、その他はセンター業務に専従させた。

以上の事業に対して七二年には農水省の農業機械銀行実験事業の指定を受け、その後も機械銀行関係の各種助成を受けてきたが、八〇年代後半からは農協の単独事業になっている。

営農支援センター　農協は九五年に「営農支援センター」を立ちあげた。これは農産センター機能にはない露地野菜やサトイモの収穫等の受託を行うもので、正職員は二～三名だった。九五年といえば、前述の農業公社構想が浮上した年でもあり、それと連動した動きだった。すなわち飼料作だけでは土地利用を埋め尽くせず、土地利用型作物の導入が求められるが、その実証圃が欲しかった。農業公社にその機能を求めたが、それが困難になったところで、営農支援センターは九六年から作業受委託のあっ旋だけでなく、賃借による直営に乗り出す。当初はレタス限定で五～六ヘクタールに取り組む。特産品、新規作物の開拓、露地野菜の普及、あるいは施設園芸への転換等が目的である。農家の高齢化で土地が荒れ、集荷も困難になるという事情もあった。

営農支援センターは所管が農産部営農企画課から販売課へとめまぐるしく変わったが、二〇〇〇年には、農産課所管の農業機械銀行（農産センター）と営農支援センターを合体して「農産事業センター」とし、翌〇一年に同センターを分社化し「有限会社アグリセンター都城」（ＡＣＭ）として独立させたわけである。

ＡＣＭの目的　事業目的は、水稲・畑作等の農業経営、農作業の代行・請負・委託、農産物の加工・販売、農業機械・施設の利用・貸付、その他付随する一切の事業となっており、農業経営が筆頭業務である。農業機械銀行としての受委託なら分社化の必要はない。あくまで農地を借りて農業経営を行うための分社化である。その背後には前述の農家の高齢化に伴う貸付希望があった。賃貸借となれば他の担い手農家や法人と競合することになるが、農協合理化事業の展開のなかで、貸すことに対する不安がよせられ、農協に預かって欲しいという要望があった。ACMとしては、既存の借地の貸しはがしではなく、あくまで地権者意思に委ねつつ、対応することとしている(1)。とはいえまとめて借りたいという意向は強く、農業委員会機能に期待しているが、不十分である。

ACMは、多くの若い従業員をかかえて農業従事させるわけだが、業務項目にもみられるように、特別にのれん分けや農業者としてのインキュベーター機能を果たすことは考えていない。研修的な特別枠を設けることは、後述する臨時社員や登録社員が同じ仕事をしているなかで志気にもかかわる。また立ちあがったばかりのACMとしての人材養成優先であり、地域としての人材育成はその先の仕事だとしている。

営農指導機能ももたない。営農指導自体は農協本体に残し、農産、園芸各一〇名強、畜産二〇名の営農指導員を擁している。ACMとしては「企業的な農業のあり方を農家に真似て貰うことが目的」としている。

農業経営については、二〇〇一年の伊藤園との茶園一〇〇ヘクタールの育成契約がある。当初は農協合理化事業の研修事業として取り組む予定だったが、県に申請したところ一〇〇ヘクタールもの研修はアウトとされ、急きょACMに移管し、その基幹業務化することとした。

資本と役職員　ACMの資本金は一〇〇〇万円。出資は農協が九五%、残り五%が専務（五六歳、前農産センター次長）と常務（五五歳、同じくセンター支所主任）である。社長には農協組合長が就任している。二人については、「県下初の農協出資法人が、農協が事業しているのと同じだと対外的に受け取られるのは困る」ということで出向は県が認めず、退職して出資者となった。公社（公益法人）、事業協同組合などいろいろな非営利の企業形態が検討されてきたわけだが、三人（実質二人）という極めて少数経営者（出資者）支配的な有限会社形態に落ち着いたわけである。

社員には当初は出向者が四〇名ほどいたが、順次、正社員に切り替え、現在は経営管理課長一名（ヒアリング相手）の出向のみである。農協から引き継いだ従業員はベースアップ分が農協より少し落ちるが賞与は同じ。新規採用者の給与は農協より少し安く、臨時の上ぐらいの水準という。子会社化の理由の一つとして人件費の抑制があるが、モラールを高める必要があり、固定給は抑制気味にして人事考課を農協より厳しくし、かつオープンにしている。朝礼で「アグリビジネス八箇条」を唱和している。

雇用形態別には、①正社員五五名（男性三九名）で設立時から不変、平均年齢は四〇歳。②一年契約の臨時社員が三二名。平均五〇歳で男女半々。日給は男六五〇〇円、女五一〇〇円。③登録社員の登録数が九〇名。会社が必要な時に優先的に来て貰う人で、社会保険に入らないので②よりやや高く、男七〇〇〇円、女六七五〇円。④さらに足りない場合にはシルバーセンターに業務委託。ほんのわずかだが、地元の人たちのグループ（七〜八人）に草取り等を業務委託することもある。人の確保はだんだん難しくなっているという。

農地　農地保有についてみると、〇四年度で、畑一九・七ヘクタール、茶園八五ヘクタール、水田二・八ヘクタールの計一〇七・五ヘクタールで、うち所有は水田一・八ヘクタールである。あとは借地だが、年金等の関係で利用権設定できないものが五ヘクタール程度ある。畑が多い割には利用権が設定されているといえる。〇六年度は、茶一五ヘクタール、畑二五ヘクタール、水田一ヘクタールのプラスで、計一四八・五ヘクタールに伸びている。

小作料は茶と水田が反当一万五〇〇〇円、露地野菜用の畑が一万円である。茶園は一五年契約、畑は三〜五年契約である。貸借は農家からの持ち込みによる農協合理化事業により、決定には常務が立ち会う。土地についての条件は農協が交渉に当たる。ＡＣＭとしてはまず茶に適した農地を集めて貰い、茶にあわないものは露地野菜用に使う。水田の所有は負債がらみで農協に頼まれて購入したものであり、ＡＣＭとしては農地取得をする気はない。

伊藤園との契約では茶園一〇〇ヘクタールが目標である。当初は無理をして農地を借り、「農協は何をしているのか」と思われたが、一年、二年とたつうちに様子を見ていた農家からの持ち込みが増え、山間地のある程度まとまった農地を公民館長が持ち込むケースも五、六件出ている。土地は需給逼迫とはいえず、このスピードで進む見通しである。

県の遊休農地対策での借り入れも八ヘクタールある。ＡＣＭとしては遊休農地対策もやりたいが、あくまで経営が成り立つ上での話である。

当初は農業委員会にもあっ旋を依頼したが、現在は前述のように農協合理化事業を通じており、ＡＣＭが直接に地権者と交渉することはない。担い手との競合はあり、良い土地は担い手優先が原則である。

経営　業務組織と事業内容は**図６－１**のようである。水稲や飼料作の受託事業のために四事業所、九農産センター（ほぼ農協支所ごと）が置かれ、そのほか茶事業部と新規事業開発部の下のグリーンセンターがある。グリーンセンターはレタス・ごぼう・甘藷・水田の経営、レタス・ごぼう・にんじん等の栽培受託を行っている。職員は各事業所に出勤し、農産センター等の主任の下で仕事する。各農産センターがＡＣＭの基礎業務単位といえる。

〇四年度の収益は六億五三〇〇万円（売上高六億三五〇〇万円）。内訳は、ほぼ図の通りで、農産業務部門が八九％、グリーンセンター部門が残りである。なかでも水稲育苗が全体の三六％、大型農機が二四％、乾燥調整が一四％、白米供給が九％を占め、現状では水稲作業受託が主たる収入だといえる。

茶は成園まで五年かかり、その間に反当八〇万円程度のコストがかかるが、ＡＣＭの棚卸し計上である。営農口座を別に設けて区分経理しており、貸越利息は農協が負担するので（一〇〇〇万円）、農協の無利子貸付に等しい。

初年度は一〇〇〇万円の赤字を出したが、二年度目からは黒字化している。営業利益を一三〇〇万円出しており、

図6-1　アグリセンター都城の管理運営図

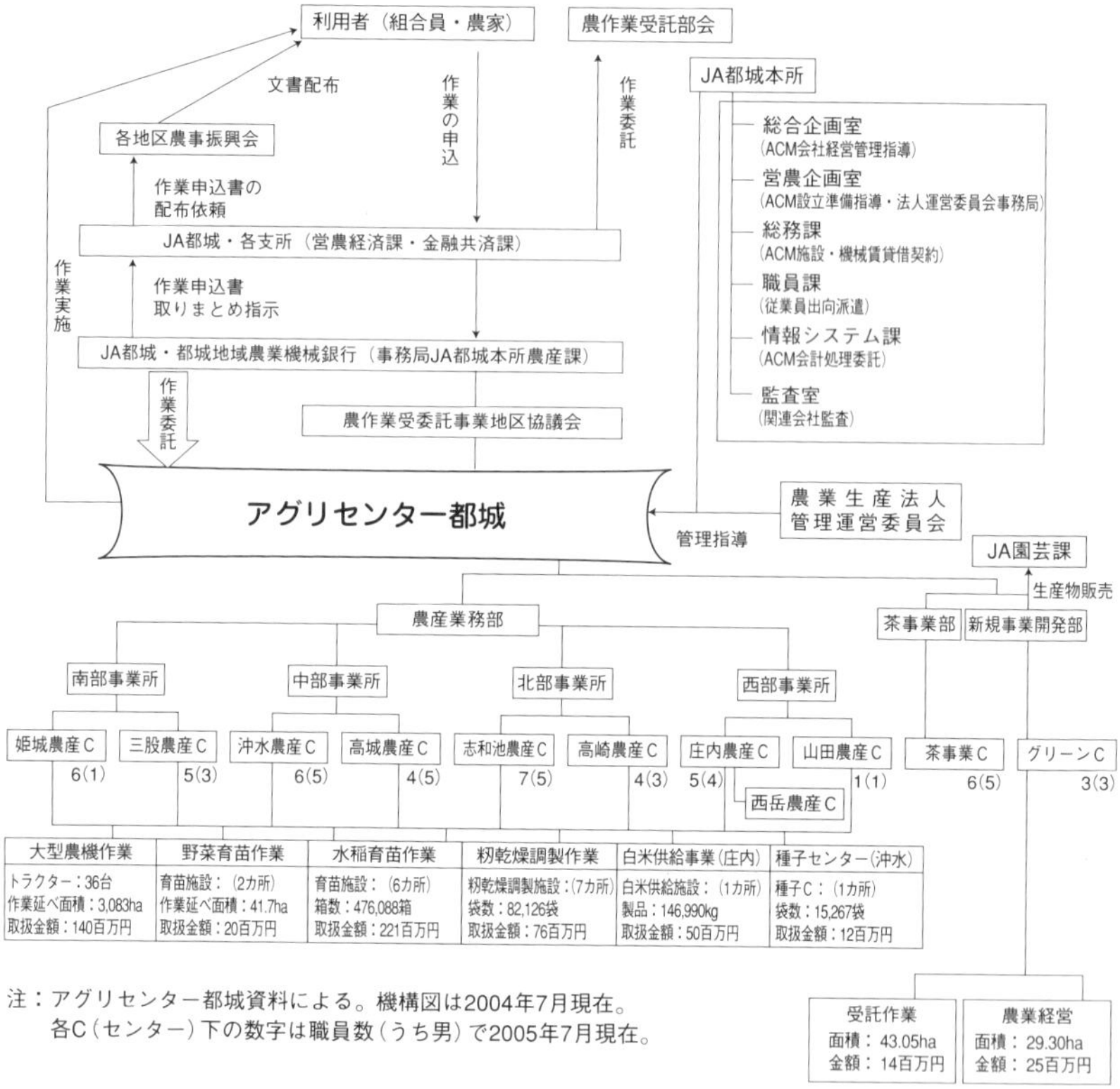

注：アグリセンター都城資料による。機構図は2004年7月現在。
各C（センター）下の数字は職員数（うち男）で2005年7月現在。

営業外損益はマイナスであり、通常の補助金等に依存した経営体質でない。

茶の投資が大きな負担になっており、利益の積み立てはない。三年後には六〇〇〇万円（毎年二〇〇〇万円）の設備投資が必要であり、農協の増資等はあてにせず、今後の利益と近代化資金の借入等で賄うつもりである。担保なしで借りられるのが農協組合長が社長をしている農協子会社の強みである。今後は面積的には作業受託が減り、農業経営が増える予想だが、農業経営は年々の変動があり、受託より収益性が低いのが不安材料である。

運転資金は農協のプロパー資金を借りており、茶で四億円、その他で一億円、利子は二％台で茶で六〇〇万円、一般で六〇万円程度である。七月までが苦しいが、それ以降は借入はない。

農産物の販売と資材の購入は全て農協である。大口取引の対象にはなっているが特別扱いはない。手形のサイトを農協の最大限まで延ばしてもらっている。ＡＣＭとしては農協以外からの仕入れも考えたが、立場上無理だった。

ＡＣＭについては農協の理事会に報告され、理事からもいろいろな意見が出される。また農家からの「仕事の出来が悪い、荒い」といったクレームは農協支所に寄せられる。

これから　特定農業法人にはなっていない。地域が広すぎ、不特定多数を相手にしているので地域を限定できないからである。ただし支所単位に農用地利用改善団体を組織することはありえる。問題は水田の借地である。地域ごとに条件が異なり、飯米が欲しいといった農家の要求もある。水田をまとめてもらい、水管理等は地権者でやってもらう集落営農方式を考えているが、できなければＡＣＭがやることになる。

ＡＣＭのさらなる分社化は考えていないが、茶については可能であれば、地域の茶農家に委託することはありえる。

ＡＣＭは農協子会社だが、農協の業務を分担するようなことはせず、自らの企業経営に徹しており、経営の安定、人材の養成が最大の課題としている。その点ではすっきりしているが、それだけに農協子会社が地域最大級の農業経営体になることの意味が問われる。特に作業受託は当初からの事業であり、かつ今日も最大の事業であり、それは農家の営農継続に大きな役割を果たしているといえる。しかしそれも農協が抱え込んだ農業機能の分社化であり、そのほかにも、農業の担い手の創出、耕作放棄地対策、次章でみる企業経営の農地取得への対抗、農家への企業経営モデルの提供、茶産地の形成、いろいろ大義名分は考えられるが、本命がいずれかについてまでは確かめていない（二〇〇六年一月）。

夢ファームたろぼう

村と農地　明治二二（一八八九）年に太郎坊ほか四村が沖水村に合併し、沖水村は昭和一一（一九三六）年に都城市に編入される。従って太郎坊村は藩政村にあたる。太郎坊村の下には山野原（農家八六戸）、広瀬（七〇戸）、太郎坊（六八戸）の三集落があり、それぞれ公民館をもつ。以下、詳しく見ていくが、ここでは集落（むら）ではなく、明治合併村（沖水）、藩政村（太郎坊）が一貫して主たる場面になっているのが特徴である。

一九五二年に沖水地区病害虫対策委員会がつくられ、太郎坊が一つの防除班にくくられた。六八年に都城市地域農業振興会が発足し、沖水地区農事振興会のもとに太郎坊農事振興会がつくられ、山野原、広瀬、太郎坊集落はその支部となった。一九九一年に太郎坊農事振興会は営農改善組合に改組され、さらに二〇〇四年に法人化されるが、このように戦後を一貫して三集落はまとまって「太郎坊」として活動してきた。農業センサス上は三集落が農業集落として扱われているが、転作等の割当も太郎坊に対してなされ、農業上の地域単位は集落ではなく太郎坊村になっている。

沖水村はその名が象徴するように、そして**図6－2**にみるように、大淀川が大きく蛇行しつつ沖水川、庄内川と合流する氾濫源に位置し、水害に悩まされてきたが、一九六〇年に堤防ができてからは水害はなくなった。隣の高木村では大正元（一九一二）年に県営開田給水事業が計画され、大正三～八（一九一四～一九）年にかけて高木原五〇〇町弱の開田がなされたが、太郎坊も大正二（一九一三）年に区画整理事業がなされた。

その後の土地改良について先にみておくと、まず一九七八～九二年かけて高木原地区二一〇ヘクタールの圃場整備がなされた。八割を占める従来からの土水路の老朽化や七四年の九州縦貫道の建設、インターチェンジ周辺の工業団地化等に伴い、従来の用水路を廃止して大淀川からポンプアップするパイプライン方式への転換と三〇アール区画化を図ったものだった。

図6-2　夢ファームたろぼうの地域

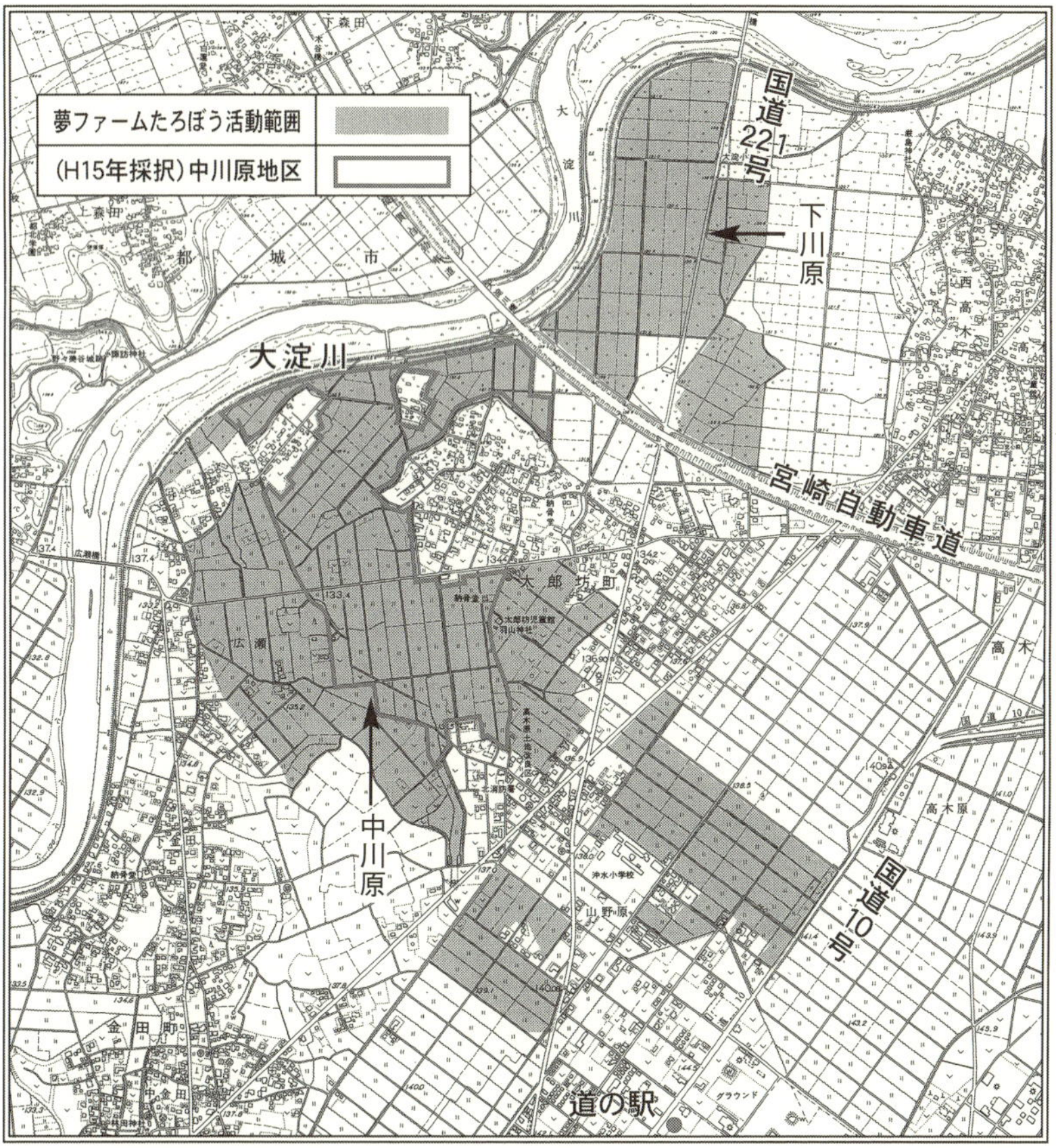

注：夢ファームたろうぼうのパンフレットより引用。

太郎坊土地改良区（九八年に高木原土地改良区に合併）もこの高木原土地改良区の動きを受けて、まず地図の自動車道の上の下川原地区二〇ヘクタールの圃場整備が一九九〇～二〇〇〇年に実施された。この地区は昭和一〇年代の区画整理による一反区画だったが、新たな圃場整備は画期的な新技術を取り入れたものだった。すなわち用排水路の地下化、自動給水栓・地下排水方式をとり、水路が地下に埋設されたため畦畔が不要となり、三〇アール区画を標準としつつも、一・二ヘクタールまで大区画化できるようにしてある。換地には前述の農事振興会があたり、一農家一団地を目標に二〇四団地から一〇八団地への集約を行った。そして二ヘクタールの創設換地により非農用地を生み出し、それを市に売却して農家負担を軽減している。

下川原地区の圃場整備事業は農業集落環境管理施設と対になっている点が特徴である。すなわち「耕種農家が作物栽培を行うために自らが堆肥生産を行ってそれを活用するとの考え方」にたった堆肥化施設の建設であり、圃場整備水田でレタスを栽培することを前提したものである。

次いで地図の真ん中の部分に当たる中川原地区五〇ヘクタールの圃場整備に〇三〜〇七年にかけて取り組むことにした（担い手育成型）。下川原地区と同じ技術を用い、耕区三〇アール、一区画一・五ヘクタール、創設換地四・五ヘクタール（市に売却して特別養護老人ホームへ）である。こちらは大淀川の水利権が確保できず、深井戸取水する点が異なる。また湿田状態を改善するために客土を行い転作条件を整えた。

明治合併村のブロックローテーション　七〇年代から生産調整が始まる。水稲二期作の地域ではないので、本格的な取り組みがもとめられたが、当初の転作の方式は、「個々の農家の転作希望を図面におとし、県営圃場整備事業に伴う割当を勘案しながら、三ヘクタール規模の面積を目標に調整がなされていた。この過程で転作面積の拡大に伴い、転作の公平さに対する苦情が多くなり、同一農家がいくつもの転作集団に入っていることもあり、交換耕作の要望が多く、その調整は大変な苦労であった。このためブロックローテーションが考案され、各集落に提案された」(2)。

それが八三年のことだが、「各集落に提案」したのは沖水地区農事振興会である。そして、この明治合併村・沖水地区六二〇ヘクタールのブロックローテーションを発案したのは、農協の営農指導員を退職し地元にもどって熱心に農業していた農業委員の野崎氏で、地元では「野崎学校」と呼ばれた。基本は三年一巡のブロックローテーションにとも補償を組み合わせたものだが、四年ほど続いた後は国の制度に引き継がれた。転作は多くの農家が牛を飼っていたため飼料作がほとんどだった。一部は大豆を試みたが、うまくはいかなかった。

大浦義孝さん　この時に太郎坊の支部長を務めたのが、現在の法人の組合長である大浦さん（七一歳）である。大浦さんは一九五〇年に学校を出るとともに就農した。父は水稲と養蚕を主としていたが、大浦さんはサラリーマン並みの現金収入を得たいと六三年から施設園芸に取り組む。作目はキュウリで、当時は個選で鹿児島の市場まで自分で運んでいた。六五年から農協共販が始まり、七〇年から共選になってハウスが沖水村も含めて三村を中心に拡がりだし、今日の一八〇名程度のキュウリ産地を形成した。

農地は水田一・四ヘクタール、畑〇・四ヘクタールをもち、借地が〇・三ヘクタールである。ハウスは水害を避けて高台の田んぼに作っている。ナス科の作物は連作障害が問題だが、堆肥を入れることと、夏場に水田に戻して水張りすることで回避している。野菜作のリーダーとして都城地区の野菜連絡協議会の会長を務め、また前述のように八三年から農事振興会の支部長、一九九〇年には太郎坊の会長、そして九九年には都城農協の農事振興会の協議会の会長になっている。奥さん七〇歳と次男三六歳が自家農業を守り、本人は法人その他の役職に時間を割ける立場にある。

このような野崎さんを継ぐ次の地域リーダー・大浦さんの施設キュウリ農家としてのキャリアが、太郎坊の取り組みには色濃く反映しているようにみうけられる。それは「米は裏作、転作が本作、これからは米以外で収益をあげるべき」という方針に貫かれている。

太郎坊営農改善組合　大浦さんは九〇年に前述のように太郎坊農事振興会の会長になったが、同年に農事振興会の「営農改善組合」への改組を行う。振興会は前述のように共同防除と転作計画を主な仕事にしていたが、さらに作業受託にまで踏み込む必要を感じたからである。それまでは個別相対で作業受委託や賃貸借が成されており、大浦さん自身も八ヘクタールほど受託していた。地域にはこのような作業受託農家が九名ほどいた。

しかし大型化する機械を個人でもったのでは採算がとれないので、組合で購入して組合の作業受託に切り替えようというわけである。組合員は太郎坊の全農家二二四戸で、オペレーターは一一名。最高年齢は六一歳、若い人で三二歳だった。このうち二人はリタイアしたが、残りは今日もオペレーターを務めている。防除機も大型のものを取り入れ、従来の四〇名かかったものを八人ですむようにした。スタート時の受託面積は二〇ヘクタール強だった。少ないように見えるが、太郎坊一五〇ヘクタールの水田のうち転作四〇%を引いた残りの四分の一を受託したことになる。

九六年から組合として転作田でのレタス栽培に取り組んだ。農協から持ち込まれたもので、農協の営農支援センターとタイアップしたものだが、価格が安定しないため、契約栽培できるものを求めて、九八年から同じく農協を通じて京都の大手菓子メーカー・湖池屋とポテトチップス原料の契約栽培を始めた（レタス栽培はアグリセンター都城に移管）。沖水地区全体で取り組み、当初は二〇ヘクタールだったのが今日では七〇ヘクタールに伸びている。そのうち太郎坊は一八ヘクタールである。

組合は受託作業と、大豆三〇ヘクタール、バレイショ一八ヘクタールの転作に取り組んだわけである。これらの転作野菜の生産には前述の堆肥化施設の堆肥が全面的に利用されている。

夢ファームたろぼうの設立　〇三年に、組合と地域農業振興センターで法人化検討委員会を立ちあげ、七回の協議と集落座談会を経て、〇四年四月に農事組合法人化した。これまでの転作・受託組織としての実績があるわけだが、任意組織では農地の権利取得ができない、農産物の出荷名義ももてない、〇四年から一〇〇〇万円以上の売り上げには消費税がかけられるが、みなし法人では税金面がルーズになる、そして何よりも経営所得安定対策の対象要件を満たす必要がある、というのが理由である（これまでは利用権の設定を受けていない実態としての転作田経営と作業受託だった）。

法人化には、現状でも自家で農業ができるということから反対も多かった。それに対しては「今の農業をいつまでも続けられない、法人に入らないと将来面倒みられませんよ」と説得した。いよいよ法人化となると出資金が問題だったが、一口六〇〇〇円、一〇アール当たり一〇口、六〇〇〇〇円とした。当初は参加者一八三名（参加者の農地一三〇ヘクタール)、出資金九二二万円だったが、最終的には二二四名の参加で一〇〇〇万円、一五〇ヘクタールとなった。要するに全戸参加である。有限会社か組合法人か迷ったが、いきなり会社化するよりも組合法人でいくことにした。法人化に当たって、これからは農協以外からも仕入れる旨を農協に申し入れたら、それでは農協も出資しようということになり、出資金のうち一五〇万円は農協が出すことになった。実際の取引は全量農協を通じている(大豆は豆乳原料が主)。米の販売にしても農協を通した方が安全である。

機械等は営農改善組合から引き継ぐと贈与税の対象となるため、同組合からのリースにしている。法人は設立時に特定農業法人になり、翌年には認定農業者になっている。

運営　理事は六名で、山野原一名、広瀬一名、太郎坊四名である。うち代表理事が大浦さん。法人の業務内容は転作田の経営、作業受託、堆肥施設の運営である。

転作田の経営は六三ヘクタール。大部分が一年間の利用権設定を受けて転作する。長期の利用権設定はうち三ヘクタールである。〇四年度の実績は大豆二八ヘクタール、バレイショ九・八ヘクタール、水稲二・二ヘクタール、飼料作二一・八ヘクタールである(計六一・八ヘクタールで先の六三ヘクタールより少ない)。バレイショの後作に大豆を植える。産地作り交付金は大豆で受け、反当六・三万円になる。うち五万円を地権者にバックし、一・三万円は法人が受け取り、機械の購入代等に充てる。転作田の小作料は支払わないが、長期利用権は反当一・五万円を支払う。〇五年度の計画では大豆三〇ヘクタール、バレイショ一五ヘクタール、水稲二・四ヘクタール、飼料二五ヘクタール、計七二・四ヘクタールであり、バレイショをはじめ転作田の拡大をめざしている。

具体的な方式は、「一五〇ヘクタールのうち六四ヘクタールの転作対象について、一ブロックを五〜一五ヘクタールにまとめるために、転作するブロックでは、各農家の飼料作付け面積を調べて一カ所にまとめる。それには農家の意向であるバレイショ作付け農家と飼料作付け農家との農地の交換を農事振興会があっ旋し、連担したブロックを形成するという方法をとっている。飼料を作付けしない農地は、一年間借地してバレイショやレタスを作付け、夏から冬にかけて大豆を栽培する。……農地の借り上げは農地所有者と農事振興会とが期間借地契約を結んでいる」(3)。これはまだ営農改善組合時代についてだが、借地主体である農事振興会が法人に変わっただけで、基本は変わらない。要するに太郎坊の全水田について、水稲、飼料転作、大豆・ばれいしょ転作のブロック化がなされているわけである。飼料作の実際の作業は農家が行うが、彼らは全員が法人の構成員である。

作業受託は実績が耕耘二ヘクタール、田植え八ヘクタール、コンバイン作業二七ヘクタール、防除八〇ヘクタール。また堆肥製造が実績八〇五トン、計画九三〇トンである。無人ヘリコプターを購入し、三〇歳前後の若手三名をオペレータにし、〇五年は三二〇ヘクタール、計画では五〇〇ヘクタールを行う予定である。

オペレーターは専属が一二名(二六〜七一歳で五〇代が多い)、臨時にやってもらう組合員が一七〜一八名。賃金は、ヘリのオペが時給二〇〇〇円、その他のオペが一五〇〇円、一般作業が日給七〇〇〇円である。組合長の年俸は五〇万円、その他の役員は年二〇万円である。その他に事務員一名と堆肥センター二名がいる。出役は組合長が声をかける。

損益計算書は収支計算書レベルなので、〇四年度について損益計算書的に組み替えると、営業(農業)収益は△二六〇〇万円(販売収入二四〇〇万円、受託収入一一〇〇万円に対して支出が六一〇〇万円)、営業外収益が三七〇〇万円(うち補助金・共済金が三三〇〇万円弱)で、一一〇〇万円程度の総収益、そこから農用地利用集積準備金二八三万円、固定資産圧縮損三〇〇万円、税金等を差し引いて三〇〇万円弱の黒字にしている。個人の所得が増えることが目的で、法人が儲かる必要はないとしている。

農業収入に匹敵する補助金等収入により営業赤字をカバーすることで成り立っている経営であり、水稲より転作という経営方針の根拠がそこにある。助成金等に依存しない経営を悲願としているが、それは難しい。

これから　基本的には圃場整備後の水田七〇ヘクタールは法人が協業経営する計画である。長期利用権は三ヘクタールに過ぎなかったが、最低でも五年で二〇ヘクタールにはしたい。そればかりでなく、法人に農地を買ってくれという話も持ち込まれている。反当六〇～七〇万円の農地だが、法人が買わなければ荒れる可能性があるので、法人が取得するしかない。しかし法人としては利用権の方がよいということで、大浦さんは農地の購入には補助金が必要としている。

大浦さんの持論は前述のように「米は裏作、転作が本作、これからは米以外で収益をあげるべき」いうことで、高木農事振興会が試作している焼酎原料の甘藷の栽培にも関心を示している。現在のところは農協支所の青空会での直売にとどまるが、国道が走っているので加工や直売も考えている。

当面は組合法人でいくとしても、一〇年後ぐらいには力がついたら農協から独立して、会社組織にしたい。オペレーター等が給料制の方がよいというなら会社化だ、という。

まとめ　〈農事振興会→営農改善組合→法人〉と形は変わりつつも、基底にあるのは藩政村・太郎坊の全戸参加である。大淀川の氾濫で育まれた団結心、明治合併村規模で広域的に農業に対応してきた歴史、リーダーの世代継承性、草刈りや水管理の負担を極力減らした新しい圃場整備。これらの条件を活かして藩政村規模での合理的な土地利用を実現し、そこに広域的な転作を組み込み、転作助成金で成立させている法人といえる（二〇〇六年一月）。

3　小林市――農協の肝いりで

きりしま農業推進機構

西諸県地域の農協は一九六四年にえびの市を除く一市三町の農協が合併して小林農協になったが、行政の方は小林市が単独市（村→町→市）を続け、平成合併においては、西諸県一円の合併構想からえびの市が脱け、次いで他の町も離脱し、二〇〇六年に須木村だけとの合併となった。広域化する農協と自治体の範囲の一致が今後とも当分は見込まれない地域である。農業改良普及センターは九六年にえびのと小林が統合し、小林市におかれている。

このような状況のもとで、二〇〇三年に農協の発案で農業関係の機関を糾合する形で「きりしま農業推進機構」が設立された。同時にその各市町村ごとの組織として「営農センター」が立ちあげられた。

機構は農協長が会長、各首長が副会長、以下、関係機関のトップや生産者・消費者代表がずらりとならぶ。営農センターは首長が会長、以下同様に並ぶ。教育長、商工会議所専務も入っている。

各自治体の農政担当課をすっぽり包摂した点では、農協管内の各自治体農政の、合併に代わる統合措置ともいえるが、そういう形式を整えたと言うことだろう。また同様の組織は、古くから県の農林技術連絡協議会の西諸県支部という形で存在しているとも言えるが、従来の農業改良普及センターを核とした技術中心の組織ではカバーし切れない問題領域に対応するための新組織である。

すなわちその目的は高齢化対策、いいかえれば担い手育成である。そのため機構は国の「地域担い手育成総合支援協議会」を兼ねることとされ、「強い農業づくり交付金」の経営力の強化・担い手総合支援事業の交付対象となり、後述する専任マネージャーを置くに至っている。

畑作・畜産地帯の農家が高齢化により最も困るのは野菜等の選別・出荷、牛の引き出し（運動、検査、市場出荷）の作業である。そこで農協は畜産ヘルパー制度（酪農・和牛ヘルパー組合）や庭先集荷・ビニール天張支援組織等の手を打ってきたが、最終的には担い手（認定農業者、法人、集落営農）育成ということになり、機構としても「担い手育成・確保アクションプログラム」を実践している。

小林市は畑が六割を占め、担い手も数多くいるが、高齢化や耕作放棄も進むという二極化現象を示している。そこで集落営農の推進というと、担い手は自分たちの居場所がなくなるのではないかという危惧感を強くもつので、「集落営農のリーダーが担い手なのだ」という位置づけをしている。その実態は後の二つの事例にみる通りである。

機構の事務局は農協、センターのそれは行政の農政担当課等だが、前者は農業企画室、後者は農林課が核である。農業企画室は、室長・次長・職員三名で、うち二名は地域ごとの集落営農専任である（金融共済の推進は行うが）。加えて顧問が二名、いずれも農協ＯＢで県農業開発公社の農地保有合理化事業推進駐在員を兼ね、各地区を担当している。また前述のように機構の専任マネージャー（前普及センター副所長）が企画室の相談役としてポストをもつ。なお農協は営農指導員を四二名擁しているが、前年度から四名減っている。生活指導員はいない。農協理事二二名のうち女性が四名いる。

それに対して「営農センター」事務局を担う小林市の行政の方はどうか。農林課のスタッフは一三名で合併によっても変化はしていない。合併した須木町も一名減で農林課機能を残している。農林課には以前から畑地灌漑専任と担い手専任の嘱託（特別職）が各一名おり、前者は行政、後者は農協のＯＢが就任している。後者は認定農業者制度の発足以来、その掘り起こしを専ら担当するものとして置かれ、その努力もあって合併前の市の目標五二五に対して五〇七の実績をあげている。加えて市は〇五年度から集落営農担当係長ポストを新設した。法人は事務分掌上は農業委員会の担当になっている。要するに担い手育成の各パーツをそれぞれ分担している感じであり、行政と農協の一体化、ワンフロア化の前に行政内の一体化が求められているようである。いいかえれば「きりしま農業推進機構」の切実性がある。

機構は〇六年三月までに小林市で三地区、高原町で一地区、野尻町で二地区、須木村で一地区の集落営農化に取り組み、八つの営農組合を立ちあげた。そのうち二つの事例をみる。いずれも農協（人）が深く係わっている。

細野営農組合と細野ファーム大地

細野　小林市ではいわゆる二階建て方式を推進している。すなわち農用地利用改善団体としての営農組合と、営農組合メンバーから作業・経営を受託する法人組織の同時設立である。

前述のように小林市は、これまで合併することなく村→町→市になってきた単独市であり、歴史的な地域の確定が難しい。細野地区も行政区は三区、農協の営農班は三三、農業センサス上の農業集落は二五、生産調整の地域単位は一一あるということで、そもそも基礎単位が何か分からない。だが細野は村長制の時代から小学校区であり、産業組合も置かれていたので、小林村になる前の藩政村だといえる。しかし大字という呼び方はしていない。戦前、細野には隣保班が七つあり、これが集落に相当するようである。そして戦後に細野を三つの行政区に分けたという。

細野はえびの高原の入り口にある出の山（いでのやま）湧水によって二カ所の水田が拓けた地域であり（湧水は現在は市の水道と農業用水）、一区、二区が水田地帯にあたり、三区は畑作地帯になっている。このうち一区は市の中心部にあって市街化している。水田が一〇〇ヘクタール、畑が二〇〇ヘクタール、そして国有地が四〇〇～五〇〇ヘクタールで戦前の軍馬補給部、現在の家畜改良センター牧場になっている。

薩摩藩下の畑作の集落は分裂したり統合したりして、水田集落のような確固とした領土をもつ「とち」共同体ではない。つまり、まずあるのは細野村であってその下の範域は流動的だといえよう。

細野営農組合　前述の小林営農センターの幹事会では、市内を一二の小学校区ごとに分けて二階建て方式による集落営農の推進をすることとした。そのモデルを引き受けさせられたのが細野だ。なぜ細野かは端的に言ってリーダーの存在である。現在の細野営農組合長・細野ファーム大地社長の川崎明さん（七六歳）は三〇年ちかく農協理事を務め、七五歳の定年まで三期九年にわたり組合長を務めた。一〇年前から集落座談会等で後継者育成の組織を地元で作ることを訴えてきた。そこで定年を控えて「じゃあモデルとしてやってみろ」と白羽の矢が立ったわけである。長らく理事をしてきたので、地域の農家のことは知悉している。

呼びかけは、集落座談会の形で始まった。普及センター、県振興局、市、農協から各一人づつがセットになり三班に分かれて行った。その際の集落の単位は営農班としたが、二つまとめてやったところもある。夜の七時から十時頃まで前半分は説明、後は飲み会だ。全体の印象は「自分の高齢化で総論は賛成（一〇年後は頼みたい）、しかし各論になると今は自分でやれる。まず農作業を頼む。委託（貸付）はその次だ」というところであり、川崎さん達もその通りだと思った。町場に接した細野はそこそこ兼業の機会もあり、農外収入で機械も購入しており、あと五〜六年はそれでやれるが、その先が問題だ。だから一〜二年で事業が増えるわけではない。そこで「一〇年後を見据えて急がず、焦らずでいこう」という構えである。ただし将来が厳しいことを農家が忘れたら困る。そこで農家にも「組合費は二〇〇〇円だから保険のつもりで入ってくれ」と呼びかけた。

座談会では「畑作をやっている人のことも考えてくれ」「牛飼いは八〇歳でもできるが、飼料づくりはできないので頼みたい」という畑作・畜産農家からの要望が注目される。

集落営農のアンケート調査も〇四年四月になされた。三三五戸から九五％の回収率である。世帯主の年齢は七〇歳以上が四五％、六〇代が二七％。今後の経営については「近くやめる」と「規模縮小」が一二％、現状維持五一％、わからない二六％、規模拡大は五％である。農作業委託は田植三一（受託は一九）ヘクタール、刈り取り二六（一二）ヘクタール、飼料刈り取り一二（六）ヘクタール、飼料梱包二八（二〇）ヘクタール。今後の地域農業の担いは共同利用組織が四〇％、数戸の大規模農家が一一％。共同利用組織（集落営農）が設立されたら、「ぜひ利用したい」一五％、「料金が適当なら」二九％、「機械が使えなくなったら」一六％、「めんどうなので利用しない」一二％で、オペレーターになるというのは七人、平均四八歳だった。

〇五年三月、細野営農組合（農用地利用改善団体）を設立。農家三四五戸のうち二七四戸、八割が参加。不参加は菜園農家や酪農などの大規模農家である。農業振興部（部長は農業委員会会長）、農用地利用部（農業委員）、作業受委託部（後述する法人のKさん）、地域生活部（県農村女性指導士、農協理事が役員）の四部がある。

農用地利用部には農業委員四名が張り付き、県公社の委嘱を受けて合理化事業、やみ小作の正常化、不在地主の農地管理等に取り組む。作業受委託の受付の時に利用権設定も受け付けているが、なかなかあがってこないのが現状。貸付希望が出てきた場合には、まず隣接地の認定農業者等にあっ旋し、個人ではいやがるケースや受け手がいないものは法人が引き受ける。法人は「お助けマン」という位置づけだ。作業受委託は、営農班長を通じて三月と八月に申し込みを受ける。地域生活部は、現在は空き地一三アールを利用して五～六人で野菜を栽培し、イベントに使っている。

第1章の飯豊町中津川の農用地利用改善組合とほぼ同様の活動である。

細野ファーム大地　営農組合設立の翌日、有限会社形態の同法人が立ちあげられた。出資をめぐって、全戸に拡げるか少数でいくか種々議論されたが、最終的には運営しやすさを考えて農家九戸が二〇万円づつ出資し、農協が五割未満の出資をするということで、三二〇万円でスタートした。農協は出資に上限は設けていないが、主導権は握らない、役員も派遣しないという方針で臨んだ。九名の農家は、それなりに作業受託できる人ということで人選したが、具体的には地域の畜産農家グループと、普通作も考慮して決めた。畜産農家グループは牛の管理や出荷に際しての「ゆい仲間」で、KNさんが中心になっている。九名の概要は**表6－1**の通りである。

このうち畜産と茶の六名は認定農業者である。法人も利用権の設定を受けた後に認定農業者になっている。細野地区には認定農業者が全部で四五名いる。大半が牛・酪農・養豚の畜産農家だが、そのなかで「ゆい」を組んでいるグループが選ばれたわけである。

表6-1　細野ファーム大地の農家構成員

（　）内は小作

本人	年齢	妻	水田	畑	内	牛（頭）	その他
MD	38歳	38歳	100a	400	(100)a	15頭	馬5頭
MY	40		100	300	(200)	30	
OS	45	45（JA）	100	300	(100)	20	
TG	45	45	50	250	(46)	20	
KN	59		10	330		30	
川崎	76	76	90	80		3	
SY	52	53	―	茶400		―	後継者25歳（既婚）、自園自製
ED	63	61	30	50		―	農協OB

法人は補助事業でコンバインとトレーラーを導入し、またコーンハーベスタと裁断型ロールベーラーをリース事業で借りているが、基本的には構成員所有の機械を用いて、法人を通して作業受託する。

初年度の実績は、水稲作業の受託が二八戸から一五ヘクタール、イタリアン関係が二四戸から一六ヘクタール、サイレージが五戸から二ヘクタール、コンバインが二九戸から七ヘクタール、水稲中間育苗が六二〇〇箱で、金額にして四二〇万円に過ぎない。費用の方も作業委託費が二六〇万円と半分を占めている。また利用権設定を一・三ヘクタール受けており、ほうれんそうの試験栽培等に充てている。〇六年度は事業量の倍増を計画しているが、それでも金額にして九五〇万円、利用権設定受けも水田一ヘクタール、畑一・五ヘクタールと内輪である。

「メンバーに取って法人とは何か」を質問したところ担当者は絶句したが、今のところ「ボランティア活動」に近いだろう。前述のアンケートでも、作業委託がどんどん出てくるという感じではなく、しかも「いつから」が明確ではない。しかし二〇〇〇年センサスで細野の耕作放棄地は一四ヘクタールあることになっている。過半が畑だ。営農組合や法人の門構えは立派だが、事態先取り的にまさに「地域農業の保険」を作ったところに意義があるとみるべきだろう。川崎さん達は水田の受託が増えていくだろうとみている。集落営農といえばやはり水田農業である。

しかし畑作、畜産の場合はどうなのか。小林市は七〇年代からたばこ、ごぼう、サトイモ（京いも）と肉牛との畑作畜産経営が主流を占めてきた。しかし畑作物が価格低迷して衰退する一方で、畜産はとくに最近は価格高騰もあり、戸数減はしつつも規模拡大がなされてきた（〇五年で小林市は九七五戸、平均八頭で、粗生産額は都城・石垣に次いで全国第三位）。つまり畑作の後退を畜産である程度カバーしてきた（その結果は環境問題の噴出）。畜産は高齢化してもできるが、粗飼料生産が難しい点では水稲とやや似たところがある。ヘルパー組合もあるが、作業委託の潜在需要はあるといえる。しかしあればあるでその他の畜産の担い手農家との競合問題も起きよう。仕組みは作ったが、そこで細ったり固まったりするのではなく、持続性と開放性を身上とすべきだろう（二〇〇六年四月）。

花堂集落営農組合

花堂は高原町の一農業集落、総戸数一二五戸、うち農家七〇戸、水田四七ヘクタール、畑四三ヘクタール。和牛農家が二五戸で三五〇頭飼養。平均一四頭だからかなり規模拡大が進んでいる。同集落の堀切地区は六三年から圃場整備一四ヘクタールを行い一五アール以上の区画となり、そこを中心に都城に次いで県下二番目のブロックローテーションに取り組んできた。七九年からより高い奨励金をめざして大豆の集団転作を開始し、県の採種圃の指定も受けた。さらに野沢菜も入れている。しかし大豆は連作障害と台風被害により減収し、また野沢菜は重量野菜であり高齢化のなかで人手不足となった。そこで見直しの結果、口蹄疫等で国産稲わらが不足していることに目を付け、〇四年度から飼料稲に転換している。

これらの取り組みのリーダーは、高原町農協に三〇年、合併後の小林市農協に一五年、稲作関係の営農指導員として勤めてきた黒木親幸さん（五九歳）である。勤務のかたわら地元で自分の専門を活かしてきたわけである。〇五年に退職したが、前述の農協の農業企画室の顧問を務めているから、まだ完全に足は洗えていない。

以上は任意の集落組織としての取り組みだったが、きりしま農業推進機構や営農センターの樹立に伴い、〇五年五月には花堂区集落営農組合を組織化した。組合は〇六年の総会で農用地利用規程を作り、農用地利用改善団体に衣替えした。組合には六四戸が参加したので、ほぼ全戸参加に等しい。組合費は一戸二〇〇〇円で細野と同じである。組合長は黒木さんが務めている。細野がいわば上からの組織化であるのに対して、花堂の場合は、農協職員の関与があるとはいえ、それは個人的なものであり、下からの自主的な取り組みだと言える。

〇五年度は二二ヘクタールを転作し、内訳は飼料作物四・三ヘクタール、飼料稲一二・七ヘクタール、保全管理一・五ヘクタールで、大豆はゼロになった。飼料稲は畜産農家のオペレーター三名が担当し、畜産試験場に販売して反当一二万円程度の販売額で、一人五〇〇万円程度の収入になっている。産地作り交付金等は、組合が反当一万円をとり、残り四万三〇〇〇円ほどは地権者がもらう。

水田の残り二五ヘクタールは、組合員農家ができない分は組合に作業委託する。〇五年では、代かき七ヘクタール（委託者一二戸）、田植え一〇ヘクタール（二一戸）、畔塗り一三ヘクタール分（五九戸）、中間育苗五九〇〇箱である。〇六年度は畔塗りを減らし、他を増やす予定である（とくに育苗は九〇〇〇箱へ）。水稲は五年もたつと農家が作れなくなるだろうから、その時は法人が利用権の設定を受けるとしている。

作業料金は田植えが反当六〇〇〇円、刈り取りが一万七〇〇〇円程度だが、組合員配当額が各一〇〇〇円と二〇〇〇円計上されているので、組合員割引きなのだろう。ただし集落外からは受けない。

他方、オペレーターに対する支払は反当でなされる。田植えで反当三〇〇〇円、一日一・二ヘクタールが目安である。コンバイン作業は反当八五〇〇円、一日八五アールが目安で、一日二万五〇〇〇円になるように設定している。オペレーターは牛の飼養の仕事があるので、朝一〇時から午後四時までにしている。

組合として田植機、コンバイン、畔塗機を装備している。コンバイン等は県の「元気な地域農業支援総合対策事業」の補助金二〇〇〇万円強を受けている。オペレーターはこの組合の機械を使うが、飼料稲の収穫は自分のコンバインを使っている。

オペレーターは〇四年度までは認定農業者四人だったが、現在は八人に増えている。認定農業者は、水稲＋和牛農家が三名（前述のように飼料稲も担当）、うち一人は塾教師もしている。五五～四八歳で、水稲は一・五～六・五（うち借地二）ヘクタール、和牛は二〇～二五頭飼いである。そのほか籾すり業と園芸作の農家が一名（四二歳）。

後から入ったオペレーター四名は、会社員・自営業等の兼業農家で、年齢は五六～二三歳、水稲は一人が二ヘクタール、その他は五、六反である。

飼料稲はオペレーター農家としてはかなりの収入になる。それによって担い手農家が集落営農のオペレーターとして確保されているとも言える。

組合の眼目は飼料稲の転作だが、組合に利用権が設定されているわけではないので、組合の収支決算書からは先の産地作り交付金のうちの一万円を除き外されており、その販売収入や産地作り交付金は前述のように組合外で配分されている。

〇五年度の事業会計は、補助金等三五〇万円、作業受託三三〇万円、出資金四〇万円で計七二〇万円である。補助金の方が多いが、内訳は集落営農確立整備事業（県単）二二四万円、耕畜連携助成金五一万円、中山間地域直接支払い六三万円である。中山間地域直接支払いは反当八〇〇〇円を二三ヘクタール分もらい、うち三〇〇〇円を個人配分し、五〇〇〇円を組合がとって機械購入等に充てている。

組合としては飼料作まで取り組むつもりはない。黒木さんが今のところ農協の仕事を続けているためで、専属になれば検討する。

〇六年一〇月に農事組合法人化する予定である。全戸加入とし、細野のような「二階建て」にはしないというが、出資者は一〇名ともしているので、検討中なのかも知れない。組合法人にする理由は地域起こしを目的の一つにしているからである。

組合は細野と同じように地域生活部をもち、棒踊り保存会、老人クラブ、子供会、女性団体の各代表者が所属している。そして三年前から熊本市、人吉市、福岡市の消費者団体との交流を米を中心に行っており、「こだわり米」の販売をするとともに、田植えや稲刈りを通じた交流を続けている。組合とは直接には関係しないが、八九年に地域の婦人部を中心に立ちあげ、現在では七名の会員で無人販売グループの活動をしている（二〇〇六年四月）。

まとめ

都城、小林ともに、かなり早期に農協の広域合併がなされ、農協から自治体に対して統一した農政の呼び掛けをし、組織化している。それに対して人吉の方は、農協は広域合併しているが、なおワンフロア化の機運にはない。行政内部でのワンフロア化からまず手をつけねばならない状況にある。

事例もまたばらばらだが、とくにＡＣＭは企業形態論としては次章に組み入れた方がすっきりするだろう。

しかし共通点もまた浮かび上がってくる。第一は、ＡＣＭも含めて、いやＡＣＭを典型として、農協の意思が強烈に貫かれている。篤農家をリーダーとした夢ファームたろぼうを除き、農協（人）の関与による組織化である。

第二に、それとの関連もあり、地域農業の高齢化等に対する強い危機意識のもとに組織化はしたものの、当面の仕事は作業受委託や転作にとどまり、大畑麓や細野のように思ったほど量は出ていない。いわんや利用権設定にはいかない。事態先取り的な「保険」のための組織化だともいえる。

第三に、同じことだが集落営農的な取り組みは水田に限られ、畑作（飼料作を含む）への展開は未だしである。畑作の遊休地対策等はＡＣＭにもみられるように企業農業的な展開を要するかも知れない。逆にいえば畑作や畑作畜産は、特定作業を外部化・協業化しつつ自家農業と共存させることは困難で、自作かさもなくば貸付かの二者択一になりやすい。そのために事態はギリギリまでは動かないが、ひとたび動きだせば速いかも知れない。

第四に、たろぼうや細野のように、藩政村レベルでの取り組みが多い。薩摩藩あるいは畑作地帯の特徴かも知れないが、農業集落（自然村）と藩政村が截然としない。畑作集落は、水田集落のような「土地」の共同体ではなく「人」の共同体であり、歴史的にも集落が分裂したり、作られたりする。恐らく水田集落と異なり、自然集落が弱く、藩政村が強いのだろう。言い換えれば社会の広域性、開放性ということだが、それが農協の早期広域合併の動きに遺伝し、現実にもそういう歴史的社会構造に即した展開になっているといえる。それだけに上滑りしない注意が必要である。

注

（1）「ＡＣＭの設立の際、中堅農家は良い土地、良い仕事がＡＣＭに取られることを懸念し、設立に強く反対した。以上の懸念に配慮して、ＡＣＭは、直接に農家と競合しない経営方針が決められた」という指摘もある。楊東群・秋山邦裕「南九州におけるＪＡ出資型農業生産法人の展開と課題」『鹿児島大学農学部学術報告』第五三号、二〇〇三年、六四頁。

（2）大浦義孝「太郎坊農事振興会のあゆみと二一世紀の展開――宮崎県からの報告（二）」『圃場と土壌』三四巻九号、二〇〇二年。

（3）同上。

第7章　南九州の企業的農業

はじめに

南九州における事例の続きとして、本章では農業生産法人形態での企業の農業進出を見ることにする。地域としては前章と同じ都城市と鹿児島県霧島市をとりあげた。前章でとりあげた小林市についても、小林市農協管内の野尻町等で建設業の農業進出がみられるが都城市ほど本格的ではない。なお霧島市の概要については2で触れることにする。

1　都城市の事例――野菜確保をめざして

イシハラフーズ

道のり　創業者（社長）の石原和秋氏（五二歳）は地元の兼業農家の出身である。母が五〇アールの畑を耕作していた。大分の大学に遅れて入ったため、家の負担を軽くすることも考えて、入学した一九七六年から家でとれたものを大分の市場に出荷。商系よりも高く売れたので、隣近所の荷もいうことになり、さらに宮崎県経済連からも荷を引き、サトイモ、キュウリ、サツマイモ、ピーマン等を全国の加工業者に販売した。教職課程をとらなかったので高学年は時間もあり、年商五〜六億円に達したが、青果物は気象と相場に左右され、卒業時には九〇〇万円の赤字を出してやめようかと話していたところ、相場の風が吹いたりしたという。

卒業の年、一九八〇年に株式会社・石原青果を設立した。一九八三年には加工原料の卸だけでなく、加工業にも参入し、サトイモやほうれんそうの冷凍加工品を全国の問屋に卸すようになった。気象と相場にふりまわされるのを回避し、かつ付加価値をつけるのが目的である。原料は市内、隣接の鹿児島、熊本、そして長崎から集めた。同年に冷凍食品部を九州冷凍食品株式会社として分社化。八四年、洗い事業部（カット野菜）を開設し、ダイエー、ローソン等のスーパーに販売した。翌年、同事業部を株式会社・NKPCパックセンターとして分社化した。八八年、分社を統合して石原青果の各事業部に改める。八九年には冷凍食品の売り上げが青果物を上回り、凍菜専門メーカー化した。

一九九一年、イシハラフーズ株式会社に改称する。ほうれんそう、こまつな、冷凍サトイモ、ゴーヤ、枝豆、冷凍野菜ミックス、むき枝豆、ほうれんそうバター炒め等を扱い、従業員は正社員四五名、パート八〇〜九〇名だった。加工野菜輸入が増えるなかで、こだわりとストーリー性がなければ国産品は生き残れないと思い、九七年からトレーサビリティシステムを導入し、販売先を大手スーパーから生協、学校給食、医療給食等に切り替えた。

取引生協（事業連合）は、コープ東北サンネット、コープネット、首都圏コープ、ユーコープ、コープ北陸、東海コープ、コープ九州等とほぼ全事業連合に及び、単独ではグリーンコープがトップである。給食関係は雪印系列のSN食品を通している。生産販売額は一〇億円程度である。

農業生産法人へ　後述するように、同社は農業生産法人化の前から事実上、借地を行っていた。高齢化する契約農家の作業を手伝わざるをえなくなり、最終的には播種まで頼まれて事実上の借地になってしまうわけである。このような、契約栽培では原料が集まらないので借地経営という事態の流れのなかで、農地法改正を踏まえて、二〇〇三年に宮崎県では第一号の株式会社形態の農業生産法人になり、利用権設定に切り替えた。

現在の資本金は四八〇〇万円、出資者は、社長、社長の妻、義父母、専務の五名である。社長は農家を継いでおり、ほか何名かが農業・農作業者として認定されている。そういう法の形式要件よりも、既にトラクターを何台も持ち、手広く農業をやっている実績が認定にあたって大きくものをいったようである。

三つの原料調達ルート　同社は三つのルートで原料調達している。

①契約栽培…現在は二五ヘクタール程度、半径二〇キロの範囲で市内から鹿児島県まで展開する。関係農家は一二〇～一三〇戸。問題は農家の年齢で、六〇歳未満は二三％、六〇～六四歳一六％、六五～六九歳二〇％、七〇歳以上が四一％という高齢化で、社長としては「急激な変化が来る。国産原料を使用する企業はどんどん農業に参入すべき」と農水省のシンポジウム等で檄を飛ばしている。

②「共同委託作業」…耕耘・施肥・播種までは農家が担当し、発芽確認された時点以降は同社が責任をもつ（商品の所有権を移転する）システムである。若手農家がそれなりに大規模に農業しようとするとリスクが大きいので、それを同社がかぶって若手農家育成に資そうというわけである。これまでは「作って売る」システムだったが、これからは「売ってから作る」農業だという。農家に支払うのは農協の作業料金表に従うと反三万円だが、同社はそれに三万円上乗せした計六万円としている。ここには資材費も含まれるが、若手奨励の意味合いもある。このシステムを導入したところ一年で一挙に五〇ヘクタールになったという。①の契約栽培農家からも移行したい意向が寄せられているが、若手育成の趣旨を説明して断っている。

③直営生産…現在、借地四八ヘクタール、貸し手農家は二三三名にのぼる。これも半径二〇キロメートルの範囲で集めている。土地をまとめる専門の職員（五〇歳）を一名おいている。期間は一年更新にしている。二～三年借りてくれという要望もあるが、一年やって様子をみてから、と言っている。返してくれと言う話もまれにあるが、使ってみて、排水が悪い農地、山の中の耕作不便な農地は返すこともある。小作料は一万円だが、ただで借りるところが多

くなっている。小さな地片も借りてきたが、これからは大きい区画に絞るつもりである。これまでは借地がどんどん増えてきたが、②を入れてからはおさまっている。自社面積は一〇〇ヘクタールまでいくのでないかとみている。現在は契約農家が二五～二七％の供給シェアだが、ここから貸付に移行する分もある。

従業員は正社員が一〇名、パート七〇名、中国人研修生二〇名だが、パートは高齢化している。畑は、デジカメ七台を使い、播種日、発芽率、草丈、病虫害を撮影し、女性三名でパソコン入力して管理している。

中国人研修生については、社長自ら二〇〇四年に宮崎夢ファーム事業協同組合を設立して理事長になり、農業・建設・水産・大型農家等の会員五四名により受け入れている。

これから　今後については、不景気の時代には不得意な分野には手を出さず、得意な分野に集中すべきとして、「ほうれんそうのイシハラ」のアピールを強めていく方針である。規模拡大は前述のように追求するが、農地の購入は全く考えていない。借地をセレクトしてまとめる方向であり、土地を買う金があるならもっと有効に使いたい。

農地流動化については独自の案をもっている。農家が県・市町村と農地の賃貸借契約を結び、その農地を夢ファーム事業協同組合を通じて組合員企業に組合連帯保証のもとに貸し付けるというものである。〈行政―事業協同組合〉を間に入れて、農家と企業の間の賃貸借を促進しようとするもので、企業的農業経営向けの農地保有合理化法人機能を事業組合が果たすというものである。研修生の受け入れシステムを農地に適用したともいえる（二〇〇五年一二月）。

新福青果

有限会社の設立　有限会社・新福青果の社長・新福秀秋氏（現在五三歳）は、一九七六年に名古屋の化学メーカーから、農業をするために地元にUターンした。実家は畑作と和牛の複合経営農家で父母と農業をやることにした。七八年に結婚して奥さんが加わる。

畑が道路沿いにあったため地元生協（現在のコープ宮崎）のバイヤーの目にとまり、八三年から取引が始まり、大阪から兄夫婦も帰郷して経営に加わった。品質、味がよいということが口コミでひろがりスーパー等に取引が拡大し、八〇年には和牛部門を廃し、サトイモ、ゴボウを規模拡大するとともに、近隣農家との契約栽培を始めた。

このように産地卸化することにより本業ができなくなるということで、一九八七年に有限会社化する（出資者は兄夫婦との三名で二〇〇〇万円弱）。従業員は六名になる。当時はサトイモ、ゴボウ、ニンジンがメインで、取扱額は一億円弱だった。

農業生産法人へ　同社は、九一年あたりから生産組織をつくり、こだわり野菜、有機栽培による差別化商品をめざし、小売店への営業を本格化して生産者の顔写真入りの販売を強化した。生産組織は「都城ふるさと園芸組合」と「鹿児島朝霧生産組合」で、前者は宮崎県内一円を範囲に四七〇戸程度（うち市内が四〇〇戸）、後者はクルマで五分もいけば鹿児島県ということで曽於郡、鹿屋の台地等で二〇〇戸を組織している。合計六七〇戸程度になる。

農家との契約は三種類に分かれ、播種前から価格と数量を契約するもの、週単位での数量契約、そしてスポット買いである。農家との話し合いでふさわしい方式を選んでもらっている。農家は同社専属もいるが、多くは農協にも出荷している。畜産地帯なので飼料を農協から購入する関係もあるからである。契約農家に対しては毎月一回一三時〜一七時に勉強会を開いている。

しかし生産組織のメンバー農家は三〇代以下と四〇代が各六％、五〇代が一六％、六〇代以上が七一％で、平均年齢六八・五歳に達している。うち女性が一一％を占める。

同社の集荷は仲買と生産組織農家の直接搬入であり、高齢化のなかで仲買分は減り、農家の直接搬入が増えているが、農家もクルマに乗れなくなれば同社から集荷に行くことになる。会社としては受注に応じて出荷要請をするわけだが、出荷は「農家さん主導」で、やれ不幸があった、やれ牛のセリだということで注文に応じられず、会社として欠品を出し、チャンスロスを生じることになる。

このようななかで会社としての直営農場の必要性を感じ、一九九五年に農業生産法人化し、自作地二・五ヘクタールを含め六ヘクタールでスタートし、同時に認定農業者に認定された。

直営農場は九九年には一〇〇カ所（三一ヘクタール）、二〇〇二年には一五〇カ所（四八ヘクタール）、現在は二二〇カ所に拡大し、面積にして七〇ヘクタールに達している。圃場は一・四〜一・五回転で延べ作付け面積は九〇ヘクタールに及ぶ。会社を起点にしてクルマで一五分以内であり、小作料は一万円弱。農場面積の内訳は自己所有地が五ヘクタール程度（当初からの自作地が半分）。地価は反当五〇万円程度だが、借地の方が集まるという。借地は利用権とやみ小作が六対四くらいだ。ただで耕作が二ヘクタール、遊休農地を県単事業で復旧した畑が三ヘクタール弱である。借地は農家の方から「借りてくれ」といってくるケースが多く、地図上では点だったが、だんだん面的に集約できるようになっており、最大で二・八ヘクタールの団地がある。畑隣りは同社で畦畔を外したりしている。

雇用関係　従業員は加工部門も含めて正規が一四〜一五名。パートが七五名程度だ。直営農場は正規社員が三名で、残りはパート。その他に後継者養成を兼ねて日本人研修生四名を二〇〇三年から入れている（仕事が終われば帰国してしまうと言うことで中国人研修生は入れていない）。パートの時給は六五〇円である。

雇用関係では二〇〇三年の「宮崎アグリサポート」（有限会社・農業生産法人）の設立が注目される。高齢者の生き甲斐作りと技術伝承を狙いとした「企業版シルバーセンター」だという。出資者は一一名で三〇〇万円である。現在は出資者を含め一五名が所属し、八九歳から中卒の一六歳までいるが、原則は五五歳以上としている（障害者は未満も可）。このアグリサポートからパートが供給されるわけだが、「体が空いたときに働く」ことでよいことにしている。会社としては「地域貢献」の位置づけである。

また、同社は、「農業に休日がないのはおかしい」という社長の考えで、日曜祭日は休日としている。当たり前といえば当たり前だが、それを可能にするために同社は施設園芸は行わず、「土もの」に特化している。「土もの」なら日曜に収穫しなくても済むし、また広大な面積で機械化が可能だからである。

事業内容　一九九八年には工場長ほか二名を出資者に加え（各三〇万円で合計二〇一五万円）、さらに二〇〇二年には従業員持株会、社外協力会、アグリビジネス投資育成会社等の新規出資者一六名を得て三七〇〇万円に増資した。同社の年商は一五・五億円。品目はサトイモ、ゴボウ、馬鈴薯、甘藷、らっきょう、ニンジン、こねぎ等の根菜類、ピーマン、キュウリ、チンゲンサイ、キャベツ等の葉菜・果菜類など多彩で普通の野菜は全て扱うという。

出荷先は金額で、スーパー（バロー、マルエツ）六六％、生協（コープ宮崎、コープ九州事業連合）二〇％、市場（備後青果）七％、外食産業（井筒屋）三％、その他が自らの加工工場や直売所である。

加工のウエイトは少ないが、どうしても売れない野菜が出て、産地がゴミを出す形になるので、〇五年から冷凍食品工場を立ちあげて、冷凍のほうれんそうやサツマイモなどで有効利用を図るようにしている。

スーパーが多い理由は市場出荷だと等階級が三六にも分かれ、品評会に出しているようで選別コストがかさみ、消費者、生産者のためにならない。スーパーだとA級品、B級品と大中小の六階級ですみ、この規格簡素化でコストを六％下げられるので、それを生産者にフィードバックしたいという。

現在の集荷は農家の搬入が七〇％、仲買人を通じるのが一五％、直接集荷が一五％程度である。農家の高齢化で仲買分が減り、農家の直接搬入が増えているが、農家がクルマにのれない場合は会社側が集荷する。その他の作業委託の依頼が農家から年間一〇～二〇ヘクタールあり、それにも対応している。

同社の全取扱量は、先の契約分が九割に対して直営農場分は一割に過ぎない。あくまで欠品を防ぐのが目的だが、契約が減っているので直営農場は二〇〇ヘクタールまで増やしたい意向である。「いつまでも農家があると思うな」が同社の構えである。

地域との関係など　契約農家の高齢化に対して、同社は今年からミニ野菜に取り組んでいる。従来の一キログラムもある野菜は高齢農家が引き抜くのは大変なので、〇・五キロ弱のミニ野菜の密植栽培を導入して生き甲斐を追求してもらうということで、「産地への恩返し」という位置づけである。

同社は二〇〇二年に、都城市「元気がいいね」認証農産物、宮崎県エコファーマーの認定を受け、JASの認定も四・八ヘクタールほど受けており、残りも特別栽培農産物の認定を受けている。JAS認証を増やしてきたが、現在は打ち止めで、五年後には特別栽培農産物への移行を考えている。有機栽培で農薬や化学肥料を使わないと見栄えが悪く消費者が好まないからで、加工用に回している。同社としては県の特栽の基準は甘すぎる、そんなに農薬を使わなくても大丈夫だとみている。畜産が盛んな地域なので堆肥を年間一〇〇万円ばかり購入し、半年から一年寝かせて完熟にして使っている。

二〇〇三年からスーパーとの間でトレーサビリティ・システムを導入し、翌年からは端末機から本社サーバへ各農場の担当者が入力を行うシステムを開始している。

農協との取引は肥料・農薬の半分を仕入れている。農協への出荷は加工用ニンジン二〇〇～三〇〇トンがあり、また農協から野菜のスポット買いをすることもあるが、全体の数％に過ぎない。

前述のイシハラフーズやアグリセンター都城との借地の混在があり、借地をめぐってぶつかることもあるという。また有機農産物の生産ということになれば隣接圃場の農薬使用の問題もあり、法人間のルール作りが必要だという。

株式会社の農業参入をめぐっては、保守的な地盤なので、外から株式会社が入ってくることには抵抗感があり、地元にいる法人が強ければ怖くない、そんなに心配はしていない、という。同社自身も農地を購入するより借りる方が集まりやすいと見ていることは前述した。「地域に貢献できる地域密着型の企業的農業」が同社のスローガンである（二〇〇六年一月）。

2 霧島市の事例——焼酎原料と有機農産物

霧島市

霧島市は二〇〇五年に国分市、溝辺町、横川町、牧園町、霧島町、隼人町、福山町の一市六町が合併して誕生した。人口は一二・七万人。鹿児島県の中央部に位置し、霧島国立公園があり、また中心をなす旧国分市には京セラやソニーが立地するなど工業都市としての面をあわせもつ。新市の産業構成は一次産業八％、二次三四％、三次五八％で、観光業も多く、年間七四〇万人を受け入れている（宿泊は一三〇万人）。中心は旧国分市だが、住民アンケートに旧国分市民は当然「国分市」になると思って安心してあまり参加しなかったため、「霧島市」案が多数を占めてしまったという。

農業委員は、旧市町一〇〇名（公選七三名）だったのが、新しい定数は四七名（同四〇名）になる。女性委員はあわせて七名（公選三名）だが、新たな体制下で公選の三名は残れるのではないかということである。農業委員会事務局は旧市町併せて二三名いたのが八名に減らされた。八名のうち六名は国分市の出身で、そういう形で合併を乗り切ろうという方針のようだが、旧他町の情報はしばらくの間弱くなる。旧市町に総合支所を置き、課長と農政係が農業委員会事務局を担当し、証明事務等を行うとともに、農地部会を置いて決定する。

他方、農政部局は農政畜産課として人員も充実したということである。

基本構想の目標所得は六〇〇万円、農業従事は二〇〇〇時間である。認定農業者は二八四名、うち組織経営体が二〇である。旧市町別で多いのは溝辺町の九九（組織六）で茶、果樹（梨、ぶどう）、牧園町五一で茶である。生産調整にひっかかるのでなりたくない者もいるという。

農地流動化は、利用権設定率が一七・二％。旧市町間にばらつきがあり、溝辺三三％、横川三一％、牧園二四％と高く、他は一五％前後である。流動化の促進措置は旧溝辺町のみでなされていたが、合併後はそれを修正して引き継ぐことにした。すなわち五年以上の利用権設定を受けた認定農業者に反二万円を支払う。売買については嘱託登記手数料相当額を支払う。

台地は茶をはじめとして畑作農業が展開し、平場の水田地帯は旧国分市を中心に兼業化が進んでおり集落営農での対応を考えているが、あまり進んでいない。

農業生産法人は、農事組合法人二、有限会社二〇、株式会社二の計二四で、うち溝辺町が有限会社一一、組合法人一で茶を中心に多い。溝辺町のうち四社は休業中（芝・柑橘・花・牧場）である。国分市の一社は一九七九年設立の芝業者だが、五年前から休業している。負債をかかえて倒産し、競売物件化している。

株式会社の農地取得等については、旧国分市周辺は転用圧力が高く地価が高いので（農地で坪七〇〇〇～八〇〇〇円、転用価格で坪二万円）、農外目的での取得は不合理になるではないかと農業委員会はみている。問題事案も一件あった。鹿児島市の青果業者が立派な計画書をもってきたので認めざるをえず、柑橘類の農園を立ちあげたが、同社は別会社で産廃業（市のゴミ回収）を営んでいることが分かった。その農園は旧国分市に三ヘクタール、旧隼人町に七ヘクタールの農地を所有権取得している。

なお同市は旧国分市を中心に農振白地が多い。また二〇〇〇年に農用地区域への中学校建設に伴い三〇〇ヘクタールの農用地区域外しを行った。九州農政局からは再検討を迫られたが、県市が押しきったという。外された区域は当初は転用が多く、とくにパチンコ屋の進出がめだち、またドラッグストア、ディスカウントショップ等の進出もあった。パチンコ屋が多い街ということである（なぜか人吉と似ている）。

霧島農事振興

関連企業　同社のそもそもの母体は黒酢生産の健康医学社にある。同社関連のホームページによると、普通の酢は醸造用アルコールに少量の穀物を入れて短期間で醗酵させて作るが、南九州の黒酢は、醸造用アルコールを使わず玄米・大麦・サツマイモを原料にして壺の中で一年以上かけて醗酵・熟成する製法によるもので、元は二〇〇年前に中国の難破船が薩摩半島に漂着したときにもたらされたものと伝承されている。それが近代的製法に押されて廃れていたところ、健康医学社の黒岩東五が一九六九年に復活させ、しかも「健康のためにお酢を飲む」という新しい利用法を提唱したことで、今日のブームの元をつくったということである。現在の同社の黒酢の出荷額は一五億円にのぼる。

霧島農事振興の直接の母体になったのは、関連企業である黄金酒造である。黄金酒造は、一九五〇年創業の焼酎メーカーを一九九九年に吸収、社名変更した企業で、社員二五名、売上額四・八億円である。同社は鹿児島の黄金千貫を原料とし芋麹で仕込む全芋焼酎「蘭」「東五」を販売している。紙パック入りは作らず、またスーパーにも出荷せず、専ら酒販小売店向けに出荷している。

健康医学社との関わりは、海洋投棄されていた焼酎粕を酢の原料に用いる点である。これにより循環型・一体型の企業をめざしている。

もう一つの関連会社は薩摩麦酒株式会社で、地ビールの生産とレストランの経営をしており、年商七億円である。

農業生産法人の設立　これらの企業グループが主体になって二〇〇四年に立ちあげたのが農業生産法人・霧島農事振興株式会社である。そのきっかけは原料芋の払底である。元々、黄金酒造は県内数社の集荷業者から仕入れていたが、芋焼酎のトップにおどりでた隣県の霧島酒造（「黒霧島」等のメーカー）が鹿児島県内にも集荷先を急拡張し、二〇〇三年には原料が確保できなくなるという事態になった。

これにより急きょ、自社による原料確保に踏み出したわけである。一つの集荷業者から一〇〇％仕入れるのは極めて危険ということで複数に分散していたが、せめて三分の一は自社製で確保する見通しを立てたいというわけである。

もともと黒酢生産の工場を立ちあげたときに採用した者は、ほとんどが兼業農家だった。現在も農業している社員が結構いるということで、「君たちも株主になるか」と呼びかけた。資本金は一〇〇〇万円。構成員（株主）は個人一四人と関連三社。二〇〇株の内訳は、社長の父（黒岩東五）が六〇株、社長の兄が四一株、社長が二二株、社長の息子三人が計三〇株、三社が計三五株、黄金酒造の農家社員が四名四株などである。構成員のうち一〇名は農業従事一五〇日以上となっている（一五〇日未満従事はいない）。業務執行役員は、社長と兄の他は農家四名であり、この四名が六〇日以上農業従事になる。また農家社員のうち二名は計七〇アールの農地を提供している。

農地　農地は当初は四名から一八七アール借りて出発したが、現在は霧島町春山で六名から三ヘクタール、牧園町中津川で一一名から三ヘクタール、そのほか野菜用に四〇アールである。山の上の平坦地五カ所に分散するが、クルマで一〇分の近場にある。霧島町の農地は地元出身の渉外部長のつてで借りている。また牧園町のそれは従業員の父が集めてくれた。しかし地権者の意向で利用権設定には至らずやみ小作である。二年契約で小作料一万円弱である。高齢化で作り手がなくて農地は借りやすいが、日当たりがよい、病気が出ない、イノシシ害がないなど選択的に借りている。

畑は四〇アール程度は一〇アールの温室も含めて野菜やケールを作り、野菜はレストランに、ケールは健康医学社に販売している。

事業内容　焼酎の蔵元は蔵が小さく貯蔵に限りがあるということで、原料用甘藷をグループは水分三％の乾燥チップに加工する技術を開発した。これにより保存性が高まり、生芋がなくても通年で蔵を利用できることになる。この加工は健康医学社に委託するが、加工したものの黄金酒造への販売額が一・五億円ということである。健康医学社は温泉の源泉を五本もち、その湯を使って加工する。酢の醸造にも湯を用いている。そして前述のように焼酎粕は酢のもろみに利用する。焼酎の廃棄物については酒造組合で研究中である。

黄金酒造の〇五年の芋の買付量は全体で一〇七八トン、内訳は霧島農事振興が一七〇トン（一六％）、業者が二社で四六七トン、福山市農協を通じるのが四一八トン、農家が二三トンである。集荷業者の芋はきれいに洗浄・選別してくるので質がよい。農家のものはそうではなくクレームをつけても「下を向くだけ」という問題もあるが、農協ももっとつきあえば出てくるだろうという。

畑の耕作は先の農家役員四名が常時担当しているが、植え付け、芋掘り時には黄金酒造の社員が手伝う。パートやシルバー銀行からの雇用もある。芋掘りに東京、福岡の酒販組合からも援農にきている。

一期目（二〇〇四年度）の収支は、原料いも等の売上高一億五五〇〇万円、税引き前純利益が一二〇〇万円、純利益が七五〇万円である。赤字になると金融機関が融資を認めてくれない。農協は理解してくれるかと思ったが取引はない。国民金融公庫と保証協会が創業資金を助けてくれた。

地域との関係　地元とのつきあいは、ＪＡ福山とは芋の集荷委託関係があるが、肥料・農薬は全て業者からの仕入れである。焼酎のフレコンパック、種芋の保管委託はある。健康医学社でも発酵肥料を作っている。地元の中学三年生が体験学習で収穫を手伝い、収穫芋で作った焼酎をタイムカプセルに入れて成人式で飲むことにしている。

今後については、農業生産法人の形態は変えずに行く。三期たたないと認定農業者にはなれないが、認定農業者をめざす。農地については資金力がなければ買えないし、よほど良い土地でないと買う気にはならない、借りた方がよい、としている。なお当社は施設用地として農地五アール程度を購入・転用している。

原料芋の自家製は経費がかかる、業者委託だとリスクを負わない、しかし農家は零細で高齢化だし……ということで農場の規模拡大については検討課題としている。ただしレストラン向けの野菜栽培は増やすかも知れない（二〇〇五年一二月)。

エコスマイル

建設業から農業へ　社長(四七歳)は建設会社を一九八七年に立ちあげ、有限会社から株式会社にしてきた。公共事業の下請けが中心で、九〇年代はじめがピークだった。従業員一五〜二〇名をおいて年商二・七億円程度だった。七〜八年から下請けをやめ、元請けがある時だけ行うことにしているが、年一〜二本でほぼ開店休業状態にある。従業員は一人残して、あとは役員だけだ。

社長の農業へのきっかけは、子供のアトピー性皮膚炎である。食べ物に原因があるということで家族のために一九九三年から農業を始めた。そして一九九七年に株式会社エコスマイルを立ちあげ、生ゴミ、学校給食の残渣、畜産廃棄物、魚、焼酎粕の有機廃棄物のリサイクルによる完熟堆肥化を試みた。産廃業の許可も得ているが、建築資材等は天然木以外は扱わない。鹿児島大学との産学連携による有機物資源リサイクルの研究に参加して八〜九年取り組んだ。市の認定農業者にもなり、農業委員も一期務めた。

エコスマイルの資本金は一〇〇〇万円。構成員=業務執行役員は、本人一〇〇株、父(七七歳)と弟(四四歳)各五〇株の三名である。弟はエコスマイルを手伝いつつ、借りた一〇アールで有機農産物の認証を受けて営農している。

農業生産法人へ　当初は父の所有農地二三アールでの自家野菜生産だったが、農業を「天職」と自覚して九〇年代なかばから本格的に取り組むことにし、まず旧国分市内の春山の台地の山林二〇アールを購入して得意の土木機械で開墾して開畑した。ここは現在、ヤーコンの栽培をしている。次に一九九七年に霧島町で五〇アールを個人として購入した。これは栗を栽培している。

二〇〇一年に農地法改正を受けて、これらの個人所有農地をエコスマイルに利用権設定し、株式会社エコスマイルとして農業生産法人になった。現在では、加えて三・一六ヘクタールの農地を借りて計三・九ヘクタールを経営している。貸し手は全て旧国分市内で二〇名ほどになる。四カ所に分散し、大きいところは二ヘクタールのまとまりになっているが、社長としては四〜五ヘクタールなければ団地といえないとして、「野球をやりたいのにテニスコートしかない」と嘆き、離島まで物色しているという。

農地は農業委員会にあっ旋を依頼しているが、なかなか出てこず、荒廃農地をみつけては地権者を農業委員会に問い合わせたりしている。手を入れないと使えない農地がほとんどで、なかにはゴミ捨て場になっていた四五アールを五〇万円かけて復旧し四〜五年は使用貸借にしているものもある。重機を所有しているので抜根、造成、畔抜き等は自分でできる。目標は一〇ヘクタールだが、有機農産物の認証の条件を満たす農地の確保は難しい。土作りに三年はかかるので五〜一〇年は借りたいが、平均五、六年である。小作料は一万円程度だが、使用貸借もある。

事業内容　従業員は、正社員が四名（三〇代三名と五〇代一名）、臨時（女性）と日本人の研修生が各一名である。研修生は二年程度で新規就農する人を受け入れている。〇五年四月に四年いた人が独立した。忙しいときにはシルバー銀行の手も借りる。社員は日給月給で日給六〇〇〇円。役員報酬は建設業で出すことにして、エコスマイルからは出していない。

栽培作目は、根茎でサトイモ、サツマイモ、つくね芋、ニンジン、ゴボウ、雑穀で麦、そば、粟、キビである。大量生産でき、かつアトピー性皮膚炎に良いものを作るようにしている。水田も若干あるが、稲作跡にじゃがいも、麦、タマネギ、ニンジン、キャベツを作っている。また最若手が作業受託を四ヘクタールほどを専門にしている。農薬と化学肥料を使わない有機栽培で、鹿児島有機農業研究会の認証を受けている。労働時間、コストは慣行栽培と比べて倍かかり、とくに草取りが大変で防草シートで省力化している。鶏も以前は三〇〇羽、今は三〇羽飼っている。

販路は、鹿児島有機生産組合（二〇〇名の会員だったが減っている。有機農産物のネットワークで「大地」等に販売）に一〇〇〇万円、一〇校程度の学校給食に五〇〇万円、コープかごしまに三〇〇万円、作業受託三〇〇万円、堆肥販売二〇〇～三〇〇万円、産廃の受け入れが一〇〇〇万円で合計三〇〇〇万円強の年商である。生産組合は一〇年前からのつき合い、学校給食は七年前からで、残渣も含めてこちらから申し入れた。

目標は、一〇ヘクタール、従業員六名で年商五〇〇〇万円だ。作目も手のかからないものを増やしたい。株式会社の農地所有には反対であり、利用権での拡大を狙っている。前述のように「天職」、「百姓の生き方」として農業しているとしている（二〇〇五年一二月）。

まとめ

エコスマイルは建設業の農業進出だったが、その他はアグリビジネスの農業生産への参入であり、そのうちイシハラフーズと新福青果は、農家出身者が企業家となり、そして農業に回帰してきたわけで、農業生産法人の構成員要件や役員要件をクリアするうえでは特段の障害はない。これらの農業生産法人は、本来の「地域に根ざした農業者の共同体」とは言えないが、少なくとも「農家出自の地元企業」とは言える。

アグリビジネス（野菜卸、食品加工）の農業生産への進出は、これまでの契約栽培による野菜や加工原料の確保が農家の高齢化により翳りをみせ、それに対して商品なり原料の安定確保の点から、いわばアグリビジネスの自己防衛としての農業進出といえる。畑作地帯で企業の農業進出が多いのも、畑作物がアグリビジネスの対象商品であることと深くかかわっていよう。

いずれの法人も農地の購入ではなく借入を志向し、その方が資金の有効利用になり、採算的にも得であるとし、株式会社の農地購入についても概ね否定的である。なによりもそういう形で外部から入って来られるのを警戒している地元企業である。

企業側から言えば、農業進出は積極的なものというより、契約農家に頼まれての展開ということである。都城市をとれば、報告した以外にも大規模畜産で有名な有限会社はざまが、豚六・五万頭、牛七〇〇〇頭、野菜一一〇ヘクタール経営をしている。「『耕作を続けられんから、はざまさん、借りてくれ、使ってくれ』という農家が実に多いんです。田んぼは転作奨励金などが入りますから、なかなか手放しませんが、畑はどんどん集まる。六〇歳以上のおばあちゃんが『七〇歳になったらうちの畑を借りてくれ』って何人も予約していくんです。ですから経営面積が二〇〇ヘクタール、三〇〇ヘクタールになる日も近い」(1)という。

契約農家が耕作できなくなった農地を引き受けるという意味では、企業の農業進出は耕作放棄の防止になっていると評価しうる。しかし他方では、よい土地については借地をめぐる競争も強まっており、それぞれの確保農地の錯綜も始まっている。「直営農場」といっても分散地片の量的集積であって、「農場」ではない。これら企業の農地面積は、前章のアグリセンター都城も含めて、都城市の畑地面積の三分の一にも迫ろうとしている（市外からも借地しているから純占有率はもっと下がる）。それは当然に家族農業経営にとって、農地面積という物理的な面でも、大規模企業農業というメンタルな面でも圧迫要因だろう。

注

(1) 金子弘道編『トップが語るアグリビジネス最前線』家の光協会、二〇〇三年、一五六頁。

第8章　協業組織の現段階

1　今日の集落営農

集落営農の展開度

本章では、これまでの事例紹介を、筆者の九〇年代初めの生産組織分析(1)(以下「前著」とする)、農水省『平成一七年集落営農実態調査報告書』(〇六年刊)の全国統計とも照らし合わせながらとりまとめる。

前著では、生産組織には「崩壊の危機に瀕した地域の農業構造を維持していく役割が期待され」、それ故にその「継続・再編過程の分析が重視される」とした。本書はその問題意識を引き継いでいる。

生産組織・集落営農の展開度をみたのが**表8－1**である。生産組織への参加農家率は、八〇、九〇年代の一〇%に対して二〇〇〇年は一五%まで高まった。一貫して高く、かつ参加率が高まっているのが、北陸、近畿、山陰、北九州である。北海道、東北も率は高いが二〇〇〇年の水準は八五年並みである。

一九九〇年の生産組織の性格としては、共同利用が大勢を占め、栽培協定、員内受託、員外受託は各一五%前後だった。栽培協定は山陽、北九州、共同利用は北海道、北関東、四国など畑作地帯等で多かった。員内受託は東北、東山、そして員外からも受託するのが東北、北陸、山陰という高参加率地域だった。

表 8-1　生産組織の構成と参加農家率

単位：%

	生産組織の構成（1990 年）				生産組織への参加農家率			集落営農率（2005 年）
	A 栽培協定のみ	B 共同利用のみ	C 員内受託組織	D 員外受託する	1985 年	1990 年	2000 年	
全国	14.7	56.1	10.7	18.5	10.4	10.4	14.8	9.1
北海道	2.7	88.7	1.0	7.6	31.4	26.7	33.3	9.0
東北	6.6	47.2	22.5	23.8	17.2	13.6	16.4	10.5
北陸	15.2	45.1	9.4	30.2	15.4	16.5	19.1	19.7
北関東	11.4	63.1	3.3	22.2	6.9	5.3	7.2	
南関東	18.5	57.5	2.2	21.8	5.3	4.4	6.9	2.5
東山	22.5	37.8	24.2	15.5	11.7	9.7	14.1	
東海	14.4	54.0	10.9	20.8	7.5	10.0	13.1	7.9
近畿	21.7	57.7	10.5	10.0	8.1	10.7	18.7	16.1
山陰	9.9	50.2	14.5	25.4	12.1	13.5	20.9	11.0
山陽	30.3	42.1	11.9	15.8	5.1	7.1	11.9	
四国	14.7	64.0	6.5	14.9	5.3	4.4	7.8	2.2
北九州	28.4	53.8	4.5	13.3	13.3	14.6	23.5	7.7
南九州	25.9	54.2	－	19.4	3.3	4.0	6.1	
沖縄	3.9	32.9	33.6	29.7	4.9	5.0	5.5	0.2

注：1）1985 年、1990 年、2000 年農（林）業センサスによる。
2）D は、受託のみの単一事業組織および受託を行う複数事業組織である。
3）B、C の算出方法は原表の注を参照。
4）集落営農率は、集落営農実態調査の集落営農数を、2005 年センサス農村集落調査の共同活動のある農業集落数で除した数。
5）拙著『農地政策と地域』日本経済評論社、1993 年、290 頁より加筆引用。

二〇〇五年については、集落機能のある集落数に対する集落営農の割合を見たが、全国で九%に対し、北陸二〇%、近畿一六%、中国・東北一一%と高い。

集落営農と農業集落（むら）

日本の農家の地域的集団的な対応は伝統的に「むら」、「むらむら」連合を土台としてきた。生産組織も同様であり、前著では「『むら』とは、農家が集団的対応をとるにあたってその全構成メンバーに呼び掛けねばならない存在、少なくとも何らかの了承を得なければならない存在」だが、同時に「必ずしもそれ以上の強い関係ではない」とした。

具体的には集落営農は、いかなる地域範囲を基盤にしているのか。本書での分類では、「むら」（農業集落、自然村）、「大字」（藩政村）、「旧村」（明治合併村）、昭和合併村などとした。**表8―2**によると、一農業集落と関係するのが（以下「一集落営農」とする）、全国平均で八割と高い（しかし参加集落数は一・四三）。とくに北陸・近畿は高い。そこでは関係集落数は平均一・一である。北陸は参加農家

表 8-2　集落営農と農業集落等

単位：%、戸、ha

	1集落の割合	参加集落実数	参加農家数	経営耕地	作業受託	集落営農内総耕地面積	1集落当たり面積
全国	79.3	1.43	41	25.2	9.9	76.3	53.4
北海道	65.4	1.77	15	205.6	17.5	461.0	260.5
東北	73.9	1.36	45	25.2	12.1	113.4	83.4
北陸	88.1	1.10	31	19.7	6.9	49.2	44.7
関東東山	61.1	2.37	72	36.6	6.6	63.9	27.0
東海	82.7	1.64	68	16.8	10.6	46.9	28.6
近畿	94.9	1.10	40	10.8	7.0	38.8	35.3
中国	71.4	1.47	30	13.4	4.7	30.2	20.5
四国	66.2	2.29	39	32.7	2.0	58.4	25.5
九州	75.2	1.64	44	12.0	19.2	62.2	37.9

注：農水省『平成17年集落営農実態調査報告書』による。以下断らない限り同様。

数は少ないが、一集落当たり面積は大きい。また近畿は参加農家数は平均的だが、一集落当たり面積は西日本としては大きい。これらの点は北陸、近畿の両地域が一農業集落＝一藩政村という歴史的伝統をもつことと若干は関連しているかも知れない(2)。

北海道、東北、関東東山、中四国、九州は「一集落営農」は六〜七割と低い。本書の事例でも、「一集落営農」の事例は意外に少なかった。東北では旧村（明治合併村）単位が多かったが、その場合の域内集積率は低い。富山は「むら」基盤が多かったが、はじめから大字で出発したＮＡセンターや集落基盤の営農組合のうえにその連合体を旧村規模でつくったファームふたくちの例もある。出雲や広島でも「一集落営農」は少なかった。関係する一集落の面積が**表8－2**で二〇ヘクタールと少ないことが背景の一つであろう。

「一集落営農」は任意組織にとどまるものが多い。面積に制約された事業規模等からしても法人化に躊躇があるのかも知れないし、思い切ったことをするには、「むら」はやや狭いのかも知れない。このことは品目横断的政策の実施にあたっても配慮を要する。

以上から、統計上は「一集落営農」が多いが、本書で取り上げたようなそれなりに特徴をもった展開は、「むら」を越えた藩政村（大字）や明治合併村の規模での協業の追求が多いといえる。そこから次の二点が言える。第一は、「むら」にこだわり過ぎた集落営農の理解は事実に反する。第二に、現実には

「むら」を越える特徴的な展開がみられるが、それをたんに「複数集落」と量的に片付けるのではなく、歴史的共同体との関わりを重視すべきである。「一集落営農」の今後のさらに広域レベルでの維持拡大を考えるうえで、いかなる歴史的範域を重視すべきかがポイントになるからである。

集落営農の活動領域

全国平均では（**表8－3**）、団地化などが五五％、機械の共同利用とオペ組織が機械利用が四六％と四一％を占める。集落内の営農一括管理や認定農業者・法人等への農地利用集積は各一割台にとどまる。かくして機械の共同利用、オペ組織の機械利用、団地化が今日の集落営農の主要な機能といえる。

表8－1の一九九〇年と現在との直接比較はできないが、一九九〇年のBが二〇〇五年の「参加農家で機械共同利用」、C、Dの「員内・員外受託」が「オペ組織が機械利用」にほぼ対応するとすれば、前者の比重が減り、後者のウエイトが高まっているといえよう。

二〇〇五年の地域性をみると、機械共同利用の北海道・北陸・中国・九州と、機械のオペ組織利用の東北・東海・近畿に分かれる。前者のうち北海道と北陸は「農家出役で管理作業共同」も高い。北海道は機械作業と管理作業ともに協業、北陸は後述する機械作業と管理作業の分業体制という両極を成している。後者は「担い手に利用集積」も高く、かつ東海・近畿は団地化利用調整が七割を超すが、東北も平均よりわずかながら高い。

以上から大まかには、機械の共同利用や管理作業共同を軸にした北海道・北陸・中国・九州と、オペ組織あるいは担い手への集中が進み、団地転作との関連も強い東北・東海・近畿に分かれる。

次に集落営農が各作物に取り組んだ割合をみると**表8－4**のようである。全国平均では水稲に取り組んだ集落営農が六九％、大豆四二％、麦三七％、その他三一％で、合計すれば一七八％になる。地域別の特徴は、水稲に取り組む

表 8-3　活動内容別の集落営農の割合

単位：%

	参加農家で機械共同利用	オペ組織が機械利用	集落内営農を一括管理運営	担い手に利用集積	農家出役で管理作業共同	団地化等利用調整
全国	46.0	41.4	14.7	15.0	30.8	55.3
北海道	**83.3**	4.3	13.4	17.4	**50.5**	13.6
東北	37.1	**45.9**	8.5	**24.5**	32.4	56.1
北陸	**55.1**	36.1	**24.1**	15.8	**43.6**	64.4
関東東山	47.7	27.9	14.5	11.7	25.9	67.2
東海	15.4	**49.5**	**23.1**	**23.4**	29.5	**77.2**
近畿	29.1	**53.8**	13.1	6.6	29.1	**71.7**
中国	**54.0**	**48.8**	15.6	15.1	26.5	31.8
四国	31.6	35.8	8.8	6.7	39.4	42.0
九州	**60.0**	33.2	7.3	9.6	15.7	48.5

表 8-4　取組作物別の集落営農の割合

単位：%

	水稲	麦類	大豆類	水稲以外の合計
全国	69.1	37.1	41.7	109.3
北海道	35.1	**69.1**	36.4	**168.7**
東北	51.5	20.9	**52.9**	**113.2**
北陸	**71.3**	28.0	49.0	87.6
関東東山	56.4	**56.8**	47.9	**143.2**
東海	67.9	**62.4**	35.7	**121.9**
近畿	66.8	**57.2**	31.9	**128.0**
中国	**96.0**	9.4	26.1	72.8
四国	64.8	28.5	12.4	90.1
九州	73.5	47.8	**53.1**	**121.5**

割合が高いのが北陸・中国・九州であり、逆に水稲に取り組む割合が相対的に低いのが東北・関東東山の東日本で、そこでは麦（関東東山）、大豆（東北）、その他作物（飼料作物、野菜）への取り組みが高い。

転作物では麦が高いのが東海・近畿・関東東山、大豆が高いのが東北・九州である。

敢えてまとめれば、水稲を主軸とする北陸・中国、転作主軸の東日本、東海、近畿と九州といえる。九州は水稲の割合も転作物計もともに高い[3]。本書の調査結果でも宮崎では水稲よりも転作に重きが置かれていた。

以上の集落営農の統計的把握には生活面のそれが決定的に欠けている。統計の設計が対象それ自体をトータルに把握するというより、経営所得安定対策等の「担い手」要件をチェックするといった政策目的に従属的であることがその原因の一つであり、あるいは生活は農業センサスの集落調査等の領域とされているからだろうが、序章でも指摘したように、集落営農を農業面・政策面のみから捉えるとその性格の把握を誤る。

生活面への配慮は女性の位置づけにも係わる。本書の事例をふりかえると、富山のグリーンひばり野は女性部が田植えで活躍し、また地域資源管理のためのボランティア日を設けて、農作業への出役困難な農家や女性等にも参加の道を確保している。寺坪は女性部が田植えで活躍するほか、野菜を地産地消で学校・病院等に供給している。ファームふたくちは集落連合からなる近代的組織だが、その根っこはあくまで集落にあり、それが歴史的伝統をもった生活共同体であることが強調され、また広島と同じ浄土真宗でもある。

出雲の新田後はOBや女性がブロッコリ等にとりくむとともに、在日韓国人との交流や大豆加工に熱心である。グリーンワークの目的は地域作りともいえる。島根の中山間地域のある集落では、圃場整備に当たっても効率の良い暗渠にせず敢えて明渠方式をとったが、それは農業用水であるとともに防火用水でもあるからだった(4)。

三次市の海渡は不在地主の農地管理が大きな比重を占めており、世羅町のさわやか田打も含めて、中山間地域直接支払いの交付対象となって地域資源管理に励んでいる。広島の集落営農のバックボーンに安岐門徒の伝統があることはいうまでもない。小林市の集落営農や法人も地域生活部を設け、花堂では消費者団体との交流に力を入れている。

集落営農は、集落機能の全てを代行するものではないが、地域生活を守り定住条件を確保することにその目的があることは確かである。これが同じ生産組織でも生産者組織（後述）になると女性を「排除」した「ワンマンファームの連合」となり、農業経営に純化する。

集落営農の担い手

この点が集落営農の地域性を最も極だたせる。

表8－5によると、全国で約半数の集落営農が認定農業者を擁している。この割合が高いのは北海道・東北・関東

表 8-5　認定農業者、主たる従事者、オペレーター別の集落営農の割合

単位：%

	認定農業者がいる	主たる従事者数別割合			オペレーター数別割合			
		0	1人	複数	0	1～4人	5～9人	10人以上
全国	53.1	46.1	7.2	46.7	25.8	30.8	26.6	16.8
北海道	**98.0**	13.6	24.2	**62.2**	13.9	23.2	29.0	**33.9**
東北	**85.3**	22.5	27.8	**49.7**	19.1	**34.1**	26.8	20.0
北陸	39.8	**66.9**	19.8	13.3	24.1	25.7	**29.8**	20.4
関東東山	**70.8**	21.4	26.8	**51.8**	19.4	28.9	26.6	25.1
東海	43.8	30.3	40.1	29.6	30.4	**42.9**	19.7	7.0
近畿	25.2	50.7	24.4	24.9	**41.8**	20.7	20.9	16.6
中国	32.4	**59.7**	15.4	24.9	31.4	**32.5**	25.8	10.3
四国	57.5	42.0	22.2	35.8	**42.0**	33.2	17.6	7.2
九州	**74.6**	50.5	17.8	31.7	14.0	**38.3**	32.9	14.8

東山・九州である。逆に北陸・近畿・中国は極端に低い。

この「認定農業者がいる」をひっくり返した（一〇〇から％を差し引く）のが、「主たる従事者がいない」割合である。「主たる従事者」の定義は極めて厳しい（耕作・養畜を中核的に担う者であり、基本構想の所得目標を目指しているか達成している者）。「主たる従事者がいない」集落営農の典型は北陸・中国で六割前後に達する。北陸・中国が度々指摘したように集落営農の本場だとすれば、**集落営農とはそもそも認定農業者や「主たる従事者」がいない「営農」**だといえる。

逆に、主たる従事者を複数抱えているケースが多いのが北海道・東北・関東東山の東日本勢である（九州は認定農業者を擁しているのが多いが、主たる従事者ゼロも全国平均を上回る。異なる性格のものが混在しているのだろう）。認定農業者や主たる従事者を複数擁する「集落営農」とは何か。その本質を見極め、場合によっては再定義する必要がある。

以上に対してオペレーターの確保は様相が異なる。認定農業者や主たる従事者でなくても、運転技術と時間があればオペレーターにはなれるからである。北陸は五～九人層が相対的に多く、また中国も一～四人層が多い。近畿はオペレーターがゼロの集落営農が四二％も占めるが、**表８－４**の団地化等の土地利用調整を主とする集落営農が多いことと関連する。

オペレーターの性格について、前著では複合経営農家、他産業常勤サラリーマン、大規模受託組織の専従者の三つに分け、それぞれ東日本、西日本、北陸・東海に典型的とした。

複合経営農家がオペレーターになる組織は個別経営が複合部門に力を入れるため稲作の共同処理・省力化のための組織が多く、後述するように継続には不安定性がある。

担い手農家が集落営農に係わる今日的なケースとしては、別の機会にとりあげた広島県の担い手連携型集落営農が注目される(5)。担い手農家は集落営農の外部に借地経営を展開しつつ、集落営農のオペレーターとしても活躍するタイプである。今後、地域ぐるみの集落営農が高齢化等で困難にぶつかる時、担い手農家との関係をどうつけるかが課題にならざるをえない。そういう点を考える上でも示唆的である。

しかし集落営農の真の担い手はそのオルガナイザー、リーダーかも知れない。その点で、農協の現役の役職員、OBが事実上のリーダーになっている本書の事例を数えると、富山のグリーンひばり野、寺坪、ファームふたくちの射水営農組合、出雲の新田後、広島の海渡、さわやか田打、南九州の大畑麓、細野、花堂などがある。トップではないとしても峰岸ファーム（集落営農ではないが）、朝日農研のように従業員の中核を農協退職者が占めるなどのケースも含めれば、農協人の関与は大きい。農協勤務に嫌気がさして身近なところで脱サラを図ったというケースもあろうが、定年近くまで勤めた者は、やはり自分の担当してきた仕事を自ら実践するという面が強い。JA出資型法人については後述するが、真の出資はカネではなくヒトかも知れない。

このような農協人（OB）型に対して、東北などの少数生産者組織は農家自らの組織化である。これは東北だけでなく、出雲のみつば農産、三次の神杉にも見られる形である。

2　協業組織の二類型

以上に見てきたように生産組織や集落営農には明らかに地域差がある。そして地域差として析出された類型は、その他の地域にも散見されるので、その意味では地域差を越える類型差とみることができる。

地域・類型差について、安藤光義氏は、東日本の「少数の有志の担い手による営農組合」と西日本の「集落ぐるみ型」を分け、その背景に「東と西で異なる農業構造」があるとしている(6)。前著、本書の認識も同じである。そこで以下では、安藤氏の分析やこれまでの諸章における「まとめ」との重複を顧みず、やや敷衍してみたい。

生産者組織

この理念型を述べれば、組織化にあたっては、集落等の地域での会合、呼び掛け、話し合いを経つつも、最終的には少数担い手農家、なかんずく本家筋あとつぎ層によるワンマンファーム連合が形成され、その多くが法人化され、周辺農家から作業受託、賃貸借を受けることになる。そこでは構成員は法人で飯を食うことが前提され、水管理・畔草刈り等の管理労働も法人が担うが、地権者等に再委託される場合もその報酬は構成員の報酬差し引き後の額に抑えられる。安藤氏は「営農組合」としているが、歴史的経過からすれば梶井功氏の「生産者組織」(7)でいいだろう。

このような組織化の背景には、宮本常一や網野善彦が指摘する「本家を中心とした同族関係が軸」となった「イエ中心の社会」という歴史的な要因がまずある。要するに「『むら』よりも『いえ』が強い社会」である(8)。土地生産力が低かった新開地として「いえ」当たりの耕作面積は大きく、分家との規模差が大きい。このような農業構造にあっては、本分家、上下層ぐるみの組織化は難しく、本家筋上層あとつぎ層が組織化しても、分家筋下層はそこからはじき出され、作業委託なり賃貸せざるをえない。

他方、このような地域では中堅層も複数存在しており、その全てを糾合するのは一般的ではなく、すると組織を作りたい側も、いくら集落に呼び掛けても、一部しか組織し得ない。そのため仲間や借地は集落内では集めきらず、藩政村、旧村等に広域化することになる。その反射として地域内農地の面的な集積はかなわず、分散が避けがたくなる。また少数担い手農家層、真室川町のひまわり農場のように、受託ネットワークまでならともかく、自家の農地の利用権まで設定した経営統合には「いえ」が強いだけに躊躇もある。アグリメントなかのメンバー編成に当たっても同様の問題があり、一部の者しか参加できなかった。

このような状況下で、より下層が経営所得安定対策等の交付対象になることをめざして集落営農をつくったりすると、いわゆる「貸しはがし」も起こりうる。それが起こるのは、法人化を軸にした地域農業再編が終了していないからに他ならず、そこで財界筋のように担い手に対する小作地返還要求はケシカランといっても、担い手そのものが地域の唯一の担い手としての社会的承認を得切れていない下では、一種の既得権擁護に過ぎない(9)。

またこういう地域では、集落の上層農家は、自らは個別経営の展開を志向しつつも、地域のリーダーとしての立場上は集落営農の音頭をとったりせざるを得ず、悩みは深い。指導機関が地域農業の展開方向の棲み分けをアドバイスする必要がある。

以上は東日本なかんずく東北を念頭に理念型化したが、本書の事例では、出雲のみつば農産や三次市の神杉農産もこのタイプに属する。また芸北町のうつづき等の広島県の担い手型法人もこのタイプである。地域内に集落営農の立ち上げがみられず、また集落内に複数の主業的農家が見いだせない場合、集落を越えた地域レベルでの少数担い手農家の連合体として立ちあげられるわけである。しかし東北とは農業構造が異なり、おしなべて他の農家の規模は小さいから、第一に、東北以上に広域を活動対象とせざるをえないかも知れない。第二に、彼らが地域農業の担い手になったり、あるいは集落営農と連携したりする可能性は考えられるが、担い手が既に法人で飯を食っている以上は、広島県の担い手・集落連携型のような形（担い手は集落営農外で主たる農業収入を確保しつつ、集落営農のオペレーターとしても活躍する）にはなかなかいかない。

このような組織は、前述のように一応は集落に話をつけているという意味では広義の集落営農と呼べるかも知れないが、それが生産組織と呼ばれていたときにも、前述のように、一定の集団的行動は集落に話を付けるのが普通であり、その意味では特段に集落営農と規定するに当たらない。しかし主体的に集落営農的な意向をもち、それが集積にプラスに作用し、そのために集落営農と呼んで欲しいと思うことは一向に構わないし、望ましくもあろう。

集落営農

以上の生産者組織に対して、本書の富山から出雲、広島にかけての事例に共通するのは「地域（集落）ぐるみ組織」である。もちろん「ぐるみ」といっても必ずしも全戸を包含するわけではないが、地域の多数者の組織である。たんに構成員が多いだけでなく、その多くが何らかの「役員」になる総役員制も特徴である。その背景には、これまでに指摘されてきた村落や農家の西南日本的な特徴がある。いわく「西日本は母系的であり、女性・主婦の地位が高く、イエよりもむしろムラ全体を重んじ、婚姻などによって結ばれた個々のイエの協力によって秩序が保たれた、ムラ中心の社会」であり、東日本の同族組織に対する講組結合である(10)。タテ社会とヨコ社会の相違とも言えよう。そしてこの「母系的」というところに、「地域ぐるみ」と並んで、生活面を重視するＤＮＡが潜んでいるのかも知れない。

それはともかく、問題は「地域ぐるみ組織」の内部関係である。それを理念型化すれば地域内農家は三層に分かれる。役員層、オペレーター層、水管理・畦草刈り担当層（以下「管理作業層」とする）である。場合によってはそれが不可能になったたんなる地権者もいる。そして地権者には広島県の海渡に典型的なように多数の不在地主を含むこともある。しかし現時点での基本は前三者である。これらは「層」といっても「階層」ではなく、多分にライフサイクルの局面の相違である。

集落営農が任意団体の場合は、法的には、オペレーター層と管理作業層は機械作業について作業受委託関係で結ばれる（組織内受委託）。法人化した場合には、ほぼ全地権者が法人に利用権の設定を行う。法人は、利用権の設定を受けた水田の機械作業はオペレーター集団に担当させ、管理作業は地権者に再委託する。その際に文字通り地権者に再委託する場合と、所有田にこだわらず管理作業を構成員間で再配分して行うケース（グリーンファーム西代）に分かれる。地権者が管理作業もできない場合は近隣農家に頼むことになる。

要するに集落営農とは、「すべての農家が自己完結的に担えるものではなくなった農作業を、機械的作業と管理的作業の組織的分業関係の構築によって集団的規模で再統合」したものだといえる。これは九〇年代初頭の筆者の生産組織についての規定だが、「集団的規模」を「集落的規模」と限定すればそのまま今日の集落営農の認識につながる。その意味では集落営農を事新しく一九九〇年代以降的な現象とするのは事実に反する。それ以前からあった生産組織の一種だといってよい。しかしそれが遍在しだし、かつ内部の農家間分業関係の流動化が強まったのが新しい現象と言いうる。

問題は、先の三者の分配関係である。これも理念型化していえば、役員層の役員報酬はたかだか年数万円といったボランティア的な謝礼水準である。オペレーター賃金には多少の高低はあるものの時給一〇〇〇円前後のパート的（むら仕事的）水準である。残りは基本的に全て管理作業に対する支払いになる。そしてその内部が、利用権設定の如何によって小作料とその他の部分に分かれるが、小作料は標準小作料並みで残余が管理労働支払いといってよい。このなかには寺坪生産組合のように一部を機械更新に向けての積立金（個人口座）とすることもある。この寺坪の例にみるように（**表3―1**）、このような分配関係も一九九〇年代当初（以前）からみられたものである。

この支払部分は労賃や地代を差し引いて最後に残った分であり、従って小作料水準、農用地利用集積準備金、機械更新用の積立金の如何によって動く数字であるが、おおよその水準をみると、広島については表５－４の通りで、一万五〇〇〇円から二万円の間が多い。北陸は三万円前後、出雲は必ずしも分離させていないが、グリーンワークの例では三万円強だった。他方で、小作料は広島が一万五〇〇〇円から一万八〇〇〇円が多いのに対して北陸は七〇〇〇円から一万四〇〇〇円であり、概して北陸が管理作業に厚く、広島が小作料をやや高くしている。土地生産性は北陸の方が高いだろうから、これは管理作業支払いと小作料との分配関係である。

この管理作業支払いは、基本的には地権者に対して土地所有面積当たりに支払われ、その意味では「地代」として観念される（先の寺坪が典型）。このような関係はかつて綿谷赳夫氏が戦後自作農について農業所得が地代的に観念されるとしたものに他ならない(11)。前著で筆者は、これらの管理作業担当者について「たんなる地権者集団ではなく、なお少なくとも手作業・管理労働は自家に保有している（さらに回り持ちなら機械作業も担える）というぎりぎりのところまで追いつめられた、現段階的な『自作農』集団といえる」とした。そのような関係も一〇年を経て基本的に変わらないといえる。しかしカッコ内の文言は今なら書かないだろうし、「ぎりぎり」の度合いは一層強まってはいる。

かくして管理作業の取り分は最も大きくなり、そうである限り、役員層やオペレーター層が集落営農で飯を食う関係にはならない（それが農政にとって気にくわない点でもある）。彼らは集落営農外で、兼業収入や年金収入、あるいは個人の営農で生計を維持しつつ、集落営農を支える関係にある（このような集落営農が主流を占める地域にあって、神杉農産やみつば農産のような生産者組織も展開している。このうち神杉は管理作業の地権者再委託を行うが、そのペイは低く抑えられている。地権者が組織の構成員であるか否かの決定的な差がそこに現れている）。

このような諸関係は集落営農が任意団体のままであろうと、法人化しようと本質的に変わらない。利用権の設定がなされても、それは本質的に作業受委託関係（半賃貸借）である。従ってそこに「農業経営」の実体を求め、要求する農政はそもそもお門違いである(12)。

ヒアリングにおける筆者の執拗な「批判」にもかかわらず、相対的に高い管理作業支払いに対する社会的合意が確固としてあり、かつそれが地域横断的に成立しており、その意味では経済的合理性・現実性をもつものといえる。これまでも日本水田農業にあっては、管理作業は反収等を左右する最重要工程として高く評価されてきた。

このような経済合理性とともに、そこには安定的な兼業収入や年金収入を得つつ、まだまだ一丁前に農作業できる層と、年金収入等も少ない高齢層との、一種の世代間互助的な関係もある。集落営農がたんなる農業経営ではなく、一種の生活共同体でもある由縁である。講組結合の今日版とも言える。

このような諸関係、なかんずく地権者が管理作業を担っているという実体関係を変えずに、分配関係のみを変えることは不可能である。いいいかえれば、管理作業を協業組織側が取り込めば事態はがらりと変わる。生産者組織と集落営農の違いは、管理作業を誰が実質的に担うかの差に帰着する。

転作作業受託組織（補論）

「むら」は農家の反映であり、集落営農や生産組織もまた地域農業構造に規定されたものでしかない。従って本書の対象外の地域にはまた異なった展開がありえよう。例えば北九州米麦二毛作地帯では地域基盤の転作（裏作）作業受託組織というべきものが広範に展開している。この地域の農家の意識は、「麦や大豆は機械利用組合での販売名義に対しては、農作業委託のため地権者にそんなに抵抗がないとしても、水稲については自分の名義で販売したいというのが生産者の本音であり、こだわりである」(13)。

有名な久留米市の八丁島受託組合は、利用権五一ヘクタール、作業受託延べ九〇〇ヘクタール（水稲一四一ヘクタ

表 8-6　生産組織の継続性に関する分類

	組織の性格	地域性	継続性
農家集団	複合経営の稲作共同処理（共同利用が多い）	東日本に多い	縮小再編が多い
	兼業・高齢農家等の共同補完（員内受託が多い）	西日本に多い	継続が多い
農業事業体	作業受託、借地拡大（員外受託）	北陸・東海に多い	拡大型

注：拙著『農地政策と地域』（前掲）289 頁による。

ール、麦一三二ヘクタール、大豆六〇〇ヘクタール）に及ぶが、利用権部分については「受託組合に貸し付けた農家が、その農地の多くの作業を自分で行っている（収穫物は受託組合に帰属する）。そして地代（一〇アール二万一七〇〇円）＋『作業料』を受け取っている」(14)。つまり、先の集落営農の管理作業部分についての関係が「多くの作業」、よりはっきり言えば全作業にまで及んでいるのである。

3　協業組織の継続性

組織継続性

前著では組織継続性に関して**表８－６**のような分類を試みた。もう少し細かくいうと、解散、後退、再編縮小、再編継続、借地拡大に分けられる。解散型は中心メンバーの施設園芸等への特化によるものであり、後退型は独自のオペレーター層を組織しておらず、その確保が難しくなるケースであり、再編縮小型は、個別経営の複合部門の導入に一定の役割を果たしつつ、オペレーターの減少に伴い組織を縮小再編するものである。これらはどちらかといえば東日本に多く見られたケースである。複合的な家族農業経営の補完組織としての色彩が強く、稲作と複合作・兼業とのバランス問題がそこにはある。

それに対して再編継続型には、たとえば東広島市の重兼農場（農事組合法人）に典型的なように、今日の集落営農の先駆といえるものである。その特徴は、オール兼業的なメンバーの等質性であり、農業改良普及センター、県職員、銀行マンのＯＢ等が歴代の役職を務め、地域ぐるみであることによりそれなりにオペレーターの世代継承性を確保している点である。組織は地権者集団、農作業集団、オペレーター（及び経営者）集団への「三つの同心円的な重層組織」化をしている。これを制度政策化したのが農用地利用改善団体と特定農業法人（団体）であり、今日「二階建て方式」などと喧伝されているものも、このような重層組織化のバリエーションの一つだろう。

それに対して借地拡大型については、前著では、初めから「ぐるみ」でなく少数者による借地経営として出発したものであり、「生産組織一般とは出自と展開基盤を異にしている」と断じた。本書でも、ぐるみ組織→借地拡大型への展開事例はみいだせなかった。

しかし別の調査事例では、少数ながら「地域ぐるみ組織」から少数者による借地拡大型の組織に移行したものもあり、その意味では前著は言い過ぎだった。

その代表例が静岡県大東町（現・掛川市）の大東農産だろう。同町は一次構による圃場整備を受けて集落ぐるみの水稲完全協業を集落ごとに組織したが、七〇年代後半には参加農家と委託農家に分ける組織再編を行った。それも行き詰まるなかで、明治合併村・千浜村では村ぐるみで法人化することとして、六名のメンバーを募り、九八年に農用地利用改善団体と農事組合法人・大東農産を立ちあげた。大東農産は旧村一四四ヘクタールの農地の利用権を利用改善団体を通じて受けることになった。旧村一農場の実現である。小作料は一万円、構成員の年俸は七五〇万円である(15)。

先に複合経営農家の稲作共同処理としての生産組織も矛盾を抱えて存続困難だとしたが、リンゴ産地の青森県相馬村（現・弘前市）では、一九六八年頃から作られた集落ごとの稲作作業受託組織を、九九年に全村一つの「ライスロマンクラブ」（任意作業受託組織、構成員二一〇戸、八五ヘクタール、オペレーター約七〇人）に再編した(16)。

本章では、以上の再編継続型、借地拡大型を、前者を集落営農の法人再編（集落型法人化、特定農業法人化）、後者を集落営農から生産者組織への再編と再規定したい。

そのうえで第三の道として、集落→大字→旧村規模への広域再編がある(17)。本書の事例では、ファームふたくちがあげられる。しかしそれは集落営農の旧村規模への組織再編というよりは、二重組織化による補強というべきだろう。広島県下の集落型法人も、先行した瀬戸内側を中心に、集落型法人間の連携や広域化を模索している（なお先の大東農産も集落から旧村規模への広域再編の面をもつが、ここでは借地拡大、生産者組織化の面を優先した）。

以上の三形態のうち第一の集落型法人化については、前述のように、集落営農が法人化され、法人への利用権設定になり、形式的には集落営農の組織経営体化が図られるが、その実態は管理作業の地権者への再委託であり、本質的には機械作業と管理作業の分業再編だとした。ならば任意の集落営農と変わらないではないかといえば、必ずしもそうではない。法人化によりそれぞれのポジションや（法的）権利関係が明確化し、またいよいよ地権者が管理作業が不可能になったときの利用権の受け皿も法的にはできあがっている。そのような点では一歩も二歩も前進だといえる。家族農業経営の法人化、一戸一法人の集落版だと思えばよい。

法人化するにせよしないにせよ集落営農の集落営農としての継続には、リーダー・役員層とオペレーター層の世代継承性が欠かせない。農政が本音では集落営農に懐疑的なのは、そのような継承性に欠ける、あるいはそれを当てにはできないという理由からである。しかし世代継承性は、地域・集落の年齢構成、農家間のライフサイクルのバランスが取れているかどうかといった点にも規定される。それが偶然に左右されるとすれば、農政の危惧も当たらないわけではないが、それは一つの予想に過ぎず、それだけだと決めつけるわけにはいかない。そして世代継承性が不明なのは個別経営や認定農業者も同様である。

このような集落レベルでの継承性がおぼつかなくなった場合に残された可能性が、先の第二の借地化・生産者組織化か、第三の広域再編である。第二の道が次項で検討するように厳しいとすれば、より現実的なのは第三の広域再編の道だろう。「集落（むら）営農」から「藩政村（大字）営農」「旧村営農」への「開かれた集落営農」の展開といえる。

そのためには広域リーダーの存在が欠かせないし、集落間を調整する指導機関の支援も欠かせない。まず集落営農間の交流・提携といったところから始めてより広域的な協業の素地を育むべきだろう。ファームふたくちの場合も集落間での大型機械の共同利用が契機としてあった。集落営農が展開している地域は、得てして集落規模が小さいケースが多いことに鑑みれば、はじめから広い視野と意識的な努力が欠かせないし、本書でみたように初めから藩政村、旧村レベルでスタートした集落営農も少なくない。

集落営農の生産者組織化をめぐって

農政は「集落営農経営」のみを政策対象としているが、集落営農が集落営農のまま「経営」になることはありえない。「経営」になるとしたら第二の道、すなわち生産者組織化しかありえない。「集落営農経営」なるものは最初から幻想か欺瞞でしかない。

にもかかわらず農政は、集落営農が品目横断的政策の支払い対象となるには経営体としての要件を備えることを求めている。すなわち規約の作成、農用地の利用集積目標（三分の二以上）、農業生産法人化計画の作成、経理一元化（集落名義の口座、集落が販売名義、販売収入の当該口座振り込み）、主たる従事者（候補者で可）の所得目標等を定めることとされている。

ご丁寧に農林統計が業務統計宜しく、その点をフォローしたのが**表8－7**である。残念ながら集積目標は調査項目から漏れたようだ。これによると、集落営農のうち既に法人化したのは平均して六％と低いが、北陸と中国は一〇％を超えている。計画ありを加えると、北陸と九州が計画ありが高いため、九州も高い部類に属することになる。しか

表 8-7　集落営農の法人化等に関する集落営農の割合

単位：%

	法人	法人化計画策定（予定も）	主たる従事者の所得目標あり	いずれかの収支一元化	共同名義出荷あり	貯金口座の開設
全国	6.4	14.8	10.5	73.8	25.7	85.4
北海道	6.6	1.3	8.6	95.7	4.3	**94.9**
東北	6.0	13.0	9.0	78.9	**35.1**	88.7
北陸	**10.5**	**19.9**	**18.7**	78.8	**36.6**	81.2
関東東山	7.1	12.5	6.9	68.3	30.0	85.5
東海	5.8	9.6	10.8	58.7	23.2	68.1
近畿	1.8	14.8	10.2	63.3	28.8	81.5
中国	**10.0**	13.9	8.5	66.0	16.3	**96.8**
四国	3.6	15.5	9.8	78.2	20.7	80.8
九州	3.2	**18.4**	5.7	83.6	14.7	87.9

し計画も含めて五分の一が法人化（予定）と高くはない。貯金口座の開設やいずれかの収支一元化は七～八割平均になっている。

問題は共同出荷名義で、東北と北陸が三分の一に達しているが、他は低い。その意味で経理一元化の要件もきついといえる。東北、北陸は一定の米出荷量を踏まえてみなし法人化しているのかも知れない。北九州についての事情は先に見た。

さらに厳しいのは前述のように主たる従事者の所得目標の設定であり、クリアしているのはたった一割しかない。そもそも集落営農は主たる従事者に欠けるところからスタートしているのである。

集落営農の二割が法人成りか法人化予定としても、主たる従事者の所得目標ありとしているのは一割しかない。主たる従事者の所得目標は法人成りよりも厳しいのである。ここに集落営農の現実がある。そしてそれは後述する集落営農の経営収支の現実からも裏付けられる。

「集落営農経営」が幻想だとしたら、残る農政の可能性は、先の第二の集落営農の生産者組織への再編の道しかない。そのためには第一に、農業専従するオペレーター・経営者層が形成されなければならない。彼らが組織に生活を託すだけの所得確保がその前提である。第二に、彼らが原則的には地域農業の管理作業面も担えなければならない。

第一のためには、農業による所得機会を少数者が独占できるような、地域農業の少数の担い手と多数の土地持ち非農家へ両極分解が必要である。この場合には個別経営でいくか生産者組織でいくかは、協同性といった人間性の問題やどちらが人的にみて安定的かといったリスクの問題でしかない。

第二の条件については、たとえば第1章のひまわり農場の事例にみるように、中山間地域等では管理作業が厳しく、なかなか少数では担いきれず、地域ぐるみの協同が必要である。そこでは各種作業受託の重層的な展開による農業ネットワークの形成が現実的である。

以上要するに、農業構造上の条件が熟したところでは、あるいは農地の集積効果が見込まれるところでは、既に生産者組織化なり個別経営への集積は進んでいるのであり、今さら農政の出る幕はない。

逆にそういう条件に欠けるところで、農政が「主たる従事者の所得目標」の要件クリアを求めることは、「ベニスの商人」的な要求であり、せっかく育とうとする集落営農の芽をつみ取り、地域農業の可能性を押しつぶすものでしかない。農政もまたないものねだりの駄々をこねるのではなく、財界等の非難にめげずに、現実に即した展開をするしかない。

4　協業の政策支援

地域農業支援システム

集落営農や法人の立ちあげにあたっては、地元の農業機関がスクラムを組んで支えてきたと言える。とくに先駆的な役割を果たしてきたのは農業改良普及センターである。「○○の農業を考える会」を立ちあげ、女性まで含めて地域ぐるみでの合意形成の手順を踏んで、農用地利用改善団体と特定農業法人等を立ちあげていく国の農政に沿ったマニュアル的なサポートは普及センターの得意とするところだといえる。山形の中津川ＦＦの立ち上げにはそれが如実に現れている。その点では農政は間違っていなかった。

農協の組織的支援はそれほど明確ではないが、前述のように何といっても農協マン自らが集落営農や法人化の当事者になっていく事例は他の組織にはあまりみられない。とはいえ行政の出身者等もトップ等を務めることがある。全国的には普及関係の県職ＯＢが二代続けてトップを務める広島の兼重農場が有名であり、本書では富山のファームふたくちがその例に当たる。

行政が突出的に活躍する例はなかったが、法人化等の知識の提供や手続き指導面は農業委員会系統の職務内容そのものである。とくに広島県農業会議の活動が注目されている（ホームページ参照）。広島県では集落法人連絡協議会が、重兼農場の組合長を会長として、自ら法人の立ちあげの応援や法人間連携をすすめている点でも注目される。

しかし経営所得安定対策等の対象になるための集落営農熱が高まるまさにその時、農業改良普及センターの組織再編、農協や行政の広域合併で地域における支援体制は機能低下しかねない状況にある。

これまで地域における農業関係諸機関の協力体制としては、古くからの農業技術連絡会（いわゆる技連）等に加えて、地域農業振興協議会や農業公社方式があった。前者は宮崎でみたように農協の広域合併と行政のそれとの間に地域的な齟齬があったりして、力のある産地農協が管内自治体の足並みを揃えてもらうための協議の場としての性格が主だったようである。地域関係機関を打って一丸とする形式的に整備された組織が作られるが、実質は農協の担当課が事務局を務めている。

農業公社はバブル時代の第三セクター方式であり、農家の「最後の駆け込み寺」として期待されたが、バブルの崩壊、地方財政の危機、市町村合併等で頓挫する例が多い。本書の例でも出雲市、都城市、小林市が構想段階でほぼ断念している。三次市では合併前の町村が設立した公社の扱いに苦慮していた。

代わって登場したのが出雲市等でみた「地域農業支援センター」方式である。「支援センター」と銘打つ例としてはそのほか市町村レベルでは豊栄市（現・新潟市）、飯田市、秦野市、三重県いなべ市、愛媛県愛南町・内子町等が挙げられる。「センター」を名乗らないまでも、行政と農協の「ワンフロア化」として各地で試みられている（県レベルにも同様の動きがある）。

地域農業振興センターが協議会方式であり、農業公社が自ら作業・経営受託・斡旋等を行う事業方式だとすれば、支援センターはそのいずれでもなく、担い手育成、集落営農組織化、法人立ちあげ等を支援する**実働部隊の協同行動方式**といえる。国も「地域担い手育成総合支援協議会」等を組織させて交付金を出すようにしているが、相変わらず「協議会」を名乗る点で地域の発想に遅れているといえる。

地域の動きも、国の経営所得安定対策に触発されたものといえるが、国の構造政策が先の合併等で二階にのぼって自らハシゴを蹴倒してしまったような状況にある時、この地域からの動きは貴重である。とくに自治体の農政部局は政策の立案・仲介を主としており、それさえも合併で機能麻痺しているなかで、農協の実行力と手を結ぶことは有益である。農業委員会は合併で事務局員や農業委員を減らされるなかで法定業務をこなすのに精一杯のようだが、農業委員を支援センターに結びつけることは可能だといえる。

支援センター方式がどれだけ普及するか、国の政策に絡め取られて交付金が切れたら開店休業という歴史を繰り返すのかは定かでないが、問題や課題として次の点がある。

第一は、どうしても前述のように集落営農や法人化の支援という協業支援に傾き、個別の担い手の育成は苦手になりがちな点である。構造政策は一貫して個別の規模拡大と協業を等分に図ってきたはずであり、その努力は継承されるべきである。

第二は、新たな土地利用調整問題に諸機関をあげて果敢に取り組む必要がある。とくに東北等において地域農業支援システムをどう構築するかが課題である。「貸しはがし」のような摩擦をさけるためには、地域における土地利用調整主体の存在が欠かせず、既存の制度としては農用地利用改善団体があるが、特定農業法人やその農用地利用集積準備金のための要件（受け皿）づくりと受けとめられている場合が多いので、複数主体間の土地利用調整としては発想されない場合が多い（中津川の事例を除き）。

また集落営農に伴う貸しはがし回避のための土地利用調整は集落を越えた広域的な対応を要するので、集落単位の組織では対応が難しい。そこで農協や農業委員会の対応が求められるが、経済事業を行う農協が、個別利害の調整にどこまで踏み込めるかは限界もある。やはり地域機関を打って一丸とする地域農業支援センター的な取り組みが必要になる。

農協出資型法人

農協の法人出資は、本書でも東北、北陸、出雲、南九州にみられた。三次市でもいくつか立ちあげられている。統計的にも二一世紀に入り農協出資法人数が急増している(18)。農協出資法人については、本書の調査の限りで次のような点が指摘される。

第一に、農協出資というといかにも農協のイニシアティブで法人が設立されたかの印象を受けるが、そういう事例はアグリサポートおきたまやアグリセンター都城のような農協子会社化を除きみいだせなかった。

第二に、出資をもって法人支援といえるかも疑問である。前述のように農協も法人立ち上げに一員として関与したとは言えるものの、それ自体として立ちあがろうとする法人に対して農協サイドが出資をもちかけるケースがほとんどである。法人サイドが計画した設備投資等に対して資金調達力が不足する場合には農協出資は歓迎されるだろうが、そもそも出資額は限られており、かといって多額の出資には法人サイドが警戒的である。

農協の本音も、法人の資金援助というよりも、大規模経営が農協の販売・購買事業から離れることを防ぐという農協繋ぎ止め効果を狙ったものが多い。農協サイドのそのような思惑を法人サイドも十分にわきまえているので、前述のように農協の出資、なかんずく多額の出資には強い警戒感をもつ。肥料・農薬も少しでも安く性能の高いものを競争入札するフリーハンドを持ちたいし、またとくに農産物の販売についてはいずれの法人も将来的には自家販売、直販をしたいと考えている。農協子会社法人さえも、そのような意向を隠さないことに驚かされた。

第三に、法人の性格としても、農協出資をもってことさらに「農協出資型法人」と類型分けするだけの性格付けができるか疑問である。前述のように農協事業のアウトソーシング、子会社化としてのそれには農協出資法人と呼ばれるだけの内実があるが、むしろ「農協子会社法人」とした方がよかろう。その他は、たんに「農協も出資している法人」という程度である。

最近におけるその増加も、法人の増加に伴い、その農協離れに対する警戒感から、問題を鋭く受けとめた農協サイドの出資が増え、その結果として農協出資法人が増えたという関係だろう。二二回農協大会（二〇〇〇年）がその契機とされるが、「担い手を核とした法人化をすすめます」「担い手不足地域における受け皿組織づくりをすすめます」とあるものの、「JA出資農業生産法人の取組原則」として、「収支均衡を原則として、JA、行政からの助成については一定期間に限定します」としている。二三回大会（〇三年）は、「担い手不足地域におけるJA自らの法人設立」の項において、「JA出資型法人の設立を含め」としてJA山形おきたまを例示しているが、同管内を「担い手不足地域」といえるかは疑問である。二四回大会（〇六年）に至り「担い手の育成」がメインテーマとなったが、その焦点は生産資材等の法人割引等である。

法人サイドの農協等への要望は、出資金よりもはるかに多額の運転資金の手当て支援（当座貸越）(19)、生産資材等の大口取引のディスカウント、農産物の販路確保、各種情報提供、積雪地帯であれば冬季就業の確保等への配慮などであろう。県信連が農林中金に統合された県では、農業法人への融資審査も厳しくなり、事実上ストップするなどの

表 8-8　水田作の組織法人経営（水田作付面積別、2004 年）

単位：ha、人、時間、千円、%

	平均	10ha 未満	10〜20	20〜30	30〜50	50ha 以上
経営面積（内借地）	29.0（24.1）	14.8（8.4）	16.7（16.6）	27.9（19.5）	39.4（31.0）	66.14（64.5）
稲作作付面積	17.5	6.6	13.1	17.4	25.0	37.3
麦類作付面積	5.6	−	1.0	2.0	7.5	26.7
豆類作付面積	4.5	−	1.1	3.9	6.6	17.1
水稲作業受託	42.5	15.2	29.2	17.5	54.3	131.7
事業従事者数	14.9	10.7	7.7	16.4	28.4	15.5
専従換算農業従事者	2.97	1.43	2.10	3.32	4.18	5.58
農業投下労働時間	5,931	2,851	4,200	6,641	8,364	11,168
事業利益	△5,318	△2,604	△4,922	△5,131	△6,079	△10,627
うち農業利益	△6,111	△2,676	△3,498	△5,409	△6,100	△18,302
事業外利益	5,613	3,055	4,109	4,655	7,555	11,868
うち経常補助金	4,363	1,124	1,659	3,922	8,110	11,150
当期利益	109	353	△865	△671	1,311	615
農業所得	9,573	4,052	4,676	8,855	16,855	20,458
時間当たり農業所得(円)	1,614	1,421	1,113	1,333	2,015	1,832
農業所得に占める経常補助金の割合	45.6	27.7	35.5	44.3	48.1	54.5

注：1）農業所得は、事業外収入から経常補助金を差し引いて農業収入に加えたものから、農業支出のうち構成員帰属分（構成員に支払われた労務費、地代、負債利子）を除外した農業支出を差し引いたもの。
2）『農業経営統計調査　平成 16 年組織経営の営農類型別経営統計』による。

問題も出ている。農協系統としてやるべきことが出資の他にも多々ある。また今後は前述のように土地利用調整が大きなテーマになりうる。

補助金に支えられた協業組織

本書の調査事例で、営業収支レベルで黒字になっているのは朝日農研と別格のアグリセンター都城のみであり、その他は営業（農業）収支の赤字を営業外（農外）収支の黒字で補てんしてかろうじて総合収支トントンにもっていっているのが大半である(20)。そして営業外収入の大半は転作関係等の交付金・補助金である。その意味では交付金・補助金に支えられた協業組織といっても過言ではない。もちろん特定農業法人は農用地利用集積準備金を損金算入しているが、大勢は変わらない。

その点を統計面から確認したのが**表8−8、9**である。法人は事業（営業）収支と事業外（営業外）収支を分離した損益計算書レベル、任意の集落営農は営業・営業外をどんぶりにした収支計算書レベルなので、直接の比較はできないが、まず**表8−8**で法人についてみると、規模によって多少のでこぼこはあるとはいえ、概ね以上に指摘した通りである。

表 8-9　水田作の任意組織経営（水田作付面積別、2004 年）

単位：ha、戸、人、時間、千円、%

	平均	10ha 未満	10～20ha	20～30ha	30～50ha	50ha 以上
経営面積（内借地）	15.1（3.3）	8.4（0.8）	15.5（3.3）	24.2（5.7）	36.1（8.8）	54.6（29.2）
稲作作付面積	5.2	1.2	7.2	10.2	17.7	14.6
麦類作付面積	4.4	1.6	4.8	9.3	9.9	24.9
豆類作付面積	4.0	2.1	2.9	5.6	11.4	23.1
水稲部分作業受託	5.7	2.4	7.6	12.3	11.2	16.5
構成農家数	28	25	31	32	29	31
事業従事者数	25.4	22.4	25.6	34.4	31.0	44.7
専従換算農業従事者	0.96	0.47	1.15	1.66	2.60	2.30
農業投下労働時間	1,919	933	2,297	3,315	5,200	4,605
農業粗収益	12,458	3,623	14,726	27,065	38,500	47,568
稲・麦・豆以外の収入	3,978	1,152	4,493	9,300	9,954	14,091
農業経営費	7,920	2,680	9,201	15,849	23,638	30,810
農業所得	4,538	943	5,525	11,216	14,862	16,758
時間当たり農業所得(円)	2,365	1,011	2,405	3,383	2,858	3,639
農業所得に占める「稲・麦・豆以外の収入」割合	87.6	122.2	81.3	82.9	67.0	84.1

注：1）「稲・麦・豆以外の収入」にはその他の作物収入、作業受託収入、経常補助金が含まれる。
　　2）表 8-8 に同じ。

法人平均で見ると、稲作・麦類・豆類の作付面積の合計に占める麦・豆類の割合は三七%だが、五〇ヘクタール以上では五四%と高く、農業所得に占める経常補助金の割合も平均四六%に対して五五%と高い。このように大規模水田作法人は転作依存だが、その農業利益のマイナス（赤字）はとくに大きく、事業外収入（補助金）でもカバーしきれていない（農業以外の事業収入でカバー）。

時間当たり農業所得は平均一六〇〇円、最も高い三〇～五〇ヘクタールでも二〇〇〇円である。二〇〇〇時間働いたとして四〇〇万円。専従換算従事者一人当たりの農業所得の水準は平均三二二万円、最高でも四〇〇万円である。これでは市町村の農業構想の所得目標の最低ラインに到達できるかどうかである。

表8－9の任意組織では稲作・麦・大豆作付面積に対する後二者の割合は平均で六二%に達し、転作傾斜は法人組織を上回るが、五〇ヘクタール以上では法人と異なり、四六%と下がる。補助金が分離計上されておらず、定義では「稲・麦・大豆以外の収入」のなかに入るので、その比重をみれば平均でも九割弱になる。他作物収入や作業受託収入が仮に半分とすれば補助金の割合は法人と変わらないが、転作の比重がより高いので、法人より高くなっている可能性もある。

時間当たり農業所得は法人よりも高く、二四〇〇円弱、五〇ヘクタール以上では三七〇〇円弱になる。専従換算従事者当たりでは平均で四七三万円、五〇ヘクタール以上では七三〇万円までになるが、集落営農としての事業従事者当たりでは一八万円にしかならない。平均二五人が係わる集落営農を専従者一人にまかせれば四七〇万円になるわけだが、それでは集落営農は終わりである。前述のように、農政が掲げる経営所得安定対策の交付要件としての「主たる従事者の所得目標」の行き着く先は集落営農の否定に他ならない。

先に集落営農は、分散錯綜耕圃形態における合理的・効率的な土地利用だとしたが、確かに集落営農の効率は相対的に高いものの、それでも補助金依存からの脱出にはほど遠いわけである。

以上は協業組織に限ったことではなく個別経営も含め水田農業に普遍的である。ここに価格政策から直接支払い政策への転換後の映像が鮮明に示されている。すなわち農業経営としては全くの赤字、直接支払いがその赤字を埋めるという関係である。こういう関係が農業・農村に対する健全なイメージを与えることになるのか、深刻に考えさせられる。

ともあれこのような関係は、稲作の集落営農や農業法人の成立には国の助成が欠かせないことを物語る。集落営農を農業経営体の内実がないからとして経営所得安定対策の対象から外したり、あるいは今後の米政策改革においても産地作り交付金等の水準を減らしたり、いわんや廃止したりしたら、今日の集落営農や農業生産法人はほぼ消滅すると見てよい。それはせっかく育ってきた芽を摘み取ってしまう行為に等しい。

今、地域では、政策の交付要件に合わせて無理して集落営農化や法人化を図るのではなく、地域に即した複合経営化や集落営農化を図ろうとする動きも出ている。それはそれで極めて大切なことだが、他方では水田作の集落営農や法人の経営収支の現実が以上のようだとすれば、地域の実態に即して政策のあり方の変更する必要がある。

5　農外企業の農業進出

農業進出の形態

農外企業や農外者の農業進出をめぐっては、制度も、農業生産法人への農外者（企業）の出資に始まり、株式会社の農業生産法人化（イシハラ等）、株式会社形態の農業生産法人の設立（霧島農事振興）、認定農業者法人への五割未満出資（世羅菜園、日本農園）と展開してきた。出資は個人と法人に分かれる。個人も純然たる農外者の出資は本書の事例では皆無であり、今は企業人であっても元をただせば農家世帯員や農家出自の者の出資あり、形式論としては農外者の出資とはいえない。法人としての出資は世羅菜園、日本農園、霧島農事振興に限られる。

このように法形式的には純然たる農外者（企業）の農業進出は極めて限定されるわけだが、以下では、実態面から全て農外企業の農業進出として扱うことにする。

農業進出の動機

大きく二つに分かれる。第一は、他業種からの農業進出であり、その典型は建設業の公共事業削減等を背景とした進出だが（峰岸ファーム、世羅菜園、エコスマイル）、本業の景気に関わりない純然たる他業種進出もある（日本農園）。これまた労働の類似性や季節性に注目した補完を求めるものと（建設業）、純然たるビジネスチャンスの追求に分かれる。

第二は、南九州畑作地帯に典型的なもので、野菜加工の原料確保、生鮮野菜の確保、焼酎原料用甘藷の確保などを目的とするものである。これらの企業は、集荷業者を使ったり、自ら生産組織を作り農家から契約栽培等で原料や商品を集荷していたが、農家の高齢化から思うように荷が集まらない、業者同士の集荷競争が強まる、契約農家から作業を頼まれる、最後は農地を借りてくれと言われ、やむをえず「やみ小作」等をせざるをえなくなる状況にあった。そこで直営農場の立ちあげを余儀なくされることになったわけである(21)。

企業立地の性格

第一の動機に属する世羅菜園と日本農園の場合は、企業立地の性格という点では他と異なる。両者とも親企業は地場企業に属するが、国営農地開発地の造成農地の所有権を取得しての一種の入植であり、他の地場企業の既耕地への借地形態での進出とは大きく異なる。そして入植した先は文字通りの開拓地であり、地場企業子会社とはいえ、地元からは完全に切り離されている。企業サイドとしては工場敷地としての面的にまとまった安価な土地を一挙に取得できることが必須条件であり、たまたま地元にその土地があったまでのことである。要するに親企業の地元あるいは近場であるという点を除き、世羅町に立地しなければならない必然性はない。極端に言えば全国どこでもよく、現にそういう視点で土地を物色している。

土地はビニールで覆う等で転用を避けて農地として利用しているが、技術的には農地である必要はない。要するに本質的に工業・工場立地である。

詳細は不明だが、両者は進出当初から認定農業者として認められ、あるいはその資格において巨額の補助金の取得が可能になったのかも知れない。いずれにしてもかかる企業に交付される補助金は、農業の低生産性・零細性等に着目した農業補助金というよりは、アグリビジネス、中小企業振興等を本質とするものだろう。

新規就農者を直ちに認定農業者として認めるか一定の試行期間をおくかは自治体によって異なるが、企業によっては認定農業者の資格取得がより容易な町村を選択立地する傾向もある(22)。認定農業者の認定ルールは全国一律に明確な方がよく、補助金の適切性についての吟味も欠かせない。

この二企業がそうだというわけではないが、一般論としては、このような立地の性格からして、採算がとれなくなったり、より採算性の高い地域が見つかれば、即、撤退・移転の可能性も出てくる。

このような施設型・所有権取得型・立地選択型の企業進出に対して、その他の事例は土地利用型・借地型のそれであり、地元との関係も密であり、条件や収益の如何によっては撤退・移転というわけにはなかなかいかない。これらの農業生産法人は「地域に根ざした農業者の共同体」とはいえないが、「地域に根ざした地場企業」であり、その意味で地域農業関連産業におけるコラボレーションが可能であろう。

農外企業の農業進出について一律に是非を論じるのではなく、このような立地性格の相違を見極めた上での議論が必要である。

農業生産法人の要件確保

いずれの企業も農業生産法人資格を得るに当たって特段問題があったわけではなさそうである。構成員（出資）要件を満たしているかについては、これらの地場企業のオーナー・経営者等の多くは農家世帯員であり、場合によっては農業者でもある。農業者の数が足りなければ従業員のなかにいくらでも農家はおり、その出資をあおげばすむことである。本書の調査例ではないが、農家にカネを貸して出資させている例もあった。

出資割合は外形的に確認できる。

残るのは業務執行役員の要件だが、これまた多くが農家出身者なので、過半が農業従事、四分の一が六〇日以上農作業従事の要件もクリアしていると言えばクリアしている。というよりは常時農作業従事などは厳密にはチェックのしようがなく、報告書に記載はあるが、厳密にチェックしているようにはみうけられない。理論的には農作業常時従事が農地耕作者主義の核心だが、現実論としてはあいまいにならざるをえない。

現実に重要なのは、荒らし作り、耕作放棄等の恐れが無いか、突然撤退するようなことがないか、といった点であり、前者については農業者一般についてのチェックと同様であり、後者については決算報告書を含む総会資料等が参考になる。経営所得安定対策の対象となる企業であれば、多額の税金が交付されていることをもって経営資料の報告・公開を義務づけることは可能と思われるが、これらの畑作地帯の企業は経営所得安定対策の恩恵には浴していない。地域農政による何らか支援とのバランスで経営資料の公開を求める制度が必要だろう。

なお、これらの企業はいずれも農業生産法人であるので、農地の所有権取得が可能である。前述のように施設型の場合は、投資の長期性や団地的確保の必要性等から所有権取得になるが、その他の企業はことごとく所有権取得に積極的でない。地場の零細企業としてできる限りの資金を生産的な投資に充てたいのが本音で、所有権取得の意味はない。また概してこれらの企業は株式会社一般の農地所有権取得については否定的である。

逆に言えば、財界等の執拗な株式会社の農地所有権取得の要求は、このような地場のまじめに農業に取り組みたい企業の意向を汲んだものではなく、中央資本の土地取得の欲求を代弁するものだといえよう。

注意を要するのは、関連企業が農業生産法人に多額の資金を貸し付けて農地購入させていた朝日農研の事例である。このケースは地元農家に持ち込まれた農地の消極的購入だが、一般論として農外企業が農業生産法人に資金提供して農地購入させる手もあることを示している。

以上、農作業常時従事は現実的なチェック要件になりにくい、実質的には企業の農地所有権取得はさまざまなルートで可能であるとしたが、だからといって農作業常時従事を核とする農地耕作者主義や、それに基づく株式会社一般の農地所有権取得の禁止が虚しいと主張したいわけでは全くない。農地耕作者主義に基づく事前規制とともに、一時主張され最近は口にもされなくなった事後規制の両方が必要なのであり、建前とは別に実質的な農地取得の道があることにも眼を光らせる必要があるということである。

このような事前・事後のチェック体制については、農業委員会が前面に出ることになるが、人員的・能力的に農業委員会任せにすることはできない。地域農業支援センター等も含めた地域における横の連携的監視体制や県農業会議等の支援が欠かせない、

地域農業と企業進出

南九州畑作地帯への企業の農業進出は何をものがたるか。畑作は水田農業と較べて土地利用の「むら」的な集団性や規制がなく比較的自由である。地域資源管理面でもそういえる。稲作と異なり専業的な取り組みが必要で、作業受委託や集落営農で切り抜けるのも困難である。畑作の場合は除草等が大変な割にはその労働が高く評価されるわけでもない。また産地作り交付金のような事実上の土地所有に対する支払いもない。あれやこれやで、自家労働が困難になった場合は、一挙に賃貸に行く可能性が稲作よりも高い。

その場合に引き受け手がいなければ企業等に頼らざるをえない。企業としても前述のように原料や商品の確保から直営農場の経営に乗り出さざるをえない状況にある。このような貸し手、借り手の双方の事情が畑作への企業進出の背景になっているといえる。

それに対して水田農業の場合は機械作業は作業受委託や集落営農に依存しつつ、管理作業が可能な限りは自家農業を続け、できなくなれば担い手農家や集落営農、生産者組織に貸し付けることになる。何といっても地域ぐるみ的な下支えがあることが決定的な違いである。前述のように管理作業に対する経済的評価も高い。転作水田に産地作り交付金等が交付される限り、農家（集団）は手放さない。

企業サイドから見ても、朝日農研のような酒造原料米を除き、米は原料農産物というわけではない。主食用の米の

集荷には農協、集荷業者、地元農業生産法人がたちはだかる。水利慣行や地域資源管理は複雑であり、地元の人間でないと対応が難しい。あれやこれやで、従業員に地元農家の多い建設業等を除けば、域外・農外企業の水田進出は一般的ではないのではないか。株式会社の農地所有権取得が解禁された場合には、水田の金融資産価値に着目した進出はあろうが、そうでなければ動機や条件に欠けるといえる。

逆に言えばより深刻なのは畑作地帯である。企業の農業進出は敵対的なものではないが、農地取得をめぐっては競合や錯綜が既に起こっている。都城市では農協の子会社農業生産法人が借地に乗り出しているが、耕作放棄対策や企業進出への対抗措置でもあったと思われる。しかし農協子会社も家族経営から見ればまぎれもない企業的農業の展開であり、家族経営を圧迫するものである。

このような企業的農業同士の土地利用調整、企業的農業と家族経営の間の土地利用調整が不可欠であるが、それには相当の実力がいる。当面、農企業と家族経営が一堂に会して話し合えるような場作りが必要だろう。

また畑作地帯の高齢化が顕著ななかで、水田地帯のような作業受委託や集落営農的なサポート体制がとれないものか。細野ファーム大地の問題意識の一端もそこにあったが、現実にはそれほど作業や農地は出てきていない。畜産や畑作を含めた地域農業支援システムの時宜を得た構築が地域農業の課題だといえる。

まとめ

本書では、集落営農、生産者組織、農外企業の農業進出等、様々な主体の動きについて事例的にみてきた。本章で全く触れなかったが、「農の協同を紡ぐ」という点から欠かせないのは直売所である。直売所には「同じ場所で売る」という以上の協同はない。農協共販というほどの協同もない。しかし本書ではグローバリゼーション下の「ばらける時代」の協同の一つのあり方として注目してきた。

集落営農は本書のメインテーマだが、それが担い手の全てではないし、また集落営農さえ作れば地域の問題が全て解決するわけではない。集落営農が定住条件の確保を究極目的とするのであれば、それは地域づくりであらざるをえず、直売所的な取り組みもその一環として位置づけられうる。また直売所も新たな産地づくりである点を忘れてはならない。

伝統的な協同の形態である農業協同組合をそのものとして取りあげることは本書ではしなかった。今日における協同のあり方として生協ともども本格的に点検されるべきだが、それは別の機会にゆずりたい。

農業者による生産協同としては、本書では集落営農と生産者組織の二類型を析出した。特段に新しい指摘ではないが、その論理の違いを明確にし、それぞれに応じた課題の追求や政策的な取り扱いが必要なことを示したかった。

本書では「地域に根ざした農業者の共同体」としての農業生産法人の意義を、作業受委託段階から賃貸借段階への移行を担う法的形態として高く位置づけて出発した。しかし現実には、ここでもまた集落営農の法人化と生産者組織の二形態を析出することになった。かつ前者から後者への移行の成否には地域の農業構造の成熟や中山間地域等といった立地条件が規定的であり、条件に欠けるところでの政策的な無理押しは地域に歪みをもたらすとした。

最後に農外企業の農業進出についても、水田と畑作による進出可能性の相違、そして工場・工業立地型と「地域に根ざした企業」の農業進出の相違を明らかにした。前者を地域がどう位置づけるのか、それ自体が一つの課題だが、結論的に言ってなれ合い的な関係は許されず、相互の厳しい要求と実態チェックが欠かせない。もちろん地域にとけ込んでもらうにしくはないが、それは農企業だからと言うのではなく、進出企業一般としてだろう。

「地域に根ざした企業」の農業進出については、耕作放棄等を防ぐうえでは力強いパートナーの出現ともいえるが、その進出密度が高まれば家族経営や農業生産法人の展開を圧迫する。ライバルとしての緊張関係が必要であり、それに対抗するためにも農家の協業の前進が求められるし、性格の異なる諸主体間の土地利用調整メカニズムの確立という新たな課題へのチャレンジが必要である。

注

(1) 拙著『農地政策と地域』日本経済評論社、一九九三年、第七章。
(2) 拙著『新版　農業問題入門』大月書店、二〇〇三年、第八章、二〇五頁。
(3) 磯田宏他編『新たな基本計画と水田農業の展望』筑波書房、二〇〇六年、は北九州の事例を豊富に紹介している。
(4) 拙著『日本に農業は生き残れるか』大月書店、二〇〇一年、第三章、一〇九頁。
(5) 拙稿「集落営農と個別経営の連携型法人化」拙編著『日本農業の主体形成』筑波書房、二〇〇四年。
(6) 安藤光義編著『地域農業の維持再生をめざす集落営農』全国農業会議所、二〇〇四年。
(7) 『梶井功著作集　第三巻　小企業農の存立条件』筑波書房、一九八七年（原著は七三年）。
(8) 網野喜彦『東と西の語る日本の歴史』講談社学術文庫、一九九八年、二（原著は八二年）。
(9) いわゆる「貸しはがし」の問題化については本書は否定的である。事の起こりは農業法人協会が会員に行ったアンケート調査によると、二五%が貸しはがしを受け、五八%が将来に不安をいだいているという結果が出たことである。報道によると農水省のある検討会の提出資料からこれが外されたところ、高木勇樹委員の要請により追加資料として配付されたと言うことで（『商経アドバイス』〇六年三月三〇日付け）、農業法人協会にとっても事を荒立てるのは本意ではなさそうである。しかしその後も日経調の『農政改革高木委員会最終報告　農政改革を実現する』（〇六年五月）は既成事実化して「構造改革に逆行するもの」と非難を繰り返している。
(10) 網野、前掲書。
(11) 綿谷赳夫「農地改革後の自作農の性格」一九五二年、『綿谷赳夫著作集　第一巻　農民層の分解』農林統計協会、一九七九年。

(12) 経営的性格の否定論としては、安藤、前掲編著、桂明宏「集落営農と個別大規模経営のはざまで」拙編著『日本農業の主体形成』筑波書房、二〇〇四年。しかし以上は本質論であって、現実の集落営農が様々な工夫をこらしつつ、経営所得安定対策の要件整備を図る動きを否定するものでは全くない。

(13) 高武孝充「『経営所得安定対策等大綱』への対座——担い手編」、磯田他・前掲編著、五九頁。同じような関係は、東北等における集落・旧村単位等にまとめた転作の少数担い手農家集団による一括受託と水稲の個別経営との併存（例えば五所川原市）にもみられ、そこでは経営所得安定対策との関係で深刻な問題を抱えている。

(14) 椿真一「兼業農家にも農業就業・所得機械作業受委託と管理作業保証する特定農業法人」同上、八九頁。なぜそんなことをするのかが疑問になるが、その理由は「特定農業法人制度の活用」に尽きる。

(15) 拙著『「戦後農政の総決算」の構図』筑波書房、二〇〇五年、第四章Ⅰ。

(16) 宇野忠義「全むらぐるみの稲作生産組織化とリンゴ経営」前掲・拙編著『日本農業の主体形成』。

(17) 集落営農の広域化の必要性をつとに指摘しているのは安藤光義氏である。

(18) 谷口信和・李侖美「日本農業の新たな担い手としてのJA（農協）出資農業生産法人」。『農業・農協問題研究』第三四号、二〇〇六年。同「農協（JA）出資農業生産法人——日本農業の構造問題と新たな担い手の歴史的位置」『歴史と経済』一九二号、二〇〇六年（念校）。

(19) 例えば、宮城のJAあさひなは、大口利用農家だけでなく集落営農と法人に対して、水稲用の春肥料・農薬の決済期日を米の収穫後に遅らせる措置をとっている（『日本農業新聞』二〇〇六年六月二五日付け）。

(20) 課税対象とならないように会計操作をして収支トントンにもっていく話はよく聞くところであるが、既に見てきたように労賃単価、小作料、管理作業報酬等にはそれなりの社会的水準が形成されており、これらの数値を徒に膨らませられるものではない。

(21) 南九州における農家出自の企業的農業生産法人の展開については、磯田宏「畑作農業再編下の大規模経営と地域農業」拙編著

『日本農業の主体形成』（前掲）。

(22) 関根佳恵は、ドール・ジャパンが北海道での農業生産法人の設立にあたって、認定農業者の認定まで一年間の経過期間を設けている町村を忌避して他町で即認定を受けた事例を報告している。同「多国籍アグリビジネスによる日本農業参入の新形態――ドール・ジャパンの国産野菜事業を事例として」『歴史と経済』一九三号、二〇〇六年。同論文は鹿児島での撤退をちらつかせての要求貫徹の事例にも言及している。

あとがき――謝辞に代えて

ここ数年、新基本法農政の展開を追って数書を著してきたが、書く端から反古になるほど農政の逃げ足は速かった。霞が関レベルの農政をいくら追いかけても虚しい、問題は現実だ。そういう思いで、ここ十年ばかり研究仲間とともに追跡してきた中山間地域問題、集落営農、農業生産法人のうち、後二者についてとりあえず個人として取り纏めたのが本書である。穴も多く、その補完も含め研究グループとしての総括は他日を期したい。

この手の調査は行政や団体の委託調査に拠るものが多いが、そういうバックなしの一研究者としての調査である。にもかかわらず体よくあしらわれた例はまれで、いずれも丁寧に対応していただいた。今ある種の感慨をもってそのことをかみしめ、深く感謝したい。

集落営農等の事例集は農業団体等からいくつか出ている。概ね大学院生クラスのサイドビジネスとみうけられ、私のような還暦過ぎの人間が取り組むテーマではないかもしれないが、その点について若干弁解したい。

私は一九六七年に農水省の行政職から農業総合研究所の研究職に移った。当時の綿谷赳夫所長は、学卒採用の新人達がたいへん心許なく、実態調査の実習を命じ、砺波市での調査となった。その時私が担当したのが集団栽培であり、それを農民層分解論から論じたのが私の農業に関する最初の論稿となった。以来、協業は、私の研究の伏流水となった。いま定年を控えて、その水脈を掘り起こしたのが本書である。「はしがき」でも書いたように、今は政策対応にまみれる前の集落営農の初心を把握するラストチャンスでもある。

執筆の季節、桜はぱあっと散るが、つつじやあじさいの最後はきたなかった。せめて二、三枚の花びらを掃き集めて早めに店じまいし、今や高齢化社会最大の公害と化した老害を自らに慎みたい思いもある。

本書の事例の半ばは左記に初出したものである。高杉進・小野甲二の両編集者に厚く感謝したい。

日本文化厚生連『文化連情報』二〇〇五年五月号〜〇六年五月号
全国農地保有合理化協会『土地と農業』№36、二〇〇六年
調査に案内、同行をお願いした主な方々のお名前を以下にあげさせていただく（順不同、敬称略）。中村正俊（山形県農業会議）、平田啓（農業・農協問題研究所）、酒井富夫（富山大学）、海野和明（静岡県農協中央会）、藤代哲雄（神奈川県農民組合）、東公敏（日本文化厚生連）、小野甲二（全国農地保有合理化協会）、品川優（佐賀大学）。とくに酒井・品川氏には射水市、出雲市、都城市において共同で聞き取りさせていただいた。

現地の窓口、担当者のお名前は略させていただくが、ヒアリング対象の組織をはじめ実に多くの方々のお世話になった。

調査費は、別の調査や講演等の機会を利用した外は科学研究費補助金（基盤研究Ｂ・地域農業再編の担い手としての農業生産法人の役割に関する実証研究、二〇〇四〜〇六年度、研究代表者・田代洋一）による。

また筑波書房の鶴見治彦氏、研究室の松﨑めぐみさんに制作面で大変お世話になった。

以上、関係する全ての方々に厚くお礼申しあげたい。

二〇〇六年六月

田代洋一（たしろ　よういち）
1943年千葉県生まれ。1966年東京教育大学文学部卒業。農水省、横浜国立大学経済学部を経て、現在は同大学院国際社会科学研究科教授。博士（経済学）

（新基本法農政に関する著編著）
『食料主権——21世紀の農政課題』日本経済評論社、1998年
『日本に農業は生き残れるか——新基本法に問う』大月書店、2001年
『新版　農業問題入門』大月書店、2003年
『農政「改革」の構図』筑波書房、2003年
『日本農業の主体形成』（編著）筑波書房、2004年
『日本農村の主体形成』（編著）筑波書房、2004年
『「戦後農政の総決算」の構図——財界農政批判』筑波書房、2005年

メールアドレス　ytashiro@ynu.ac.jp

集落営農と農業生産法人

——農の協同を紡ぐ

2006年8月30日　第1版第1刷発行

著　者　田代洋一
発行者　鶴見淑男
発行所　筑波書房
東京都新宿区神楽坂2－19銀鈴会館
〒162－0825
電話03（3267）8599
郵便振替00150－3－39715
http://www.tsukuba-shobo.co.jp

定価はカバーに表示してあります

印刷／製本　平河工業社

ISBN4-8119-0309-9 C0033